ELETRÔNICA ANALÓGICA E DIGITAL APLICADA À

aprendendo de maneira descomplicada

ARLINDO NETO & YAN DE OLIVEIRA

ELETRÔNICA ANALÓGICA E DIGITAL APLICADA À IoT

aprendendo de maneira descomplicada

Rio de Janeiro, 2019

Eletrônica Analógica e Digital Aplicada à IOT – Aprendendo de Maneira Descomplicada
Copyright © 2019 da Starlin Alta Editora e Consultoria Eireli. ISBN: 978-85-508-0835-2

Impresso no Brasil — 1ª Edição, 2019 — Edição revisada conforme o Acordo Ortográfico da Língua Portuguesa de 2009.

Publique seu livro com a Alta Books. Para mais informações envie um e-mail para autoria@altabooks.com.br

Obra disponível para venda corporativa e/ou personalizada. Para mais informações, fale com projetos@altabooks.com.br

Produção Editorial
Editora Alta Books

Gerência Editorial
Anderson Vieira

Produtor Editorial
Juliana de Oliveira
Thiê Alves

Assistente Editorial
Illysabelle Trajano

Marketing Editorial
marketing@altabooks.com.br

Editor de Aquisição
José Rugeri
j.rugeri@altabooks.com.br

Vendas Atacado e Varejo
Daniele Fonseca
Viviane Paiva
comercial@altabooks.com.br

Ouvidoria
ouvidoria@altabooks.com.br

Equipe Editorial
Adriano Barros
Bianca Teodoro
Carolinne Oliveira
Ian Verçosa
Keyciane Botelho
Larissa Lima
Laryssa Gomes
Leandro Lacerda
Livia Carvalho
Maria de Lourdes Borges
Paulo Gomes
Raquel Porto
Thales Silva
Thauan Gomes

Revisão Gramatical
Rochelle Lassarot
Jana Araujo

Diagramação/Layout
Joyce Matos

Capa
Bianca Teodoro

Dados Internacionais de Catalogação na Publicação (CIP) de acordo com ISBD

A723e Arlindo Neto

Eletrônica Analógica e Digital Aplicada a IOT: Aprendendo de maneira descomplicada / Arlindo Neto, Yan de Oliveira. - Rio de Janeiro : Alta Books, 2019.
384 p. : il. ; 17cm x 24cm.

Inclui índice.
ISBN: 978-85-508-0835-2

1. Eletrônica. 2. Eletrônica analógica. 3. Eletrônica digital. 4. IOT. I. Oliveira, Yan de. II. Título.

2019-1897 CDD 621.381
CDU 621.38

Elaborado por Vagner Rodolfo da Silva - CRB-8/9410

Rua Viúva Cláudio, 291 — Bairro Industrial do Jacaré
CEP: 20.970-031 — Rio de Janeiro (RJ)
Tels.: (21) 3278-8069 / 3278-8419
www.altabooks.com.br — altabooks@altabooks.com.br
www.facebook.com/altabooks — www.instagram.com/altabooks

DEDICATÓRIA

ARLINDO

Dedico este livro aos meus pais, esposa, filhos e irmãos. Sobretudo, não deixo de agradecer a Deus por tudo, em especial pela mãe querida que, ainda que com "pouca leitura da palavra, mas com a leitura do mundo" (Paulo Freire), conseguiu educar seus três filhos com muita dignidade.

YAN

Gostaria de dedicar este livro a todos que auxiliaram no processo: primeiramente a Deus, que sempre direcionou a minha vida, aos meus pais, por me ensinarem a importância dos estudos, à minha esposa e ao meu filho, por estarem ao meu lado em cada momento, e ao meu irmão, pelo incentivo.

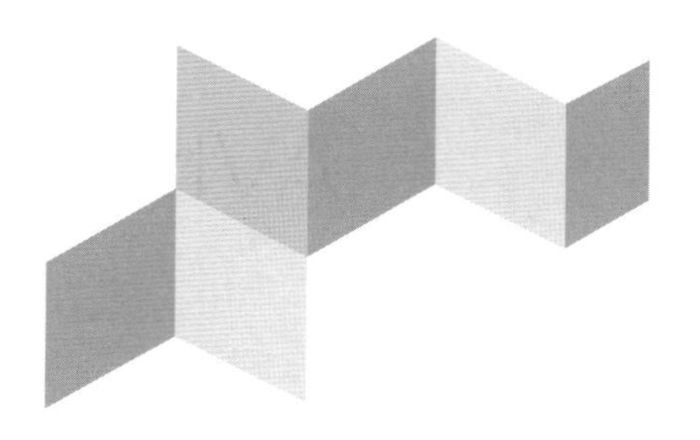

SOBRE OS AUTORES

Arlindo Neto é pedagogo, técnico em eletrônica e pós-graduado em Engenharia Elétrica com ênfase em Sistemas de Automação.

Trabalhou desde cedo e teve a oportunidade de iniciar sua vida profissional como aprendiz de eletricista aos quinze anos de idade.

Mais tarde, teve a oportunidade de dedicar sua vida à educação profissional, compartilhando os conhecimentos nas áreas de eletricidade, automação, programação e demais requisitos da eletroeletrônica com seus alunos.

Publicou o livro *Automação Predial Residencial e Segurança Eletrônica* e trabalhou na revisão dos livros *Eletricidade Reorganizado* e *Comandos Elétricos* pela Editora SENAI.

Yan de Oliveira é docente com formação em Análise e Desenvolvimento de Sistemas e técnico em Mecatrônica.

Em 2008, começou a trabalhar na empresa Xbot, primeira empresa a fabricar e comercializar robôs móveis para as áreas de educação, pesquisa e entretenimento no Brasil, atuando nos setores de produção, pós-vendas, treinamentos externos e desenvolvimento de produtos.

Iniciou a carreira de docente em 2010 na MMAir Escola Técnica, atuando na área de Mecatrônica, e desde 2011 atua como instrutor de formação profissional na Escola SENAI Antônio Adolpho Lobbe, em São Carlos (SP).

Em 2015, abriu uma empresa para desenvolvimento de projetos embarcados com o objetivo de desenvolver novos produtos tecnológicos com foco em IoT, automação residencial e automação industrial.

AVISO

Para uma melhor compreensão do conteúdo apresentado, acesse e acompanhe os vídeos[1] disponíveis para alguns dos capítulos da obra. Entre no site da Alta Books (www.altabooks.com.br) e procure pelo título ou ISBN da obra.

1 Vídeos produzidos e editados pelos autores. A editora Alta Books não se responsabiliza pelos conteúdos oferecidos e/ou disponibilizados nesta obra.

SUMÁRIO

APRESENTAÇÃO

A eletrônica analógica e a digital estão presentes em todos os sistemas eletroeletrônicos que você conhece, desde um simples carregador de celular até uma célula robótica de produção automática de uma indústria. É impossível que um sistema automatizado funcione sem os conceitos da eletrônica.

A eletrônica analógica e a digital caminham juntas, sendo a primeira responsável por detectar grandezas naturais, ou seja, copiar estímulos naturais e os reproduzir em forma de sinais elétricos, já a segunda é responsável por armazenar, processar e transmitir tais sinais.

Em uma célula de produção de automóveis, o que detecta a coloração da cor da pintura de um automóvel são os sensores analógicos, já os tomadores de decisão para a adição de pigmentos em quantidade maior ou menor e o envio de informação para o setor da qualidade são os recursos da eletrônica digital.

Depois de aprendermos os conceitos de eletrônica, vamos mergulhar no mundo da Internet das Coisas (*Internet of Things – IoT*), aprendendo como utilizar a plataforma Arduino para conectar sensores e atuadores à internet.

Esta publicação oferece material didático para iniciantes da área de eletroeletrônica.

O conteúdo é abordado de forma gradativa, priorizando o aprendizado inicial, suficiente para o leitor se inteirar com os conceitos da área sem o aprofundamento teórico. O propósito é permitir o primeiro encontro do aprendiz com a eletroeletrônica.

A proposta é ensinar o essencial para que o iniciante da área da eletroeletrônica tenha conhecimentos para montagem de pequenos circuitos envolvendo diodos retificadores, diodos zener, reguladores de tensão, transformadores, capacitores, LED, transistores, circuitos integrados, display de sete segmentos, motores de passo, servo motores e a plataforma Arduino.

Este livro apresenta esquemas de ligação para montagem de vários circuitos eletrônicos, como pisca LED, temporizadores, fontes de alimentação, microfone, detector de temperatura, crepuscular, contadores e registradores de deslocamento.

Aborda, ainda, o conceito de funcionamento de cada um desses componentes, bem como a interação entre eles. O leitor também terá conhecimento sobre as ferramentas e instrumentos utilizados nessa área.

Vamos aprender os comandos e as configurações da plataforma Arduino.

O objetivo é apoiar as pessoas que precisam trabalhar e conquistar uma profissão, considerando que muitos necessitam de um aprendizado imediato e emergente como garantia de fonte de renda.

Os conhecimentos tecnológicos e os conceitos matemáticos e físicos serão abordados de forma sucinta e objetiva, atendendo aos requisitos essenciais de quem precisa aprender de maneira descomplicada aquilo que será, de fato, utilizado no cotidiano.

O conhecimento e o aprendizado acontecem de maneira gradativa e, para os iniciantes, é preciso entender primeiramente o contexto e a aplicação de cada elemento envolvido em determinada área.

O iniciante em eletrônica deve ter muito claros os esquemas de ligação e a aplicação de cada um dos dispositivos e componentes para montagem de circuitos em bancadas.

Podemos comparar o processo de ensino profissional a um livro quando está sendo escrito: primeiramente escrevemos para não deixar as ideias "escaparem", e num segundo momento vamos colocando os "pingos nos is" e fazendo as correções ortográficas e gramaticais.

Os conceitos da eletroeletrônica são relativamente complexos inicialmente, portanto é conveniente trabalhar com uma metodologia que contribua inicialmente para a acomodação das ideias básicas nas estruturas mentais inerentes à eletroeletrônica.

Depois, pode-se pensar no aprofundamento quanto às fórmulas, leis e enunciados.

Com este livro, você terá os subsídios necessários para montar fontes, circuitos de efeito luminoso, relés fotoelétricos, sensores de temperatura, minimicrofone e dimer. Também terá conhecimento de programação para a placa Arduino.

A abordagem dos conteúdos será de forma clara, simples e objetiva, sem o aprofundamento teórico a respeito dos conceitos envolvidos.

Os conceitos envolvidos serão imediatos, ou seja, aqueles que você realmente precisa para iniciar na área.

Para uma melhor compreensão do conteúdo apresentado, acesse e acompanhe os vídeos[1] referentes a este capítulo. Entre no site da Alta Books (www.altabooks.com.br) e procure pelo título ou ISBN da obra.

Os autores

1 Vídeos produzidos e editados pelos autores. A editora Alta Books não se responsabiliza pelos conteúdos oferecidos e/ou disponibilizados nesta obra.

Parte 1

INTRODUÇÃO À ELETRÔNICA ANALÓGICA

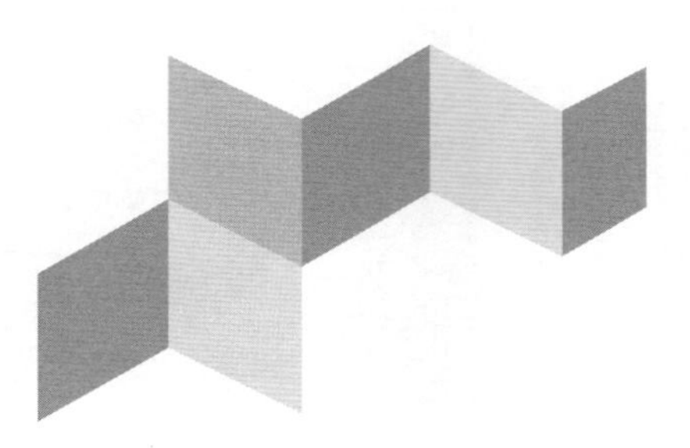

Você já pensou em montar circuitos eletrônicos e fazer reparos em placas? Já teve a curiosidade de saber como é possível sair som ou imagem de um aparelho?

Já se imaginou ligando componentes em uma bancada e vendo seus projetos funcionarem? Ou então manuseando ferramentas como alicates, chaves de fenda, ferro de solda, multímetros, osciloscópio e ferramentas típicas da área? Ainda, já imaginou a sensação de se sentir capaz e ver o seu trabalho finalizado para que você e outras pessoas possam usufruir?

Legal!

O "fazer com as mãos" concede essa sensação, e além de os recursos da eletrônica serem bem atraentes.

Porém as perguntas que você fez a si mesmo certamente foram:

Como é possível fazer sair som de um alto-falante?

Como uma lâmpada pode acender e, depois de um tempo programado, apagar?

Qual é a função do capacitor?

Qual é a função do transistor?

O que as "pecinhas" coloridas de uma placa eletrônica representam para que tenhamos a tecnologia atual?

Todas essas perguntas serão respondidas, através de imagens, exemplos práticos e conceitos que envolvem a eletrônica analógica.

Inicialmente, neste capítulo, você vai aprender a montar circuitos transistorizados, fontes de alimentação, sinalizadores e de som.

Quanto ao conhecimento relacionado aos circuitos integrados (chips) e lógicos, serão abordados na Parte 2, sobre os conceitos de ELETRÔNICA DIGITAL.

FONTE RETIFICADORA 01

O primeiro capítulo vai apresentar os principais componentes e o circuito de um dispositivo presente em todos os equipamentos eletrônicos, por mais simples que sejam, e na bancada do profissional de eletrônica.

Serão priorizados todos os elementos físicos e conceituais para o entendimento deste circuito e sua montagem, envolvendo transformação de tensão, retificação e estabilização. O foco neste capítulo é levar o leitor ao conhecimento referente ao processo de retificação da tensão alternada, tornando-a contínua e sem variação senoidal.

COMPONENTES TÍPICOS

A partir de agora, você vai conhecer os componentes para essa montagem.

Serão correlacionados os componentes, suas características e funções no circuito de forma sucinta.

Em um primeiro momento, o circuito apresentado neste capítulo deverá trazer o uso e a função dos componentes. Em seguida, os mostrará como diagramas, para que você consiga montá-los e, assim, conheça a função dos pinos de ligação e das conexões entre todos os seus componentes da maneira mais prática possível. Dentre eles, podemos citar:

- LED
- Capacitor eletrolítico
- Diodo zener
- Diodo retificador
- Regulador de tensão
- Resistor

- Varistor
- Transformador
- Fusível
- Chave HH

COMPONENTES E GRANDEZAS ELÉTRICAS ENVOLVIDAS NO FUNCIONAMENTO

- Fonte
- Protetor de surto

Vamos começar imaginando uma situação muito comum: você procurando o carregador de seu celular para carregar a bateria, que está quase acabando.

Você com certeza está procurando uma fonte retificadora. Os aparelhos celulares são dispositivos digitais e, pelo fato de serem armazenadores de informação, trabalham com valores de tensão fixos e sem oscilação, já que seria impossível armazenar dados em celulares ou computadores utilizando a tensão da tomada diretamente, sem retificação.

O processo de retificação consiste em orientar o sentido das cargas elétricas para que se obtenha polaridade constante e, dessa forma, determinados componentes eletrônicos possam funcionar corretamente.

Vamos descrever, a partir de agora, os componentes empregados na construção desse dispositivo, bem como demonstrar cada um deles em imagens.

Fonte

A abordagem, neste momento, será quanto aos componentes envolvidos na fonte e o princípio de funcionamento destes e as grandezas elétricas que estarão envolvidas.

Sobre o tópico, teremos o tratamento dos assuntos relacionados à transformação, retificação, correção da ondulação da tensão e estabilização dos valores de saída da fonte.

- Transformadores
- Chave HH
- Diodos retificadores
- Capacitor eletrolítico
- Regulador de tensão

Transformador

O transformador, conhecido também como *trafo* (Figura 1.1), tem a função de abaixar a tensão da rede para os valores de 12V ou 24V.

Para o uso nos circuitos eletrônicos, a tensão das tomadas é muito alta. Por isso, é preciso transformar ou reduzir o valor de 127V ou 220V para o valor 12V, que será o caso da nossa fonte.

É muito importante que você conheça algumas coisas em relação à eletricidade, que traz elementos decisivos na eletrônica, como é o caso da tensão. Essa pode ser alternada ou contínua, e na eletrônica é esta última que predomina, com valores em torno de 5V, 12V ou 24V.

Tensão é a força que faz com que os elétrons se movimentem e produzam os efeitos práticos que observamos no cotidiano, como o acendimento do LED, a movimentação do diafragma do alto-falante para a saída de som e o funcionamento de sistemas automatizados providos da mais alta sofisticação.

Para que a tensão seja gerada, é preciso que ocorra uma reação física nos materiais condutores.

Todo material é constituído por moléculas, e essas moléculas são formadas por átomos, que, por sua vez, possuem elétrons em sua órbita.

Pois é, e no caso do material de cobre, os elétrons da órbita do átomo são livres, o que permite que sejam movimentados pelo material.

Quando ocorrem os deslocamentos desses elétrons sobre o material, eles acabam se reunindo em grupos em determinado ponto. Esses grupos são chamados de cargas elétricas, e o acúmulo de cargas é denominado de *diferença de potencial* ou *tensão*, sendo medida em volts e abreviada pela letra V.

Legal!

FIGURA 1.1
Transformador.

Fonte: Acervo dos autores.

O transformador é formado por duas bobinas, que são enrolamentos de fios de cobre envoltos em chapas de ferro que auxiliarão na formação do campo magnético.

O campo magnético é uma força gerada pelo movimento dos elétrons sobre fios de cobre enrolados em círculo sobre algum tipo de material, que recebe o nome de núcleo.

O ferro é o tipo de material que produz maior magnetismo nessa aplicação e, ao ser magnetizado, passa a ter a capacidade de transferir esse campo para outros materiais.

Essa propriedade de fazer a transferência das linhas de campo magnético é conhecida como indução.

No caso do nosso transformador da Figura 1.1, uma dessas bobinas é conhecida como primário, e a outra, como secundário. O primário possui aproximadamente dez vezes mais voltas de fio de cobre em relação ao secundário.

Dessa forma, ao ser ligado na tomada, o primário será alimentado com energia elétrica e deverá formar um campo magnético e induzi-lo no secundário, ou seja, transferi-lo, porém, com apenas 1/10 dessa tensão, já que no secundário a relação de voltas de fio de cobre é 12 vezes menor.

O campo magnético remanescente se perde no próprio ar, ficando apenas a parcela estabelecida pelo número de voltas do secundário.

A parcela de campo magnético é, então, revertida em forma de tensão nos terminais do secundário.

Concluindo, se ligarmos 127V no primário do trafo, teremos 12,7V no secundário.

Chave HH

Para que o usuário possa escolher a tensão em que a fonte será ligada, a chave HH (Figura 1.2) pode ser muito útil. Essa peça é um interruptor que tem duas posições.

O terminal do centro se interliga com o terminal marcado como 127 ou com o marcado como 220.

No terminal do centro, você vai ligar o fio comum do trafo, ou seja, aquele que é usado tanto quando forem 127V ou 220V.

Os terminais das extremidades servem para ligar a ponta de cada tensão de entrada do trafo. O fio comum, a ponte 127 e a 220 ficam marcados no próprio trafo.

Os fios devem ser soldados nos terminais da chave HH para evitar mau contato.

A chave HH é considerada um interruptor, ou seja, um liga e desliga. Internamente, existem dois contatos formados por material condutor que se encostam ou desencostam mediante a ação sobre a alavanca externa. Podemos citar o interruptor que comanda as luzes de uma residência como exemplo.

Quando os contatos estão encostados, a corrente elétrica flui sobre o material ou, em caso contrário, cessa seu movimento, desligando o circuito.

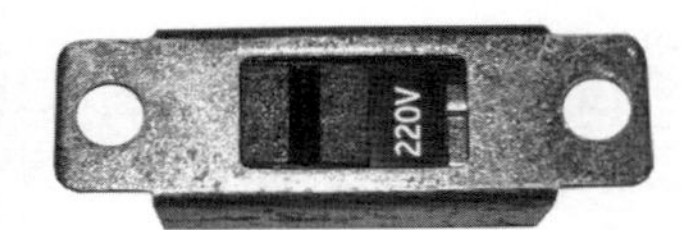

FIGURA 1.2
Chave HH.

Fonte: Acervo dos autores.

CURIOSIDADES

Como falamos anteriormente, o acúmulo de cargas elétricas dá origem à tensão. Quando utilizamos a tensão, como é o caso das tomadas, usamos as cargas elétricas originadas pela ação do gerador de tensão de uma usina hidrelétrica.

Quando ligamos algum equipamento na tomada, as cargas elétricas (elétrons em grande quantidade) deverão se movimentar pelos condutores.

Esse movimento de elétrons recebe o nome de corrente elétrica, sendo sua unidade de medida o *ampere*, abreviado pela letra A.

Diodo retificador

Quando a tensão é gerada em uma hidrelétrica, ela é alternada, ou seja, tem variação constante do ciclo no intervalo de tempo.

Essa variação faz com que sua polaridade sofra alterações, trocando o polo positivo pelo negativo, 60 vezes no intervalo de 1 segundo. Dizemos que a tensão é senoidal, conforme a Figura 1.3.

Por isso, vemos em muitos aparelhos a informação "60Hz", que representa a frequência em que a polaridade foi invertida por segundo.

Temos, assim, nos fios da tomada, tal variação, impedindo que exista constância de polaridade e que determinado ponto ou fio seja definitivamente o positivo ou negativo.

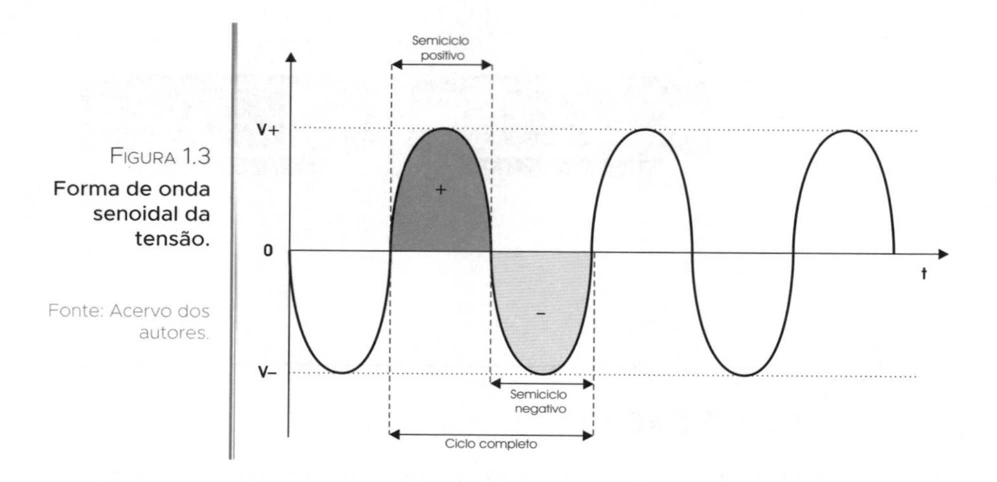

FIGURA 1.3
Forma de onda senoidal da tensão.

Fonte: Acervo dos autores.

O diodo retificador (Figura 1.4) tem a capacidade de bloquear as cargas positivas (semiciclo positivo) e conduzir as cargas negativas (semiciclo negativo) ou vice-versa.

Podemos dizer que o componente atua como um orientador dos elétrons, pois, em determinada posição no circuito, ele bloqueia ou libera sua passagem. Esse conceito pode ser entendido como a ação de uma válvula de ar ou de água que permite a passagem desses elementos em apenas um sentido.

PARA RELEMBRAR

As cargas elétricas negativas são os elétrons que giram em torno do átomo, já as cargas positivas são aquelas que se encontram no interior do átomo, conhecidas como prótons.

O diodo é feito de um material semicondutor, como o silício. Esses materiais recebem uma dopagem de impurezas, ou seja, uma mistura de outros tipos de materiais para que possam conduzir corrente elétrica.

O componente é constituído por duas regiões, sendo uma dopada com falta de elétrons, ou positiva, conhecida como região P, e outra, com excesso de elétrons, ou negativa, que recebe o nome de região N.

Se ligarmos o terminal do diodo da região P em um terminal do trafo, somente as cargas positivas deverão "passar" para o outro terminal, ficando as negativas bloqueadas, e o processo ocorre da mesma maneira no caso da região N.

Vamos pensar no funcionamento da fonte.

Os circuitos eletrônicos não aceitam tensão alternada, isto é, aquela tensão presente nas tomadas. Com isso, além de ter que usar o transformador para abaixar a tensão, é preciso corrigir suas oscilações.

Os componentes devem receber uma tensão com polaridade fixa, sendo, assim, um polo positivo e o outro, negativo.

Portanto os diodos são ligados nos fios de saída do transformador com a finalidade de orientar as cargas elétricas, conduzindo as positivas para o terminal + da fonte e as negativas para o terminal –.

Essa definição e orientação das cargas negativas e positivas recebe o nome de *retificação da tensão alternada.*

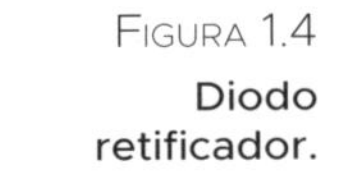

FIGURA 1.4
Diodo retificador.

Fonte: Acervo dos autores.

Capacitor eletrolítico

O capacitor eletrolítico (Figura 1.5) tem a propriedade de armazenar tensão.

Na fonte que estamos estudando, ele terá o importante papel de corrigir algumas variações de tensão. Vejamos como isso será possível:

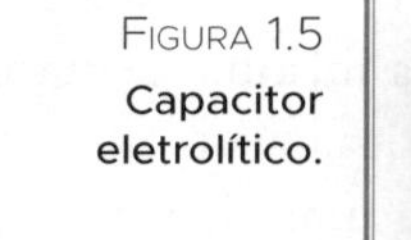

FIGURA 1.5
Capacitor eletrolítico.

Fonte: Acervo dos autores.

Após a retificação da tensão alternada, ela já não apresenta oscilações de polaridade, mas ainda varia (Figura 1.6), não apresentando um valor fixo de tensão, porém o semiciclo negativo não existe mais.

A tensão de 12V não apresenta uma constância, mas aumenta e diminui do mínimo positivo até ao máximo positivo em frações de segundos.

FIGURA 1.6
Variação da tensão.

Fonte: Acervo dos autores.

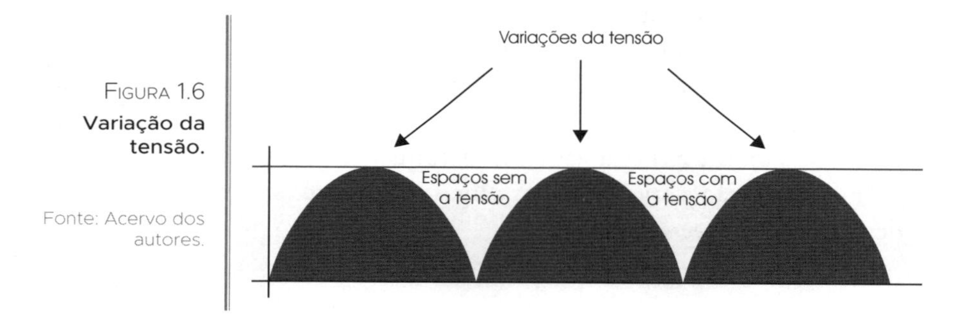

Ainda que essa variação não seja perceptível visualmente, quando colocada em operação nos componentes, o circuito vai apresentar comportamentos indesejados.

Portanto o capacitor resolve este problema!

O componente é ligado no terminal de saída dos diodos e permanece armazenando a tensão para que, quando houver a diminuição, o capacitor possa suprir essa falta utilizando a tensão que armazenou, conforme a Figura 1.7.

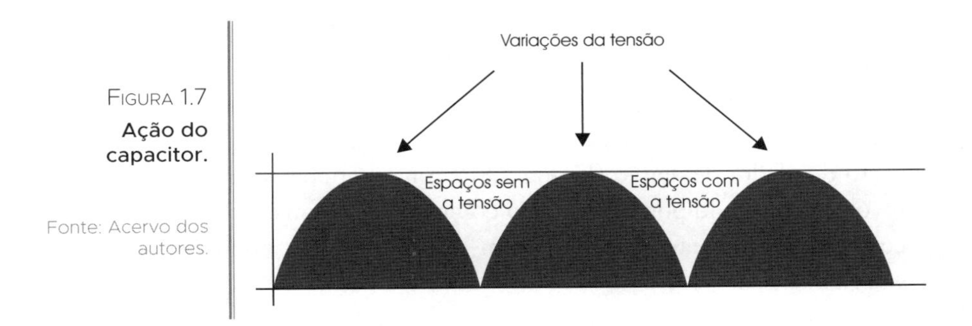

FIGURA 1.7
Ação do capacitor.

Fonte: Acervo dos autores.

Dessa forma, a variação praticamente desaparece, pois enquanto a tensão do circuito está no valor mais alto, o capacitor "guarda para si" esses valores, e quando o valor começa a "despencar", ele deposita no circuito o que armazenou.

Esse processo exercido pelo capacitor é chamado tecnicamente de *ripple*, que em português significa ondulação.

Quanto às características construtivas do capacitor, ele é formado por armadura e dielétrico. As armaduras são metálicas, e o dielétrico é feito de materiais isolantes, ao contrário do cobre e do alumínio, por exemplo.

Os isolantes não conduzem corrente elétrica, podendo citar papel, mica e óleo. Por esse fato é que o capacitor consegue desempenhar sua função, é capaz de armazenar cargas elétricas e, consequentemente, a tensão.

Quando a tensão do trafo é aplicada em seus terminais que internamente representam as armaduras, o material dielétrico isola a passagem de corrente entre as armaduras, e, assim, a tensão da fonte vai se acumulando nas armaduras, ficando estagnada ali até que seja descarregada.

Existem várias aplicações em que se faz necessário o uso desse componente, e ainda podemos encontrar vários tipos como os de poliéster, cerâmica e, no caso da fonte, os eletrolíticos.

A capacidade que um capacitor tem de armazenar tensão é conhecida como *farad*, abreviada pela letra F. Porém, o farad é subdividido em submúltiplos como milifarad (mF), microfarad (μF) e picofarad (pF).

Regulador de tensão

Após a correção oferecida pelo capacitor sobre a tensão, restam ainda pequenas variações que serão prejudiciais ao funcionamento dos componentes eletrônicos.

Vale salientar que os circuitos analógicos e digitais necessitam de uma alimentação puramente contínua; não sendo assim, apresentarão instabilidades.

Portanto a etapa final de uma fonte de tensão contínua consiste no seu ajuste minucioso para que, de fato, ela não apresente nenhuma variação.

O regulador de tensão (Figura 1.8) é um componente digital, ou seja, um invólucro formado por um circuito complexo com uma variedade enorme de componentes e efeitos que terminam na realização da estabilização total do valor de tensão.

Esse componente filtra todo ruído ou variação presente na tensão para que a mesma seja utilizada em circuitos eletrônicos.

FIGURA 1.8
Regulador ou estabilizador de tensão.

Fonte: Acervo dos autores.

CURIOSIDADES

Os reguladores de tensão são encontrados com a nomenclatura 78XX para tensões positivas e 79XX para as tensões negativas.

Na nossa fonte, a tensão será positiva, o que ocorre na maioria dos circuitos eletrônicos, pois somente em alguns casos existem aplicações de fontes simétricas com valores positivos e abaixo de 0V.

Os reguladores são encontrados com indicações para vários valores de tensão de estabilização, incluindo no final da especificação o valor de tensão no qual será estabilizado, como: 7.812, 7.824 e 7.805.

Proteção da fonte

Todos os equipamentos eletrônicos requerem proteção quanto às descargas atmosféricas (raios e relâmpagos) e oscilações da rede que possam danificar seus componentes eletrônicos.

Com isso, alguns elementos devem fazer parte do circuito da fonte para preservá-la:

- Varistor
- Fusível
- LED
- Resistor
- Diodo zener

Estando a fonte pronta para fornecer tensão contínua, ela precisa de proteção contra surtos na rede elétrica.

Um tipo de surto muito conhecido e que traz prejuízo ao consumidor são as descargas atmosféricas, mais popularmente conhecidas como raios e relâmpagos.

Alguns componentes podem ser ligados na entrada da fonte no intuito de proteger os demais dos surtos de qualquer natureza.

Varistor

O varistor (Figura 1.9) é conhecido por sua propriedade de variar a sua resistência quando a tensão em seus terminais for mais alta do que a especificada no componente.

Normalmente, o valor nominal do componente está atrelado ao valor nominal da rede, podendo ser 127V ou 220V.

A resistência interna do varistor é uma propriedade muito comum na eletroeletrônica, tendo em vista que se caracteriza pela dificuldade ou oposição à passagem da corrente elétrica.

Se a resistência do varistor estiver com valor alto, então a corrente que passa por ele será de valor muito pequeno.

Caso a resistência do varistor diminua em função do aumento da tensão da rede, a corrente que fluirá pelo varistor será alta.

Com essa combinação de resultados, temos um indicador de aumento de tensão na entrada da fonte a partir da rede, através da corrente elétrica. Será justamente esse indicador que deverá atuar sobre o fusível.

A resistência elétrica é a oposição à passagem da corrente elétrica, sendo esse fator de grande importância na eletroeletrônica.

Podemos citar o chuveiro elétrico, que tem no seu interior um fio de níquel cromo enrolado e, ao ser percorrido pela corrente elétrica, se aquece graças à propriedade que tal material possui de oferecer dificuldade à passagem da corrente elétrica.

Essa dificuldade proporcionada depende de cada tipo de material e é conhecida como resistividade. A resistividade do cobre é muito menor do que a do tungstênio (material empregado no filamento das lâmpadas incandescentes) e do níquel cromo e, por esse motivo, o cobre é o tipo de material mais empregado nos condutores de eletricidade.

Quando a corrente elétrica passa por um material que oferece resistência, a oposição tende a dissipar calor e reter uma parcela da tensão sobre esse material.

A unidade de medida da resistência elétrica é o ohm, abreviado pela letra grega Ω.

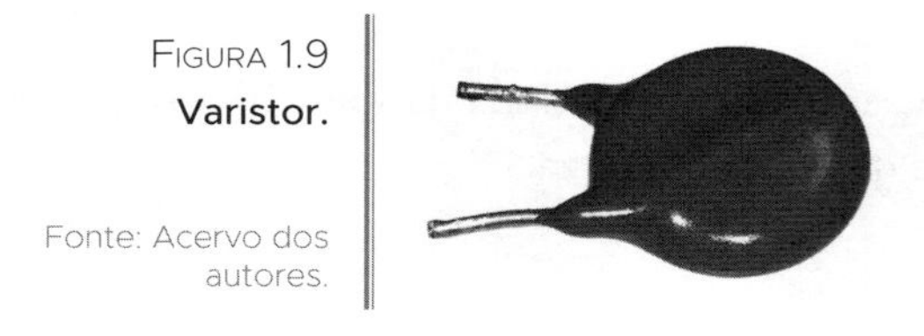

FIGURA 1.9
Varistor.

Fonte: Acervo dos autores.

Fusível

O fusível é o elemento de sacrifício da fonte e, em caso de corrente elevada, ele rompe o elo interno e desconecta o circuito. Existem diversos valores de fusíveis, que são indicados em ampere, portanto quando se requer proteção de alta sensibilidade, é necessário utilizar um fusível com valor nominal de corrente elétrica menor.

Na fonte que estamos estudando, o fusível será de 0,25A (250mA), tendo em vista a capacidade do transformador que não pode fornecer corrente superior a esse valor, devido às suas características construtivas.

Estando bom, o fusível mantém o circuito fechado, pois o elo fusível (pedaço de fio muito fino) permite a passagem de corrente elétrica. Caso o valor de corrente se eleve, o elo rompe e o circuito desliga.

O fusível (Figura 1.10) é ligado na entrada da fonte.

Temos, então, uma combinação perfeita. Vejamos:

A tensão da rede aumenta por causa dos raios nos dias de chuva. Em seguida, o varistor diminui sua resistência interna; assim, a corrente aumenta, e o fusível se queima.

Viu como a eletrônica funciona?

FIGURA 1.10
Fusível.

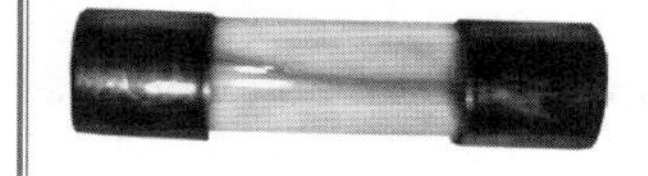

Fonte: Acervo dos autores.

OUTRAS APLICAÇÕES

Proteção de Curto-circuito

O fusível também pode ser aplicado em outras situações. Por exemplo, na proteção de saída de alguns circuitos, funcionando como limitador de corrente ou protegendo em caso de "curto-circuito".

Como você viu anteriormente, a resistência elétrica é a capacidade que um material tem de oferecer oposição à passagem da corrente elétrica.

Vamos pensar na hipótese de que os fios positivo e negativo da fonte se encostem; nesse caso, não existe consumo de corrente, ou podemos dizer que não existe resistência.

Dessa forma, a tensão será aplicada, não havendo limitação para o valor de corrente elétrica, permitindo que esta alcance valores máximos, provocando a queima de componentes e até acidentes com pessoas.

Esse fenômeno físico é conhecido como curto-circuito!

O fusível, nesse caso, pode ser ligado na saída das fontes para que elas rompam, nessa situação, devido ao aumento excessivo de corrente.

LED

É importante ter um elemento na fonte que sinalize quando ela estiver ligada. O componente mais utilizado para essa e outras finalidades é o LED, feito de material semicondutor e que tem o filamento construído com um material conhecido como arsenieto de gálio.

Quando é aplicada a tensão nesse componente, ele produz uma quantidade de luz significativa.

A vantagem do uso do LED (Figura 1.11) está ligada à sua capacidade de produzir luz com pouco consumo de energia, podendo se acender com apenas 20 miliamperes (20mA) de corrente elétrica e com o valor de tensão na ordem de 2V a 3V.

A durabilidade dos LEDs é grande, e eles são pequenos, podendo ser adaptados em caixas plásticas ou em qualquer dispositivo, como no caso da caixa na qual será acomodado o circuito eletrônico da fonte.

Os LEDs são encontrados em várias cores, como azul, verde, vermelho, laranja, violeta etc.

FIGURA 1.11
LED.

Fonte: Acervo dos autores.

Diodo zener

Para fazer o LED funcionar, a tensão sobre ele deve ser igual a 2,2V, aproximadamente. Como o valor fornecido pela fonte será de 12V, vamos precisar garantir que a tensão sobre o LED não ultrapasse o valor que ele suporta, evitando a danificação e perda do componente.

Para solucionar isso, vamos conhecer o *diodo zener*.

Esse diodo (Figura 1.12) tem a função de estabilizar a tensão, mesmo que haja variação desta sobre ele. Se o valor nominal do diodo zener for de 2,2V, mesmo que seja ligado à tensão de 12V, por exemplo, ele deverá manter a tensão nominal (2,2V) estabilizada sobre o LED.

FIGURA 1.12
Diodo zener.

Fonte: Acervo dos autores.

O zener tem a capacidade de autoajuste da resistência interna, controlando a corrente e garantindo que o valor da tensão permaneça fiel ao especificado na tabela do fabricante.

Abaixo temos a Tabela 1.1 com alguns valores de zener:

CÓDIGO	VALOR DA TENSÃO	CÓDIGO	VALOR DA TENSÃO
1N4614	1,8	1N4626	5,6
1N4616	2,2	1N4627	6,2
1N4620	3,3	1N46100	7,5
1N4624	4,7	1N46106	12

Resistor

O diodo zener não atua sozinho na estabilização, mas necessita do auxílio do resistor. A tensão da fonte será aplicada no resistor e no diodo zener. O diodo vai buscar manter sobre ele a tensão de 2,2V para ser aplicada sobre o LED, e o resistor ficará encarregado de dissipar o restante.

O resistor (Figura 1.13) é conhecido pela sua característica de se opor à passagem da corrente elétrica, segundo as características da resistência que estudamos anteriormente. Dessa forma, quando ocorre essa oposição ou resistência propriamente dita, acaba ocorrendo o efeito de "retenção de tensão" sobre o componente.

Assim, o resistor tem a capacidade de tomar para si uma parte da tensão da fonte, efeito conhecido como queda de tensão sobre o resistor.

FIGURA 1.13
Resistor.

Fonte: Acervo dos autores.

Eles são identificados pelas faixas coloridas encontradas no próprio componente.

As duas primeiras faixas coloridas indicam os algarismos iniciais, e a terceira, a quantidade de zeros a serem acrescentados.

O exemplo da Figura 1.14 é de um resistor de 56.000Ω ou 56KΩ. A letra K representa o quilo ou 1.000.

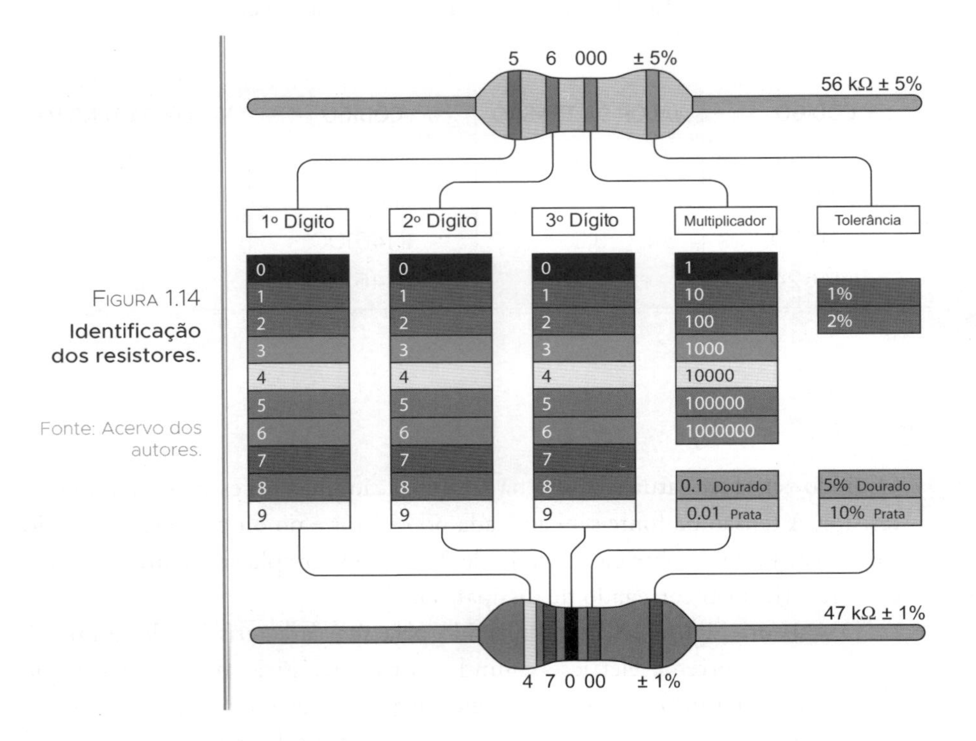

FIGURA 1.14
Identificação dos resistores.

Fonte: Acervo dos autores.

Vamos pensar em outro exemplo, seguindo a tabela de código de cores da Figura 1.15.

Um resistor marrom, preto e vermelho representa 1.000Ω.
Marrom = 1
Preto = 0
Vermelho = acrescenta dois zeros.

A quarta faixa indica a tolerância do resistor, ou o quanto ele pode variar para mais ou menos em relação ao valor que, no exemplo, é de 1.000Ω.

Caso a quarta faixa seja na cor dourada, significa que pode haver uma variação de 5%.

Calculando, o resistor pode ter entre 950Ω e 1.050Ω.

Entendeu?

De 1.000, 5% equivale a 50, assim, pode apresentar 50 a mais ou a menos.

FIGURA 1.15 Tabela de código de cores.

Fonte: Acervo dos autores.

Cor	1ª banda	2ª banda	3ª banda	Multiplicador	Tolerância	
Preto	0	0	0	1Ω		
Marrom	1	1	1	10Ω	± 1%	(F)
Vermelho	2	2	2	100Ω	± 2%	(G)
Laranja	3	3	3	1KΩ		
Amarelo	4	4	4	10KΩ		
Verde	5	5	5	100KΩ	± 0,5%	(D)
Azul	6	6	6	1MΩ	± 0,25%	(C)
Violeta	7	7	7	10MΩ	± 0,1%	(B)
Cinza	8	8	8		± 0,05%	
Branco	9	9	9			
Dourado				0,1	± 5%	(J)
Prateado				0,01	± 10%	(K)

MONTAGEM E FUNCIONAMENTO DO CIRCUITO

Para que um equipamento eletrônico funcione, é preciso que cada componente seja inserido em sua posição de acordo com a sua aplicação e a função que vai exercer.

Portanto é preciso, além da observação dos diagramas, considerar a polaridade e a posição dos terminais.

- Fonte de 12V
- Proteção contra surto
- Descrição dos materiais e componentes

Fonte de 12V

Vamos iniciar pelo circuito da fonte que pode ser visto nas Figuras 1.16 e 1.17, incluindo o transformador, os diodos, o capacitor e o regulador de tensão.

Nas duas figuras, temos o mesmo circuito, porém, uma demonstra a ligação do aspecto físico do componente e do circuito, e a outra, o diagrama técnico com a apresentação da simbologia padrão.

Os componentes são interligados com traços que representam fios, mas essas conexões podem ser feitas na placa padrão seguindo a mesma lógica.

A tensão alternada da rede é ligada na chave HH, na qual o usuário da fonte poderá selecionar a tensão de 127V ou 220V.

A saída do trafo tem dois fios que liberam 12V em tensão alternada, sendo ligados no terminal positivo dos diodos D1 e D2. O terminal positivo não tem identificação; o negativo possui apenas uma faixa branca.

NOTA

Como você já sabe, se ligarmos o terminal positivo do diodo no fio do trafo, somente as cargas positivas serão liberadas para circular, enquanto as negativas ficarão bloqueadas.

Nesse processo em que definimos uma polaridade fixa, devemos colocar o diodo na configuração conhecida como "diretamente polarizada", situação que ocorre na maioria das vezes.

Na saída dos diodos, a tensão já está polarizada com carga positiva, e é interligada e depois conectada ao positivo (+) do capacitor. O condutor comum (cm) que sai do trafo é ligado no terminal negativo (–) do capacitor. Esse terminal é indicado também por uma faixa branca existente no corpo do componente.

Como vimos anteriormente, o capacitor corrige a variação da tensão deixada pelos diodos, armazenando tensão para que, no instante em que o efeito da variação levar a tensão a atingir o valor mínimo, a parte que está depositada no capacitor possa ser aplicada no circuito para suprir a falta.

Com o efeito capacitivo, a tensão deixa de oscilar, mas ainda não está totalmente estabilizada, restando um pouco de variação.

Então a tensão positiva é aplicada na entrada do estabilizador 7.812 no pino 1; o pino 2 é ligado no negativo ou comum (cm), que já foi ligado no negativo do capacitor eletrolítico.

Finalmente a tensão chega ao processo final, ou seja, totalmente retificada e estabilizada, já que o pino 3 do estabilizador é a saída do componente.

Agora a tensão que saiu da rede alternada está pronta para o uso nos componentes eletrônicos. Na Figura 1.16 temos o mesmo circuito, porém com o diagrama em que aparece a simbologia padronizada dos componentes.

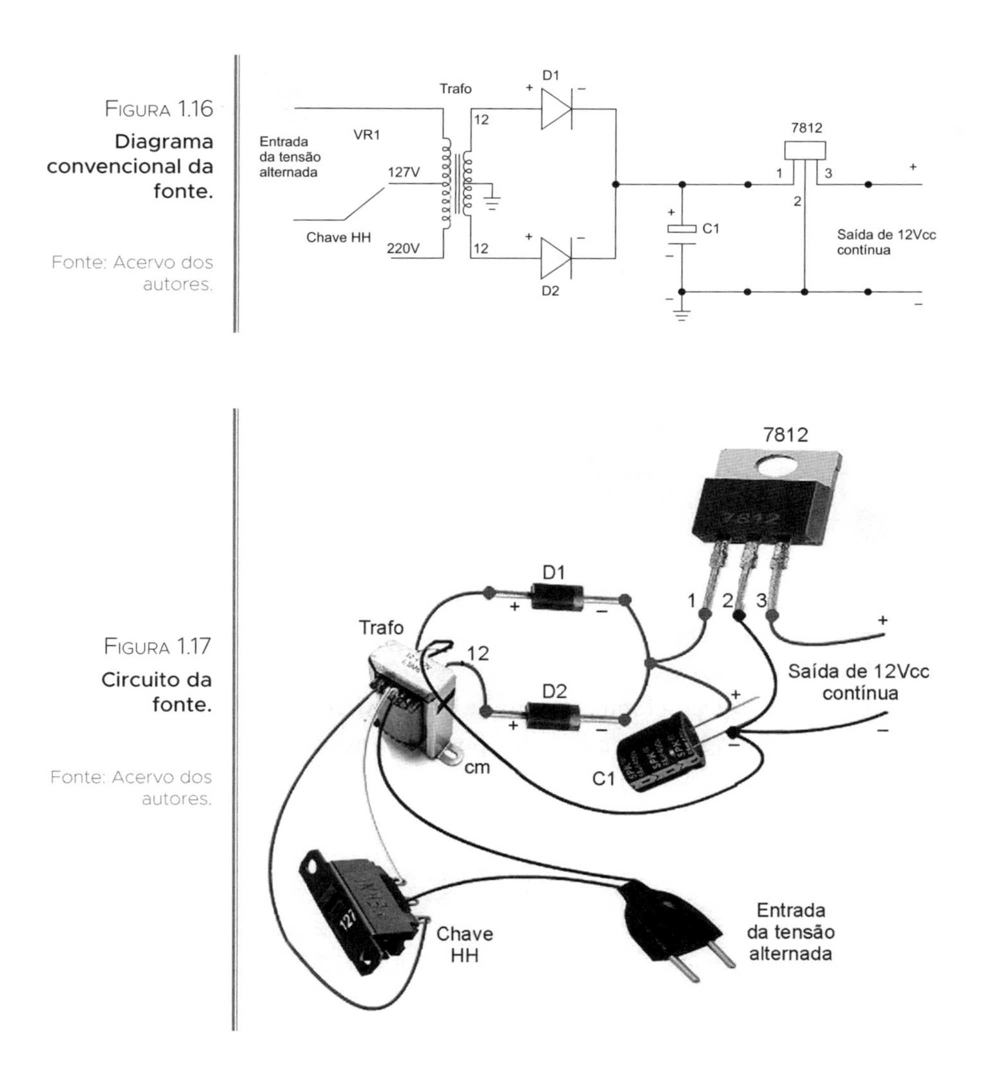

FIGURA 1.16
Diagrama convencional da fonte.

Fonte: Acervo dos autores.

FIGURA 1.17
Circuito da fonte.

Fonte: Acervo dos autores.

Proteção de surto

Os dois fios da rede são ligados no varistor VR1, que, ao detectar o aumento (Figura 1.18) da tensão, atua diminuindo a resistência e, com isso, elevando a corrente na entrada.

A elevação da corrente queima o fusível FF1 que está dimensionado para 250mA e desliga o circuito, evitando a queima dos demais componentes.

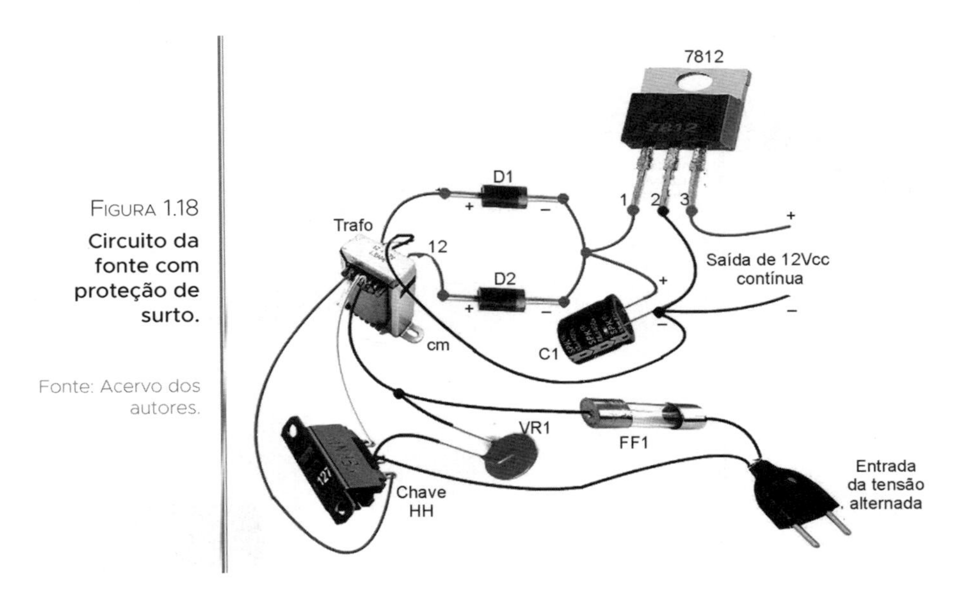

Figura 1.18 Circuito da fonte com proteção de surto.

Fonte: Acervo dos autores.

O diagrama com a simbologia é visto na Figura 1.19, e o posicionamento do varistor e do fusível, na entrada da tensão da rede.

O fusível protege a fonte, mas limita o seu uso, impedindo que equipamentos com potência superior à nominal possam funcionar.

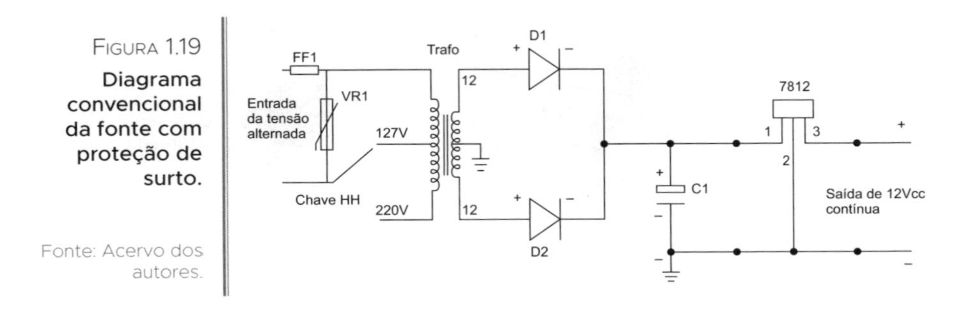

Figura 1.19 Diagrama convencional da fonte com proteção de surto.

Fonte: Acervo dos autores.

A potência nominal da fonte se refere à sua capacidade, que é dada em watts, unidade de medida da potência elétrica.

A potência, nesse caso, está limitada ao transformador, que é de 1,5A. Para descobrir o valor da potência, é necessário multiplicar o valor da tensão de saída da fonte pela corrente nominal do trafo, sendo 12 × 1,5, que corresponde a 18W.

Para indicar que a fonte está ligada, é importante ligar um LED para sinalizar seu funcionamento.

Na saída de 12V da fonte (Figura 1.20) é ligado um resistor de 470Ω em série com o diodo zener. A ligação em série consiste na conexão entre dois componentes de forma que o terminal de um seja ligado no terminal do outro, seguidamente, formando uma fileira, permitindo que a corrente elétrica tenha apenas um caminho para percorrer sem haver, nesse caso, a possibilidade de derivação em algum ponto. Essa forma de ligação é conhecida como *circuito série.*

O LED é ligado em paralelo com o zener ou, para ficar mais fácil de entender, é conectado aos dois terminais do zener.

Pensemos assim: o zener e o resistor dividem a tensão de 12V entre eles. O zener fica com 2,2V e o resistor com o restante, ou seja, com 9,8V (12 – 2,2 = 9,8V).

O zener vai garantir sempre essa tensão de 2,2V em seus terminais, assegurando que o LED não fique vulnerável à queima na hipótese de um aumento de tensão causado por uma possível variação ou oscilação da rede.

Quando a fonte for energizada, o LED vai acender e permanecer assim durante todo o tempo em que ela estiver ligada.

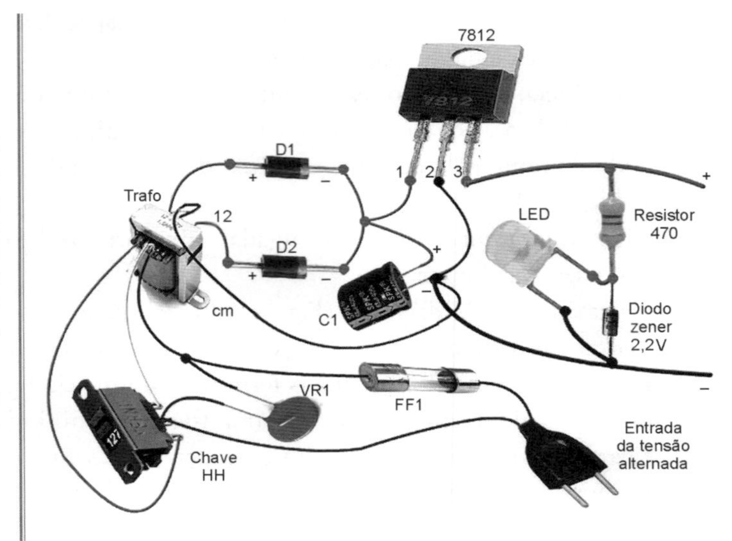

FIGURA 1.20
Circuito da fonte com proteção de surto e LED para indicação de ligado ou desligado.

Fonte: Acervo dos autores.

Na Figura 1.21, é possível notar no diagrama que o diodo zener está invertido, tendo o terminal positivo conectado ao negativo do circuito e o negativo do componente no resistor que, por sua vez, está ligado no positivo da fonte. Essa ligação em que a polaridade do diodo se inverte é conhecida como "diodo reversamente polarizado".

Nessa configuração, o zener atua como regulador da tensão, mantendo em seus terminais a tensão nominal para a qual ele foi projetado.

CURIOSIDADES

A grande diferença entre os dois tipos de diodo é justamente esta: o retificador é ligado diretamente polarizado, já o zener é ligado reversamente polarizado.

Na Figura 1.21, é possível constatar a simbologia de todos os componentes da fonte completa.

Observe que a simbologia do diodo zener é diferente do diodo retificador.

O LED possui simbologia semelhante à dos diodos, com a diferença de que aparecem duas setas indicando a incidência de luz.

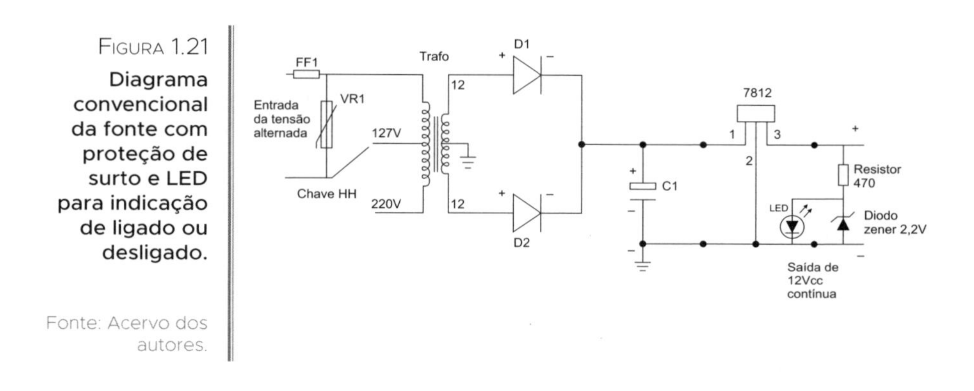

FIGURA 1.21 **Diagrama convencional da fonte com proteção de surto e LED para indicação de ligado ou desligado.**

Fonte: Acervo dos autores.

Descrição técnica dos componentes

É importante atentar para a descrição comercial dos componentes, na qual alguns termos que devem ser empregados no momento da compra deles fogem dos técnicos. Segue a lista completa com essas especificações:

- 1 transformador com entrada bivolt e saída 12 + 12 com derivação central
- 1 chave HH
- 2 diodos retificadores 1N4008
- 1 regulador de tensão 7812
- 1 capacitor eletrolítico 1000µF/25V
- 1 plug macho para extensão
- 1 varistor para 240V
- 1 fusível 1,5A
- 1 LED
- 1 resistor de 470Ω
- 1 diodo zener de 2,2V

CONCEITOS E CÁLCULOS DO VALOR SENOIDAL DA TENSÃO

- Tensão eficaz
- Tensão de pico
- Tensão de pico a pico
- Tensão de ondulação

Para montar a fonte, não basta escolher os componentes aleatoriamente; é preciso realizar alguns cálculos com base em determinados conceitos apresentados a seguir.

Tensão eficaz

Ao medir o secundário do transformador, temos 12V em corrente alternada, sendo que esse valor é realmente útil na aplicação de qualquer circuito.

Como o próprio nome diz, é o valor de tensão que será eficaz, já descontando as perdas por variações, porém não é contínua.

Os multímetros são usados para aferir a tensão eficaz.

Tensão de pico da onda

A tensão de pico é a tensão máxima apresentada pelo gerador quando o valor de um semiciclo chega no topo da onda, conforme mostrado na Figura 1.22.

Embora esse valor não tenha muita utilidade prática na construção da fonte, é essencial para servir como base para calcular o capacitor de *ripple*.

A tensão de pico Vp é calculada utilizando raiz quadrada de 2:

$$\sqrt{2} = 1{,}41$$

Em que: $Vp = \sqrt{2} \times Veficaz$

$$Vp = 1{,}41 \times 12 = 16{,}92Vp$$

Tensão de pico a pico

Outro valor que está presente na forma de onda é o de tensão de pico a pico, utilizado para calcular a tensão média (Vm), ou seja, aquele valor que estará próximo ao resultado final do processo de retificação, sendo a tensão contínua Vcc.

Na Figura 1.22, é mostrado o valor de Vpp, sendo, na verdade, a onda completa ou os dois semiciclos.

Para esse cálculo, vamos utilizar a constante pi.

$\pi = 3,14$

Em que: $Vm = 2VP/\pi$

$Vm = 2 \times 16,92 / 3,14 = 10,77Vm$

Calculando o capacitor de ripple

O valor de ondulação, ou *ripple*, é corrigido com a aplicação do capacitor eletrolítico. Porém, é preciso calcular seu valor, considerando a corrente que vai circular pela fonte, a tolerância à variação da tensão que pode existir e o período da onda.

No caso da tensão alternada, a frequência padronizada nacionalmente é de 60 hertz, sendo essa unidade de medida abreviada como Hz.

A frequência da onda representa a quantidade de vezes que a variação da tensão acontece no período de 1 segundo, portanto temos 1/60 = 0,016 segundos.

Esse será o tempo que os semiciclos positivo e negativo levarão para ocorrer, conforme visto na Figura 1.22.

Outro ponto importante no cálculo do capacitor é a tolerância permitida para a variação, conhecida como vond ou tensão de ondulação (*ripple*), que pode variar em até 20%.

A fórmula é a seguinte:

$$C = \frac{T \times Ic}{vound}$$

Na qual:

C = capacitor

T = período da frequência da rede elétrica

$$T = \frac{1}{60Hz}$$

Ic = corrente nominal da fonte

Vond = tensão de mínima de ondulação

$C = (0,0166 \times 0,25) / (16,92 \times 0,20)$

C = 0,00415 / 3,384 = 0,001226

Podemos considerar como 1226μF

Porém, o valor comercial mais próximo será de 1000μF.

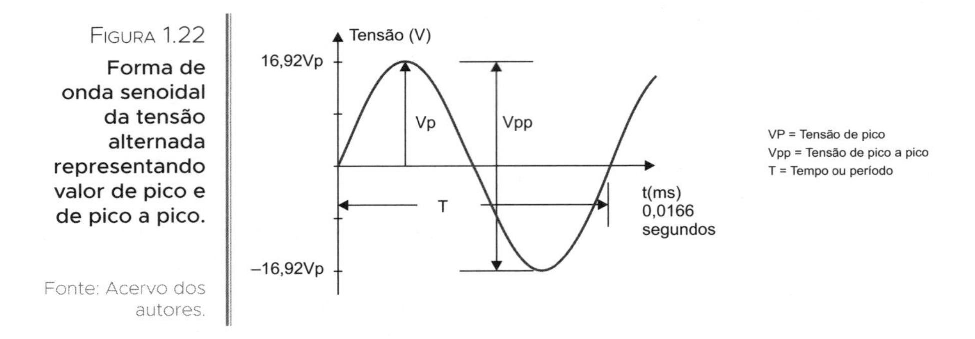

FIGURA 1.22 **Forma de onda senoidal da tensão alternada representando valor de pico e de pico a pico.**

Fonte: Acervo dos autores.

APLICANDO AS GRANDEZAS ELÉTRICAS

- Tensão
- Corrente elétrica
- Resistência elétrica
- Potência elétrica

Mário decidiu montar uma fonte para alimentar um motor de "ventoinha" que havia retirado de um computador antigo para que, enfim, fosse utilizado como miniventilador na sua escrivaninha.

Lendo as descrições impressas no próprio corpo do motor, constatou que se tratava de um dispositivo com tensão nominal de 12V e potência elétrica de 15W.

Sua dúvida inicial era a potência que a fonte poderia fornecer. Como descobrir se a fonte que havia acabado de montar com 12Vcc e 250mA era capaz de fornecer energia suficiente para o motor?

Vamos calcular!

Para saber a potência, é preciso multiplicar a tensão pela corrente elétrica, sendo:

P = V × I

P = 12 × 0,250 = 3W

Assim, a fonte somente poderia fornecer 3W, sendo impossível alimentar o motor, já que este exigiria 15W.

Para solucionar tudo isso, foi preciso recalcular o valor do transformador da fonte.

Primeiro devemos saber a corrente que o motor "solicitará" da fonte. Para isso:

I = P/V

I = 15/12 = 1,25A

Portanto o trafo utilizado precisa ter 12V da mesma forma, mas a corrente deverá ser bem maior, entre 1,25 e 1,5A.

Com isso, fica evidenciada a diferença dessas três grandezas. Mas, embora sejam distintas, elas se relacionam entre si e uma depende da outra no circuito.

Outra grandeza que está diretamente ligada a essas três do exemplo é a resistência, que também pode ser calculada.

Vejamos:

Se no exemplo anterior fosse ligada uma lâmpada em vez do motor e esta estivesse com a descrição do valor de potência apagada, apresentando apenas o de tensão (12V), bastaria medir o valor da resistência.

Com o valor medido, podemos calcular a corrente:

I = V/R

I = 12/*25Ω = 0,48Ω ou 480mΩ

*Valor medido = 25Ω

EXPLICAÇÕES ADICIONAIS

Medindo a resistência

Outro recurso do multímetro é a escala de resistência, que pode ser usada para a medição de resistores ou outros componentes que apresentem valores característicos.

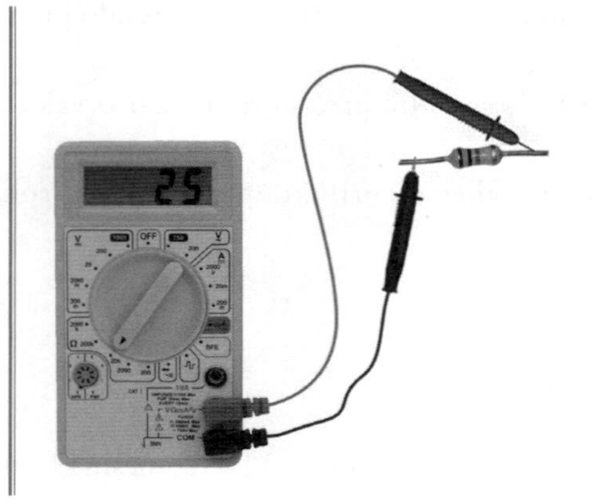

FIGURA 1.23
Medição do resistor.

Fonte: Acervo dos autores.

De acordo com a Figura 1.23, as pontas de prova precisam estar conectadas aos dois terminais do resistor.

Para essa medição você deverá selecionar a escala de resistência do multímetro, indicada pelo símbolo Ω.

O multímetro tem várias opções para diferentes medições de grandezas, como tensão, corrente, continuidade e capacitância, que veremos nos próximos capítulos.

EXERCÍCIOS PROPOSTOS

1 O que significa tensão de pico?

2 O que significa tensão média?

3 O que significa tensão eficaz?

4 Calcule um capacitor para uma fonte com tensão Vca = 15V e corrente máxima de 500mA, com tolerância para a tensão de *ripple* igual a 17%Vp.

5 Diferencie a aplicação dos dois tipos de diodos existentes quanto ao uso na fonte.

6 Qual a importância do capacitor na fonte, sua unidade de medida e seus submúltiplos?

7 Qual a importância do regulador de tensão?

8 Calcule a resistência de um resistor que, ao ser ligado na fonte de 12V, apresentou 300mA.

9 Qual a potência do cordão de LED que, ao ser ligado em 12V, constatou uma corrente igual a 1,4A?

Para uma melhor compreensão do conteúdo apresentado, acesse e acompanhe os vídeos[1] referentes a este capítulo. Entre no site da Alta Books (www.altabooks.com.br) e procure pelo título ou ISBN da obra.

---

1 Vídeos produzidos e editados pelos autores. A editora Alta Books não se responsabiliza pelos conteúdos oferecidos e/ou disponibilizados nesta obra.

RELÉ FOTOELÉTRICO 02

Neste capítulo, vamos ensinar como montar outro dispositivo muito comum nas instalações elétricas prediais e residenciais.

Você já deve ter percebido que as lâmpadas das avenidas e ruas públicas acendem automaticamente quando o dia termina e começa a escurecer.

Então!

Isso acontece graças à ação do relé fotoelétrico.

COMPONENTES

Nesta montagem, vamos utilizar resistores, fonte de 12V, diodo retificador e outros componentes que deverão variar a resistência e detectar grandezas físicas, comparando-as com a finalidade de acionar os dispositivos.

Serão abordados os conceitos dos semicondutores e dos dispositivos eletromecânicos envolvidos no processo de automação.

- Relé
- Transistor bipolar
- Comparador de tensão
- LDR
- Trimpot

Comparador de tensão LM741

Sabemos que o relé fotoelétrico tem como finalidade manter uma lâmpada acesa no período noturno.

Nas instalações elétricas, o relé fotoelétrico é capaz de detectar a falta de luz ao escurecer e acionar o sistema de iluminação.

A presente abordagem visa apresentar o mesmo componente, mas com foco na construção do dispositivo e de seu circuito eletrônico.

O LM741 (Figura 2.1) é formado por um encapsulamento plástico que abarca uma lógica extremamente inteligente, sendo um circuito integrado de larga aplicação tanto em eletrônica analógica quanto digital.

FIGURA 2.1
LM741.

Fonte: Acervo dos autores.

Dentre as inúmeras aplicações desse componente, vamos abordar neste momento o recurso que ele possui de comparar valores de tensão em duas de suas entradas e atribuir na saída um resultado que poderá ser aplicado a outro circuito para acionamento da lâmpada, como é o nosso caso.

As entradas comparadoras são chamadas de inversora e não inversora.

Quando a tensão na entrada inversora (pino 2) for maior comparada à não inversora, a saída permanece desligada.

Quando a tensão na entrada não inversora (pino 3) for maior comparada à inversora, a saída é ativada com 5V.

A saída do componente é o pino 6, sendo esta a responsável por acionar o transistor, como você verá mais adiante.

NOTA

O comparador de tensão é um componente típico dos sistemas da Eletrônica Digital, sendo esta a responsável pela parte inteligente dos circuitos.

Embora exista uma lógica extremamente complexa no interior dos circuitos integrados, os pinos de saída que liberam tensão ou nível lógico para acionamento de dispositivos externos são limitados quanto ao valor de corrente.

Portanto é preciso ligar o transistor nessas saídas.

As entradas necessitam de algum elemento que possa "ler" uma reação da natureza e transformar em sinal elétrico para ser aplicado em uma dessas duas entradas.

No circuito que vamos montar, quem detecta ou faz a "leitura" da falta de luz e ativa a saída não inversora é o LDR.

Além das saídas, o LM741 necessita de alimentação da fonte no pino 4, que é o negativo, e o pino 7, sendo o positivo.

O pino 8 não é utilizado, e os pinos 1 e 5 são para controles de "off set", que para o nosso projeto não possui aplicação.

Nos circuitos integrados ou chips, como é o caso do LM741, temos a identificação da pinagem numerada.

Os pinos de entrada são partes metálicas condutoras que sobressaem do encapsulamento fazendo contato com o circuito e com a lógica interna do CI.

A numeração da pinagem (Figura 2.2) tem o ponto de partida no pino 1, tomando como referência o rebaixo existente no corpo do componente. A numeração faz o contorno, terminando na extremidade acima do chanfro.

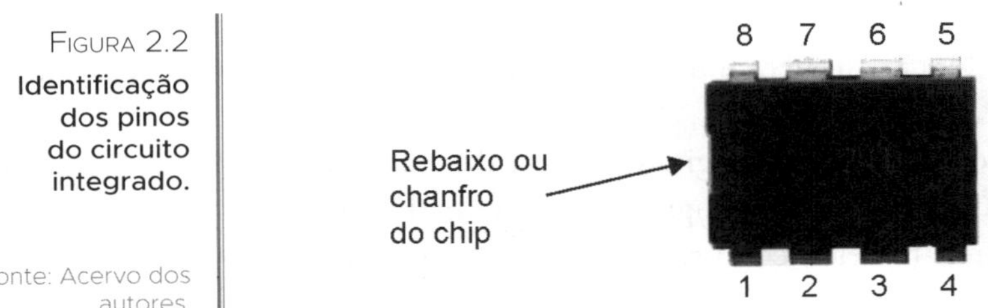

FIGURA 2.2 **Identificação dos pinos do circuito integrado.**

Fonte: Acervo dos autores.

LDR

O elemento detector no nosso circuito será, com certeza, o LDR (Figura 2.3) que se trata de um resistor que varia sua resistência de acordo com a luz.

Quando o LDR está recebendo luz, a sua resistência apresenta valor baixo, mas, ao escurecer, havendo ausência da luz nele, sua resistência aumenta significativamente, chegando ao megaohm.

No LM741, é o LDR que define no pino 3 (entrada não inversora) quando há falta de luz e injeta um valor de tensão suficiente para ultrapassar o valor aplicado à entrada 2 (inversora), e com isso permitir que a saída seja ativada e libere 5V para acionamento.

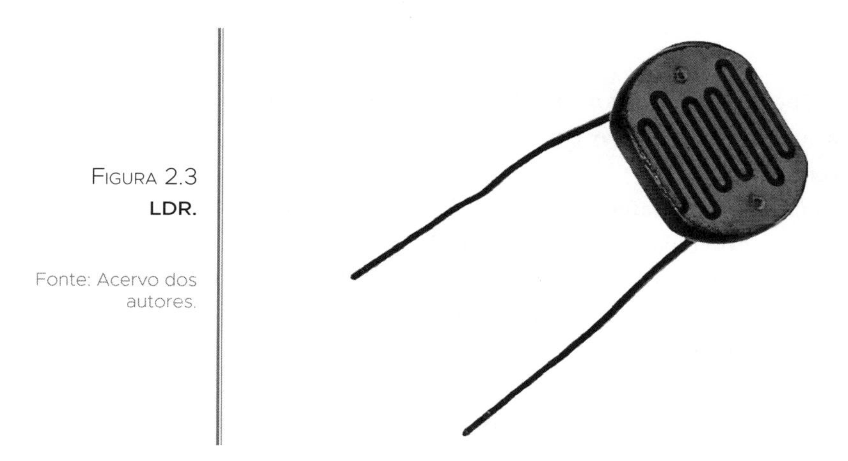

FIGURA 2.3
LDR.

Fonte: Acervo dos autores.

TRIMPOT

Este componente (Figura 2.4) tem a mesma característica do resistor, somando vantagem quanto ao recurso de variação da resistência.

No próprio componente existe um parafuso de material plástico para que você possa girar com o auxílio de uma chave Phillips e variar o valor da resistência, aumentando-o ou diminuindo-o de acordo com a necessidade e aplicação.

Caso o parafuso seja girado para a direita, a resistência será aumentada proporcionalmente até atingir o valor nominal máximo.

No relé fotoelétrico, o trimpot vai servir para ajuste do nível do escurecimento para que a lâmpada possa acender somente ao anoitecer.

Assim, evita-se que a lâmpada acenda, por exemplo, quando simplesmente houver escurecimento durante o dia em decorrência da chuva.

Figura 2.4
Trimpot.

Fonte: Acervo dos autores.

Transistor bipolar

Este componente (Figura 2.5) tem uma função incrível, uma vez que pode conduzir a corrente elétrica a partir de um pequeno sinal na ordem de microamperes em um dos seus terminais, conhecido como base.

O transistor, neste caso, vai ser o responsável por ligar e desligar o LED. Porém ele vai precisar do auxílio do capacitor.

Os terminais do componente são: base, coletor e emissor.

O emissor é a parte pela qual entra a corrente, o coletor é a saída e a base é o ponto de controle. Se for injetada uma pequena corrente na base, passa a existir corrente elétrica entre o coletor e o emissor, caso contrário, não há passagem de corrente elétrica.

Dessa forma, o transistor bipolar pode ser considerado um interruptor liga e desliga, controlado por corrente elétrica, diferentemente do interruptor de lâmpadas, em que o controle é muscular, ou seja, é preciso apertar a tecla com o dedo.

Pensando assim, quem vai injetar corrente na base do transistor no nosso circuito será o pino 6 do comparador de tensão.

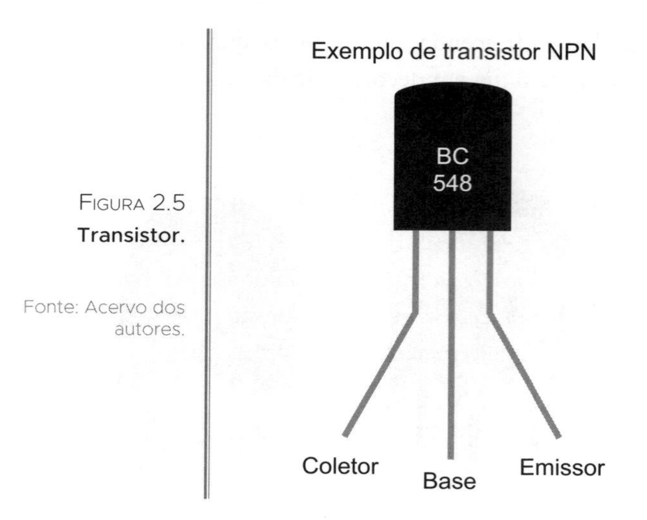

FIGURA 2.5
Transistor.

Fonte: Acervo dos autores.

Todas as três regiões do transistor recebem dopagem de material semicondutor em sua estrutura formada a partir do silício.

Cada uma dessas regiões exerce uma função específica e, por isso, a dopagem em cada uma delas tem intensidade diferente.

Vamos tomar como exemplo o transistor BC548, muito comum na eletrônica. Faremos uma análise de como é a sua estrutura interna.

Na Figura 2.6 temos, à direita, a simbologia do componente e, à esquerda, as três regiões.

- Emissor: alta dopagem, com elétrons em grande quantidade para fornecer.
- Coletor: média dopagem, mas possui uma área de condução extensa.
- Base: baixa dopagem e área de condução estreita.

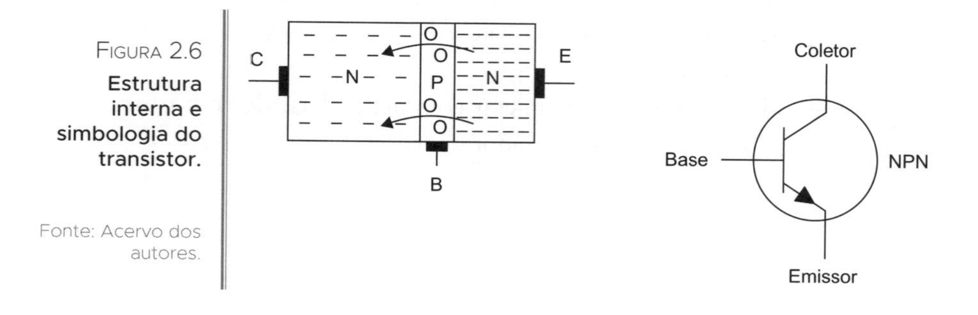

FIGURA 2.6
Estrutura interna e simbologia do transistor.

Fonte: Acervo dos autores.

Funcionamento do transistor

Na Figura 2.7, temos uma fonte de 12V alimentando o LED, tendo o resistor R1 como limitador de corrente para evitar a queima do LED e o transistor atuando como interruptor do circuito.

Analisando o circuito, vemos que o coletor e o emissor do transistor são separados pela base, havendo a condição de bloqueio. Ambos são negativos, estando o emissor ligado ao negativo da fonte e o coletor ao negativo do LED.

No nosso circuito, o responsável por injetar tensão na base será o comparador de tensão. Vale observar que é preciso inserir um resistor na base, pois, em caso contrário, o sinal de 5V sendo ligado diretamente poderá danificar essa região.

Continuando nosso raciocínio, vamos pensar na ação provocada pela alimentação da base:

Ao receber tensão, a base fica energizada positivamente, atraindo os elétrons do emissor para si.

O emissor, por ser altamente dopado, libera elétrons em excesso para a base, mas esta, por ser menos dopada e estreita, não é capaz de absorver todos esses elétrons.

Enquanto isso, o coletor que possui dopagem intermediária e uma área de condução extensa atrai a maioria dos elétrons, encaminhando-os para o terminal negativo do LED.

Como o LED está com o outro terminal ligado ao positivo da fonte através do resistor R1, ele acende.

Assim, o transistor estará funcionado como interruptor eletrônico, sendo o circuito controlado pela tensão aplicada na base do transistor.

Na Figura 2.7, utilizamos o LED como exemplo de um dispositivo que pode ser acionado, mas podemos acionar qualquer outro tipo, como lâmpadas, motores, entre outros. Entretanto, é preciso substituir o LED no diagrama por um relé.

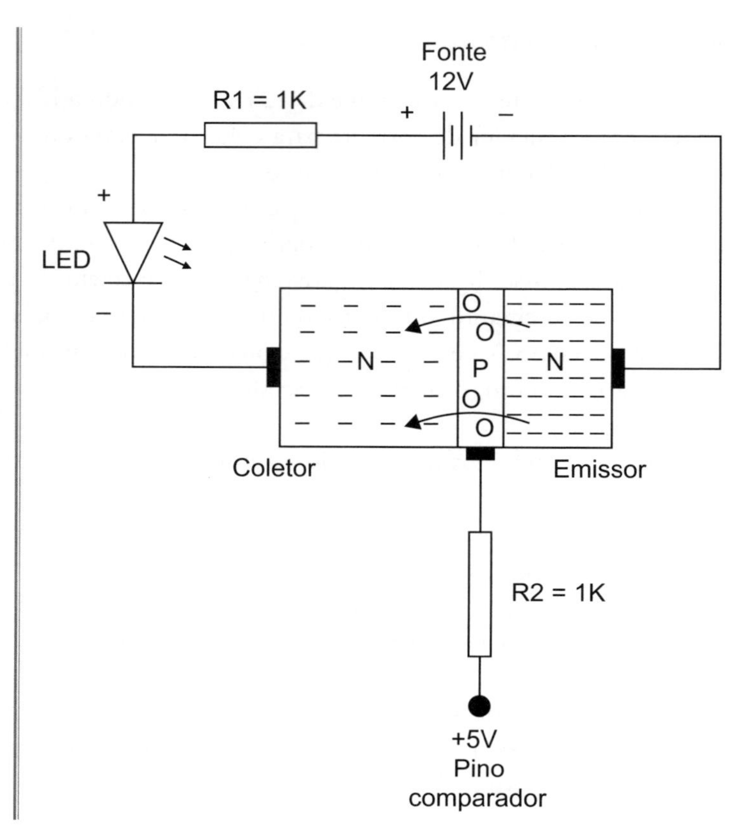

FIGURA 2.7
Diagrama do funcionamento do transistor.

Fonte: Acervo dos autores.

NOTA

Entre a região da base e a do emissor, temos uma barreira, conhecida como barreira de depleção. Nessa divisa, aparece uma diferença de potencial devido à dopagem ser com cargas opostas, em que acaba aparecendo um valor de 0,7V.

Esse valor não é útil ao circuito, mas aparece como perda de tensão na região conhecida como VBE (tensão de base e emissor).

Portanto precisamos considerá-lo no momento de escolher o valor do resistor de base.

Um fator importante na escolha do resistor de base é a observância do valor da corrente de coletor.

Considerando que iremos ligar o relé no lugar do LED, é necessário consultar a corrente nominal de consumo da bobina do relé que, em média, atinge o valor de 40mA, sendo essa a corrente de coletor IC.

Com essa informação, basta atribuir 10% desse valor para definirmos a corrente de base.

Lembre-se: a corrente de base deve ser de 10% da corrente de coletor quando você for utilizar o transistor na condição de interruptor ou chave, termo conhecido como *saturação*.

Partindo desse ponto, vamos calcular o exemplo mostrado no diagrama da Figura 2.8.

A corrente de base IB será 0,1 × 0,040 = 0,004A ou 4mA.

FIGURA 2.8
Diagrama das correntes e tensões no transistor.

Fonte: Acervo dos autores.

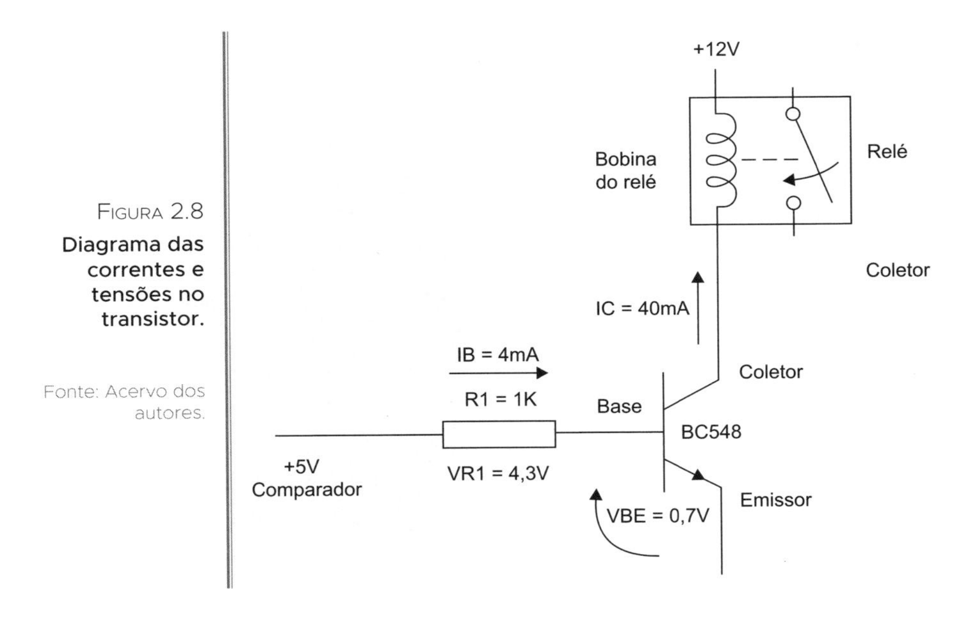

A tensão sobre o resistor R1 será o resultado da subtração de VBE do valor aplicado pelo pino 6 do comparador de tensão.

Sendo assim:

VR1 = 5 − 0,7 = 4,3

Com o valor de VBE, vamos calcular o resistor R1:

R = V/I

$$R1 = VR1/IB$$

$$R1 = 4{,}3/0{,}004 = 1.075\Omega$$

Como o valor comercial mais próximo é de 1.000Ω, adotamos esse valor, que pode ser abreviado por 1k, sendo que o k (quilo) representa 1.000.

Assim, o resistor será marrom, preto e vermelho.

Relé com contato reversível

O relé fotoelétrico que vamos montar terá o objetivo principal de acionar uma lâmpada. O transistor que vamos utilizar será o BC548 e pode funcionar como interruptor, mas não tem capacidade de conduzir corrente diretamente para acender a lâmpada.

No entanto, o transistor pode acionar um outro dispositivo mais potente, para que este ligue a lâmpada.

Esse segundo dispositivo é conhecido como relé, conforme a Figura 2.9.

Figura 2.9
Relé.

Fonte: Acervo dos autores.

O relé é dividido em duas partes: bobina e contato.

Quando energizada pelo transistor, a bobina gera campo magnético (imanta), atraindo o contato que está aberto e fechando-o (Figura 2.10).

Assim, mesmo que a corrente que sai do transistor seja pequena, tem capacidade para acionar a bobina do relé, fechando o contato quando energizada.

O contato, sendo fechado, conduz corrente e acende a lâmpada que está ligada na tomada.

Tudo isso acontece como um efeito cascata.

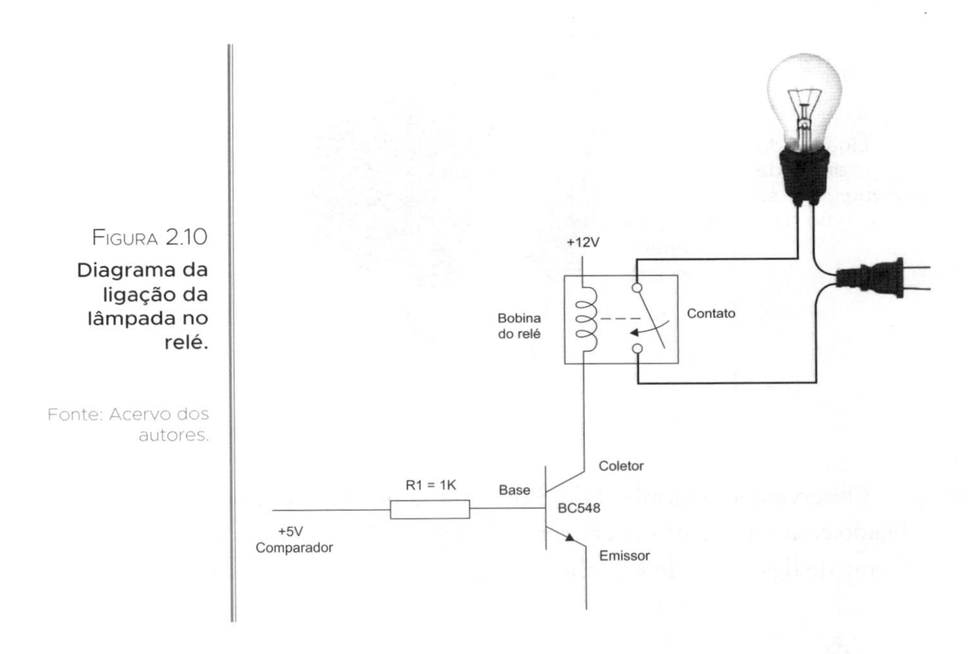

FIGURA 2.10
Diagrama da ligação da lâmpada no relé.

Fonte: Acervo dos autores.

CURIOSIDADES

A ação da corrente elétrica no indutor, como é o caso da bobina do relé, gera campo magnético.

Dizemos que o campo gerado induz na bobina o efeito magnético, criando um ímã artificial. Por isso, o contato de metal que existe no interior do relé é atraído para a posição de fechamento.

Nos relés, é de costume ligar um diodo retificador (Figura 2.11) nos terminais da bobina, para evitar que a corrente gerada pela bobina do próprio relé (corrente reversa) possa circular na direção contrária do circuito e queimar o transistor.

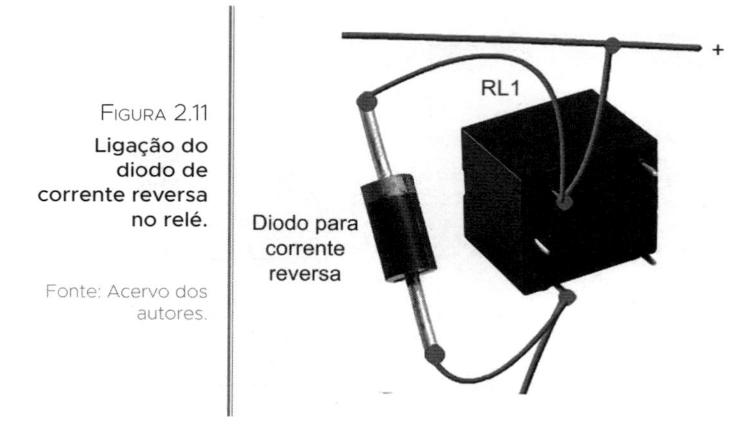

FIGURA 2.11
Ligação do diodo de corrente reversa no relé.

Fonte: Acervo dos autores.

Observe que o terminal do diodo que contém a listra branca (negativo) é ligado conjuntamente com o terminal positivo da fonte na bobina do relé. Essa forma de ligar o diodo é conhecida tecnicamente como polarização reversa.

PARA RELEMBRAR

O efeito do magnetismo provoca a autoindução, que é uma energia gerada pelo próprio campo sobre a bobina e, diante dessa indução autônoma do dispositivo, uma corrente elétrica também é gerada.

Essa corrente gerada pode prejudicar outros componentes, principalmente o transistor.

CIRCUITO DO RELÉ FOTOELÉTRICO

De acordo com a Figura 2.12, a tensão de 12V é aplicada nos fios positivo (+) e negativo (–).

Vamos iniciar pelos resistores R1 e R2, que são de 1.000Ω (1k).

A tensão de 12V se divide, ficando sobre cada um dos resistores o valor de 6V. Assim, a tensão de R2 é aplicada no pino 2 do LM741. Com isso, a entrada inversora fica com 6V.

FIGURA 2.12
Circuito do relé fotoelétrico.

Fonte: Acervo dos autores.

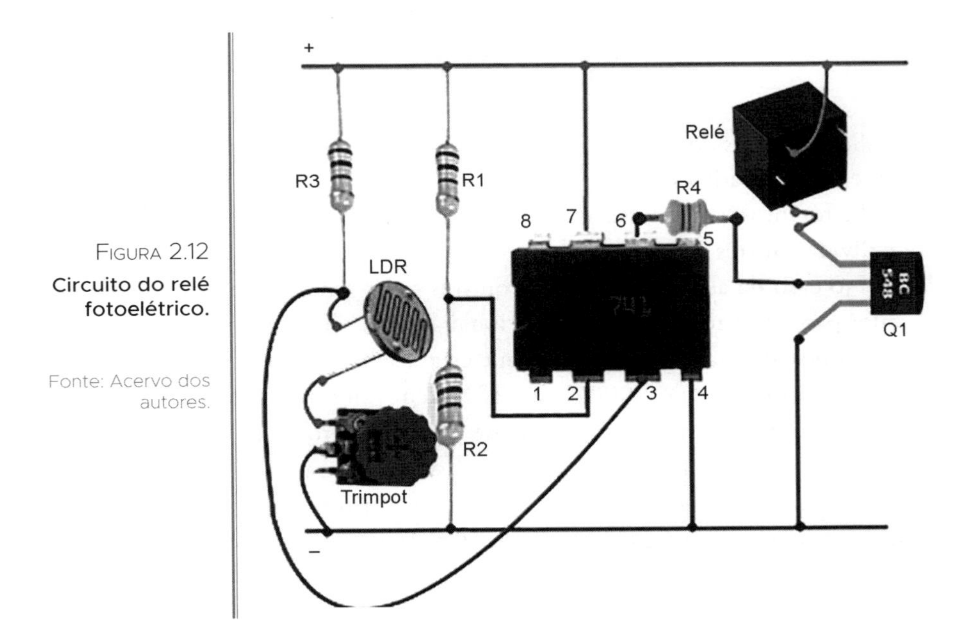

Quando unimos dois resistores em série (Figura 2.13) e aplicamos determinado valor de tensão sobre tal associação, esta vai se dividir entre ambos.

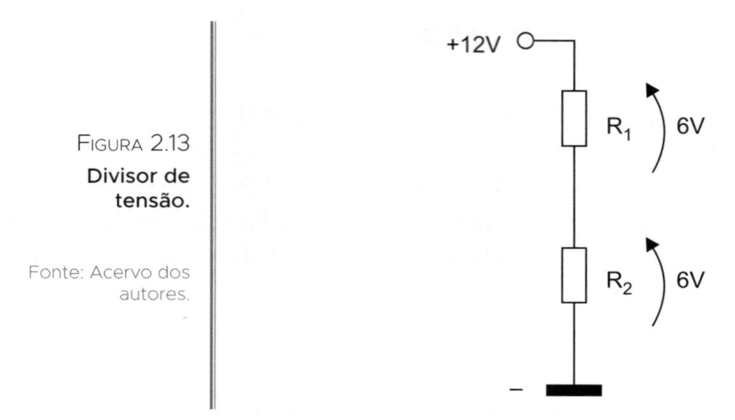

FIGURA 2.13
Divisor de tensão.

Fonte: Acervo dos autores.

Se os valores de resistência forem iguais, o valor de tensão será exatamente a metade em cada um dos resistores.

Se forem três resistores associados de mesmo valor de resistência, a tensão se divide em três parcelas também.

No caso da associação de duas ou três resistências de valores diferentes, o valor parcial de tensão será proporcional ao valor de resistência.

Vamos analisar agora a tensão que estará sobre o pino 3.

O resistor R3 é de 1.000Ω, já o LDR tem valor de resistência em torno de 200Ω durante o dia. O trimpot pode variar de zero a dez mil ohms (Ω). As três resistências estão em série, como mostra a Figura 2.14.

O circuito funciona assim: se deixarmos o trimpot com 0Ω, e for dia, R3 será a maior resistência do circuito e, com isso, a tensão sobre ele será maior, em torno de 10V.

R3 = 1.000Ω

Vldr = 200Ω

Vtrimp. = 0Ω

Teremos a somatória dos valores, sendo 1.000 + 200 = 1.200Ω

Calculando a corrente: I = V/R, então I = 12/1.200 = 0,01A.

As tensões parciais serão a multiplicação do valor da corrente pelas resistências, tendo em vista que a corrente é igual nos três resistores. Vamos ignorar o trimpot, já que sua resistência é igual a zero.

VR3 = R3 × I, logo VR3 = 1.000 × 0,01 = 10V

Vldr = LDR × I, logo Vldr = 200 × 0,01 = 2V

Dessa forma, a tensão sobre o LDR e o trimpot (Vpin3) girará em torno de 2V e, com isso, a entrada não inversora (pino 3) do LM741 terá menor tensão que no pino 2, ficando a saída (pino 6) desligada ou com 0V.

Quando o dia terminar, iniciando a noite, a resistência do LDR aumenta, e, consequentemente, a tensão sobre ele chega quase ao total da fonte.

Vejamos:

R3 = 1.000Ω

Vldr = 1MΩ (1.000.000)

Vtrimp. = 0Ω

Teremos a somatória dos valores, sendo 1.000 + 1.000.000 = 1.000.200Ω
Calculando a corrente: I = V/R, então I = 12/1.000.200

I = 0,0000119A (11,9μA)

VR3 = R3 × I, logo VR3 = 1.000 × 0,0000119 = 0,0119V (11,9mV)

Vldr = LDR × I, logo Vldr = 200 × 0,01 = 11,9V

Quando isso acontece, a tensão Vpin3 (Figura 2.14) passou a ser de 11,9V, e o pino 3 passou a ter maior tensão do que o pino 2, ocorrendo a ativação da saída do pino 6 do comparador, que aciona o transistor, e este, a bobina do relé para acendimento da lâmpada.

Na base do transistor, foi empregado um resistor de 570Ω (R4), tendo em vista que o consumo da bobina do relé utilizado foi de 75mA.

O trimpot é empregado com a finalidade de ajustar a sensibilidade com que o LDR detecta a falta de luz. Se a resistência do trimpot for aumentada, a ação do LDR será mais rápida, ou seja, com o escurecimento devido ao tempo nublado, por exemplo, a lâmpada já pode acender.

Na Figura 2.15, aparece a lâmpada ligada no contato do relé, lembrando que é importante ligar o diodo na bobina do relé para corrigir a corrente reversa (Figura 2.11), evitando a danificação do transistor.

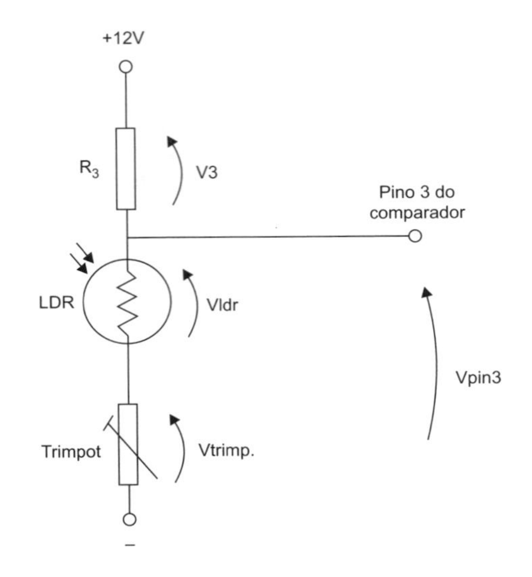

Figura 2.14
Divisor de tensão com três resistências.

Fonte: Acervo dos autores.

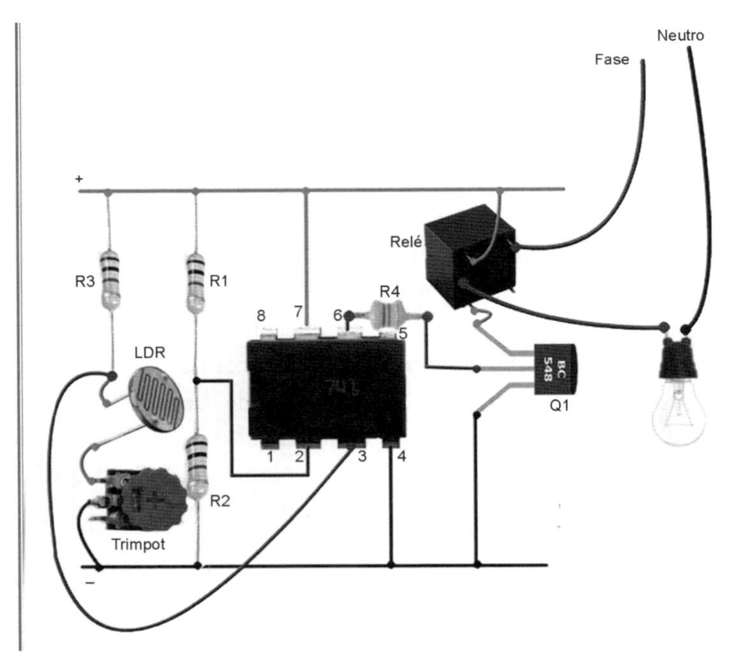

Figura 2.15
Circuito completo com a lâmpada.

Fonte: Acervo dos autores.

Descrição dos componentes

- 1 LM741
- 1 relé de 12V com contato reversível
- 1 transistor BC548
- 3 resistores de 1.000Ω(1K)
- 1 resistor (R4) de 570Ω
- 1 LDR
- 1 trimpot de 10.000Ω
- 1 bocal de lâmpada
- 1 lâmpada de 127V e 60W

EXERCÍCIOS PROPOSTOS

1 Caso a entrada do comparador de tensão esteja com 4V no pino 2 e 5V no pino 3, qual será o valor de tensão que estará presente na saída (pino 6)?

2 O LDR e o trimpot são componentes resistivos ou capacitivos? Diferencie sua aplicação e a função de cada um.

3 No circuito do relé fotoelétrico, o que acontece se o parafuso de ajuste do trimpot for ajustado, girando para a direita?

4 Calcule o resistor de base do transistor considerando a corrente de coletor igual a 80mA.

5 Assinale a alternativa correta. Em relação ao relé, podemos afirmar que:

a) A corrente fornecida pelo transistor não é suficiente para acionar a bobina do relé;

b) A ação da bobina, quando energizada, provoca o efeito capacitivo;

c) A autoindução gera a corrente reversa, mas esta pode ser tranquilamente ignorada; ou

d) A saída do comparador de tensão (pino 6) libera um valor de corrente limitado que precisa ser aplicado primeiramente na base do transistor para que este, por sua vez, através da corrente de coletor, possa acionar a bobina do relé.

6 Calcule a tensão Vpin3 da Figura 2.16, considerando: R3 = 1.000Ω, LDR = 400Ω e trimpot = 200Ω.

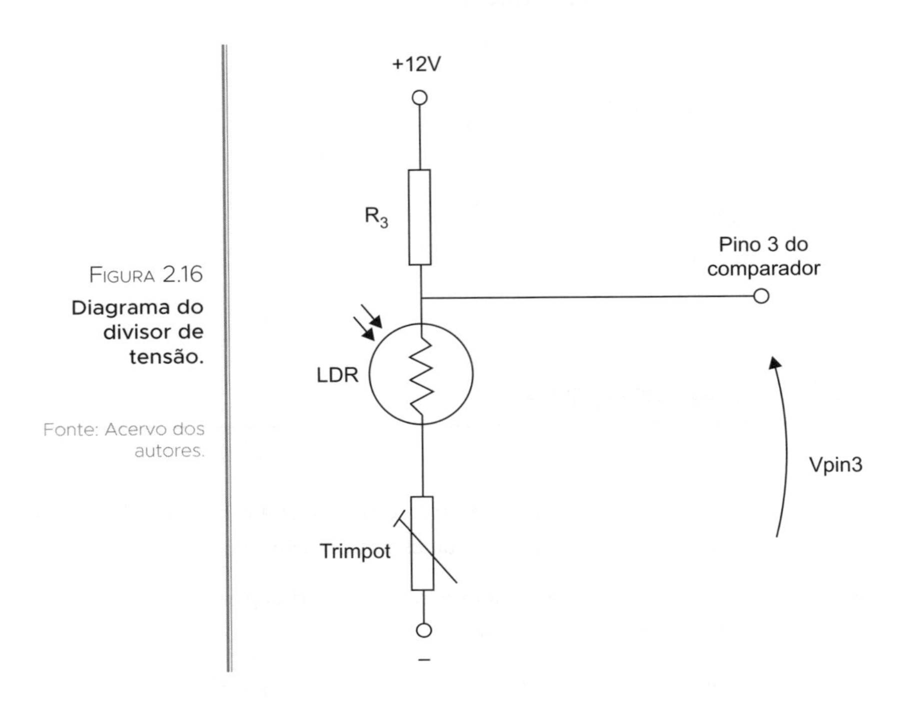

FIGURA 2.16
Diagrama do divisor de tensão.

Fonte: Acervo dos autores.

Para uma melhor compreensão do conteúdo apresentado, acesse e acompanhe os vídeos[1] referentes a este capítulo. Entre no site da Alta Books (www.altabooks.com.br) e procure pelo título ou ISBN da obra.

1 Vídeos produzidos e editados pelos autores. A editora Alta Books não se responsabiliza pelos conteúdos oferecidos e/ou disponibilizados nesta obra.

DETECTOR DE TEMPERATURA 03

Pensando em um sistema de controle de aquecimento, vale a sugestão de um circuito para detecção de calor de uso geral.

Você poderá montar esse circuito empregando-o em vários locais nos quais seja importante averiguar o aumento da temperatura.

Um uso pode ser em relação ao aumento da temperatura dos racks de informática em dias quentes ou para controle de fornos.

Um LED será empregado para sinalizar o aquecimento.

Você ainda poderá ajustar o nível de temperatura manualmente.

COMPONENTES

Nesta montagem, será empregado o comparador LM741 e outros componentes já estudados. Neste momento, você vai conhecer mais dois componentes resistivos que possuem aplicações diferentes:

- NTC
- Potenciômetro

NTC

O elemento de controle, neste caso, será o NTC (Figura 3.1), que se trata de um resistor que varia sua resistência de acordo com a temperatura.

Essa variação ocorre de modo inversamente proporcional à temperatura. Assim, quando a temperatura aumenta, a resistência diminui e, caso contrário, a resistência aumenta.

Ele será usado na entrada inversora do LM741 para determinar o valor de tensão aplicado no pino 2.

Quando a temperatura subir, o LED que será ligado na saída (pino 6) deve acender.

FIGURA 3.1
NTC.

Fonte: Acervo dos autores.

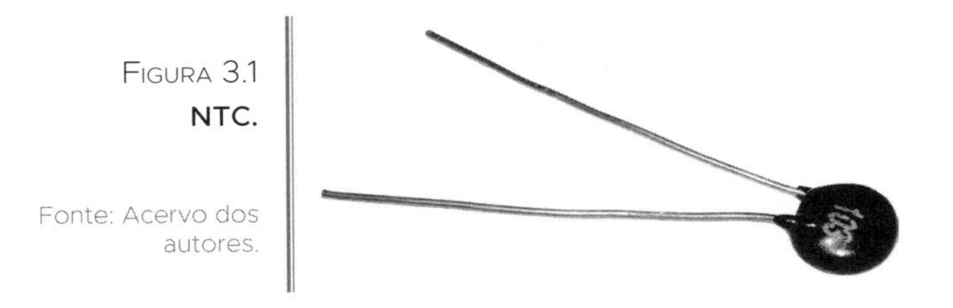

POTENCIÔMETRO

Este componente (Figura 3.2) tem a mesma característica que o trimpot, com a diferença apenas na forma de variação e no ajuste da temperatura.

No próprio componente existe um eixo giratório para que você possa variar o valor da resistência, aumentando-o ou diminuindo-o de acordo com a necessidade e aplicação deste recurso no projeto.

No detector de temperatura, o potenciômetro vai permitir o ajuste da faixa de temperatura para o acionamento do dispositivo de alerta, o LED.

FIGURA 3.2
Potenciômetro.

Fonte: Acervo dos autores.

CIRCUITO DO DETECTOR DE TEMPERATURA

O circuito (Figura 3.3) será parecido com o do relé fotoelétrico estudado no capítulo anterior, diferenciando-se apenas quanto ao tipo de sensor que, nesse caso, não será o LDR, mas o NTC, e no lugar do trimpot teremos o potenciômetro, que permite o ajuste da sensibilidade da detecção de calor através do eixo giratório manualmente sem necessitar de uma chave Phillips, como no caso do trimpot.

Neste circuito, não será necessário a presença do relé nem do transistor, consequentemente, visto que o sinalizador de temperatura será o LED.

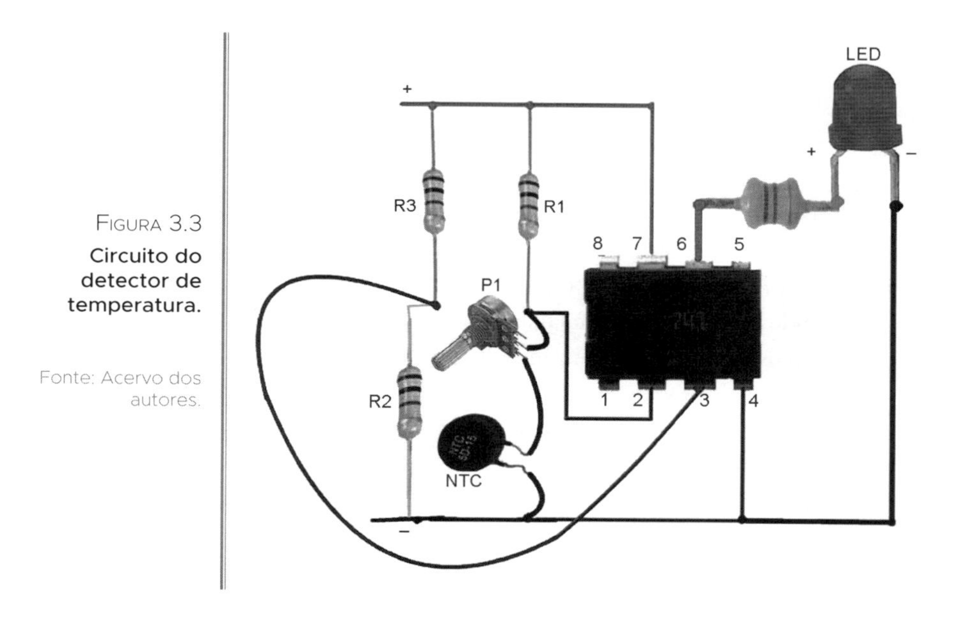

FIGURA 3.3
Circuito do detector de temperatura.

Fonte: Acervo dos autores.

Nessa configuração, a entrada inversora está conectada ao NTC e ao potenciômetro P1.

Vamos pensar, inicialmente, que P1 está com 0Ω, e o NTC, com sua resistência total, que é 5.000Ω, mantendo a entrada inversora com maior tensão, já que a parcela de tensão sobre ele é maior, considerando que o resistor R1 tem 1.000Ω.

Seguindo a regra do divisor de tensão, teremos:

P1 = 0Ω

NTC = 5.000Ω

R1 = 1.000Ω

Logo, resistência total = P1 + NTC + R1

R = 0 + 5.000 + 1.000 = 6.000Ω

Corrente total (It) = 12/6.000 = 0,002A

Portanto a parcela de tensão sobre o NTC será de:

V = R × I = 5.000 × 0,002 = 10V

Assim, a tensão no pino 2 será de 10V.

Comparando com a entrada não inversora que está com os dois resistores em série (R2 e R3), dividindo igualmente o valor de tensão da fonte, teremos 6V no pino 3.

Com isso, a entrada inversora fica com maior tensão que a não inversora, assim o LED na saída (pino 6) permanece apagado.

Quando a temperatura aumenta, a resistência no NTC começa a diminuir, dessa forma, a tensão sobre ele vai diminuindo gradativamente até ficar com valor zero.

Conforme a resistência diminui, a tensão sobre o NTC também diminui, até que a tensão no pino 2 passa a ter um valor inferior ao aplicado no pino 3 pelo resistor R2.

Assim, a saída é ativada e o LED acende, indicando aquecimento.

CURIOSIDADES

Todas essas regras estudadas envolvendo tensão, corrente elétrica e resistência fazem parte da Lei de Ohm.

George Simon Ohm foi um físico e matemático natural da Alemanha e definiu que a relação dessas três grandezas é proporcional.

Ele descobriu que a resistência é inversamente proporcional à tensão, ou seja, se aumentar a resistência num circuito, a tensão diminui, e vice-versa.

O ponto de calor que você quiser ajustar para que o LED acenda é calibrado no potenciômetro, uma vez que este pode tanto somar-se à resistência do NTC e adiantar o ponto de acendimento do LED como também, em caso de estar com o valor de resistência próximo de zero, atrasar o ponto de indicação.

Não se esqueça de ligar o resistor R4 antes do LED para que este não queime.

Descrição dos componentes

- 1 LM741
- 3 resistores de 1.000Ω
- 1 resistor de 470Ω
- 1 NTC de 5.000Ω
- 1 potenciômetro de 10.000Ω
- 1 LED

EXERCÍCIOS PROPOSTOS

1 Diferencie a função do pino 2 do componente em relação ao pino 3.

2 Quando a saída está ativada, em qual nível lógico podemos dizer que ela se encontra?

3 Qual é a função do resistor de 470Ω no circuito?

4 A temperatura de um forno de uma padaria não pode ultrapassar 200°C. Quando a temperatura atinge esse nível, o valor proporcional da resistência do NTC apresenta 150Ω, com isso, o detector deverá sinalizar, acendendo o LED.

Considerando o circuito da Figura 3.4, para que o LED acenda, indique o valor que o potenciômetro precisa apresentar em ohms ao ser ajustado para garantir a atuação do NTC quando atingir 150Ω:

a) Entre 150Ω e 450Ω;

b) Entre 450Ω e 650Ω;

c) Entre 650Ω e 750Ω; ou

d) Entre 750Ω e 850Ω.

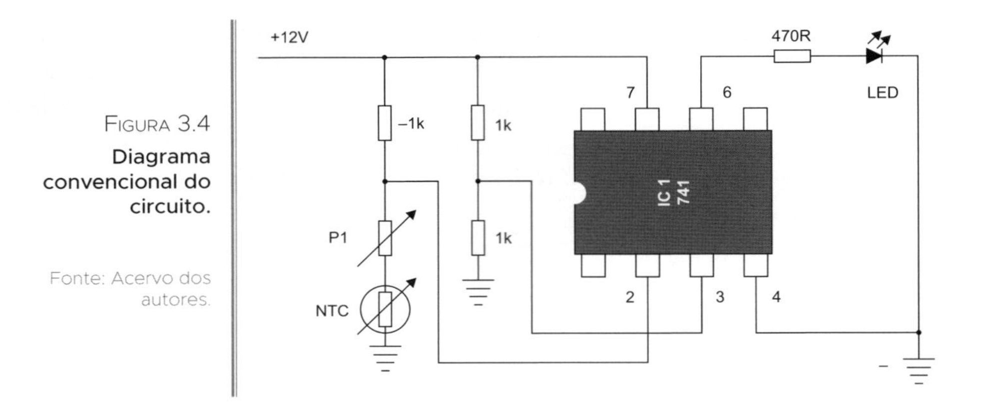

FIGURA 3.4 **Diagrama convencional do circuito.**

Fonte: Acervo dos autores.

Para uma melhor compreensão do conteúdo apresentado, acesse e acompanhe os vídeos[1] referentes a este capítulo. Entre no site da Alta Books (www.altabooks.com.br) e procure pelo título ou ISBN da obra.

1 Vídeos produzidos e editados pelos autores. A editora Alta Books não se responsabiliza pelos conteúdos oferecidos e/ou disponibilizados nesta obra.

DIMMER 04

O dimmer tem a finalidade de variar a luminosidade das lâmpadas incandescentes do tipo halógena.

O dimmer permite que uma pessoa dentro de um recinto escolha o nível da luz do local.

O presente capítulo visa apresentar o dispositivo com foco na montagem eletrônica e nos conceitos essenciais.

COMPONENTES

Neste momento, serão apresentados os conceitos do tiristor, componente aplicado na relaxação da onda, permitindo que sejam efetuadas fragmentações na forma de onda senoidal e, consequentemente, o controle da potência.

- Triack
- Diac

Triack

É o controlador da tensão aplicada à lâmpada e, consequentemente, da luminosidade.

O triack (Figura 4.1) é um semicondutor da família dos tiristores e, internamente, é formado por dois diodos, sendo cada um deles disposto em posições invertidas dentro do mesmo invólucro.

Ele pode ser entendido como um diodo bidirecional (conduz a corrente nos dois sentidos) em que os semiciclos positivo e negativo da onda são retificados.

Porém, o triack somente conduz quando um sinal de pequeno valor de tensão é aplicado no gate (gatilho), que se trata do pino de controle do componente. Podemos fazer analogia do gate com a base do transistor.

O componente possui um pino de entrada e outro de saída, designados pelos números 1 e 2.

O triack é capaz de ligar e desligar centenas de vezes em apenas um segundo, mediante a tensão aplicada no gate.

FIGURA 4.1
Triack.

Fonte: Acervo dos autores.

Diante desse comportamento, o triack atua "fragmentando" a onda da tensão alternada.

A lâmpada utilizada no dimmer é ligada na rede alternada e, nesse circuito, todos os componentes também o serão.

O processo todo funcionará sem a presença da tensão contínua.

A tensão alternada varia seu valor total dentro de um ciclo que vai do valor de 0V até 180V (valor de pico).

O triack fica "ligando e desligando" o circuito da lâmpada numa frequência de centenas de repetições no período de 1 segundo.

Nosso olho não percebe essa oscilação, mas a lâmpada pisca com a mesma rapidez, contudo, o rendimento da lâmpada diminui e a luminosidade fica reduzida.

O triack é disparado por outro elemento conhecido como diac.

Diac

O diac (Figura 4.2) também dispara rapidamente, sendo ele que comanda o gate do triack. Porém, seu disparo ocorre apenas quando a tensão em seu terminal atinge, aproximadamente, 30V.

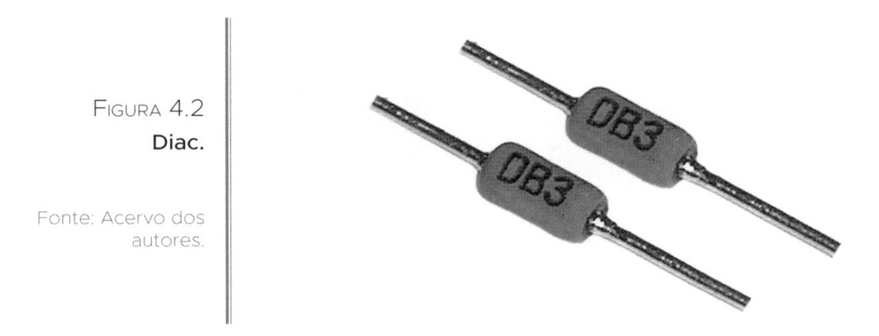

Figura 4.2
Diac.

Fonte: Acervo dos autores.

Capacitor de poliéster

A propriedade principal do capacitor é de armazenar cargas elétricas, ou seja, tensão.

O capacitor de poliéster (Figura 4.3) diferencia-se do eletrolítico quanto ao fato de não possuir polaridade e é indicado para circuitos comandados por tensão alternada.

CURIOSIDADES

Existe um recurso muito usado na eletrônica, conhecido como "constante de tempo", com uma vasta aplicação quando se requer contagem de tempo.

A constante de tempo é definida pelo tempo que o capacitor leva para se carregar totalmente com tensão.

Para existir esse efeito, é preciso ter um resistor ligado em série com o capacitor, sendo o valor definido pela multiplicação da capacitância pela resistência.

O resultado será o tempo que o capacitor levará para se carregar.

Figura 4.3
Capacitor de poliéster.

Fonte: Acervo dos autores.

Lâmpada incandescente

O dimmer é capaz de controlar apenas as lâmpadas incandescentes (Figura 4.4), devido ao fato de que o funcionamento delas ocorre através da resistência (filamento) interna localizada no interior do bulbo de vidro.

Já as lâmpadas eletrônicas, ou a LED, por não serem construídas com resistência, mas com outro princípio de funcionamento, precisam de um dimmer especial.

Figura 4.4
Lâmpada incandescente.

Fonte: Acervo dos autores.

CIRCUITO DO DIMMER

O circuito pode ser visto na Figura 4.6 na forma física e seu diagrama, na Figura 4.7.

O potenciômetro, em conjunto com o capacitor de poliéster, atua na constante de tempo, ou seja, o valor de resistência multiplicado pelo valor da capacitância do capacitor resulta no tempo que deverá levar para a tensão atingir 28V e disparar o diac.

O disparo do diac representa o acionamento do gate do triack fazendo com que o mesmo também conduza e acenda a lâmpada.

Resumindo, o capacitor carrega, aciona o diac, que aciona o triack e faz a lâmpada acender.

Quanto mais rápido for esse processo, mais vezes a lâmpada vai acender repetitivamente dentro do período de 1 segundo.

A rapidez do processo ocorre mediante o valor de resistência do potenciômetro; caso este seja menor, o disparo é mais rápido, mas se aumentarmos sua resistência, o tempo também aumentará e o disparo será mais lento, diminuindo a intensidade de acendimento da lâmpada e, consequentemente, provocando a redução da luminosidade.

O tempo é definido pela posição em que o eixo de ajuste do potenciômetro foi deixado, porém esse processo de disparos consecutivos ocorre muito rapidamente, sendo impossível perceber que a lâmpada acende e apaga em frações de segundos. No entanto, o efeito que notamos é o aumento ou a diminuição da luminosidade.

Na Figura 4.5, é possível notar que o semiciclo da onda "perdeu" parte de sua área, na atuação do triack, reduzindo a parte útil da onda.

Essa parte é efetivamente a parcela de tensão entregue à lâmpada para a produção de luminosidade.

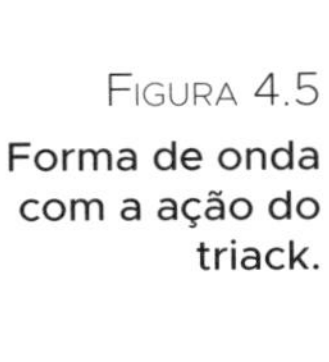
FIGURA 4.5
Forma de onda com a ação do triack.

Fonte: Acervo dos autores.

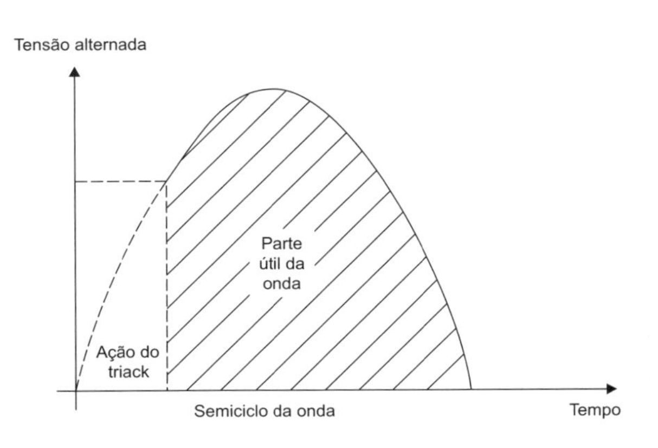

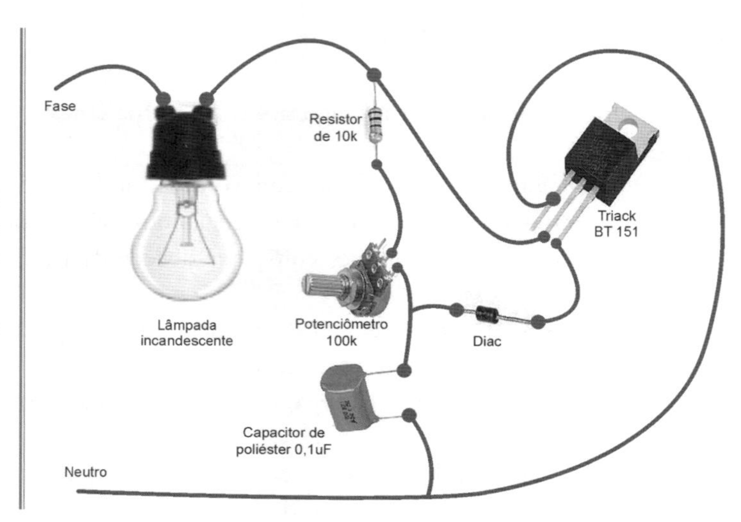

Figura 4.6
Circuito do dimmer.

Fonte: Acervo dos autores.

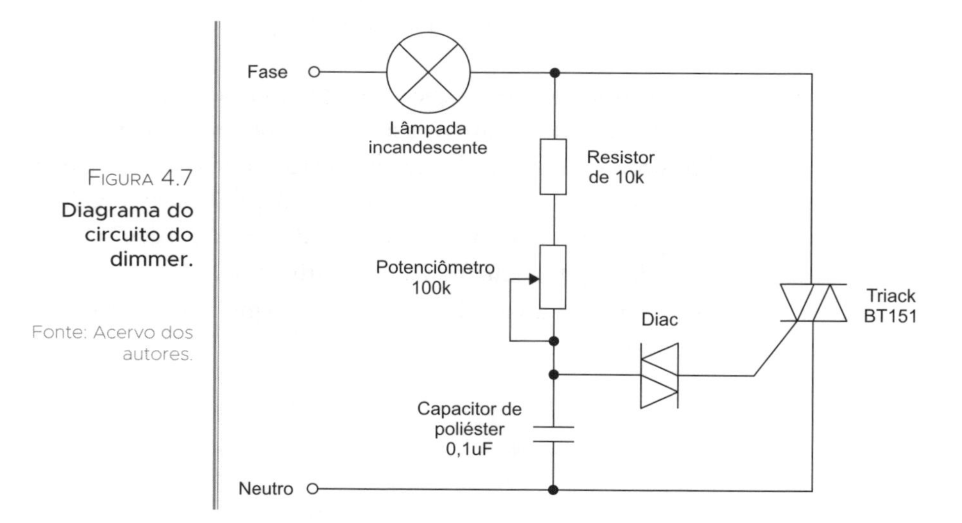

Figura 4.7
Diagrama do circuito do dimmer.

Fonte: Acervo dos autores.

Descrição dos componentes

- 1 triack BT151
- 1 resistor de 10k (10.000Ω)
- 1 potenciômetro de 100k (100.000Ω)

- 1 capacitor de poliéster de 0,1 μF
- 1 bocal de lâmpada
- 1 lâmpada incandescente halógena 127V e 60W
- 1 diac

EXERCÍCIOS PROPOSTOS

1 Qual é a função o diac no circuito?

2 Qual é a função do resistor de 10kΩ?

3 O que mudaria no circuito caso fosse utilizado um trimpot no lugar do potenciômetro, considerando que os valores das resistências permanecessem os mesmos?

4 Com base na Figura 4.8, que apresenta três formas de onda, indique qual expressão é falsa ou verdadeira:

( ) Na forma de onda "A", temos a luminosidade total da lâmpada, enquanto na "B" a parcela será de ¼ da potência da "A", e na "C", a luminosidade é a menor comparada com as duas anteriores.

( ) Na forma de onda "A", temos o aproveitamento do ciclo inteiro da onda, enquanto na "B" a parcela será a metade da potência da "A", e na "C", a luminosidade é a menor comparada com as duas anteriores.

( ) Na forma de onda "A", temos o aproveitamento do ciclo inteiro da onda, enquanto na "B" a luminosidade será maior que na forma de onda "C".

( ) Na forma de onda "A", temos o aproveitamento do ciclo inteiro da onda, enquanto na "B" a luminosidade será a metade comparada à forma de onda "C".

( ) Na forma de onda "A", não houve a ação do triack, enquanto na "B" e na "C" o potenciômetro apresentou valores de resistências diferentes para o acionamento do diac.

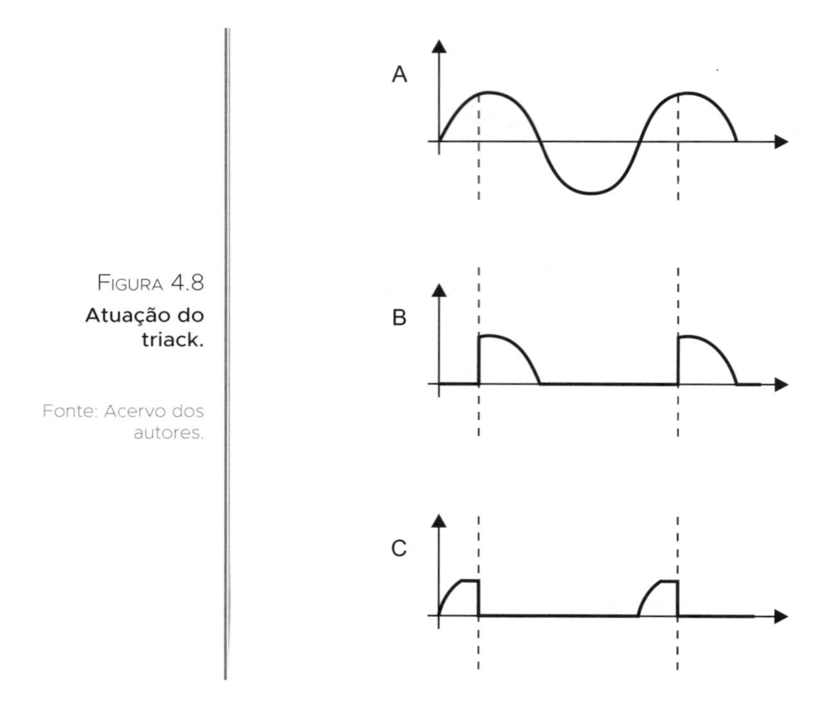

FIGURA 4.8
Atuação do triack.

Fonte: Acervo dos autores.

Para uma melhor compreensão do conteúdo apresentado, acesse e acompanhe os vídeos[1] referentes a este capítulo. Entre no site da Alta Books (www.altabooks.com.br) e procure pelo título ou ISBN da obra.

1 Vídeos produzidos e editados pelos autores. A editora Alta Books não se responsabiliza pelos conteúdos oferecidos e/ou disponibilizados nesta obra.

MINUTERIA 05

Em corredores e escadarias, o comando de lâmpadas é feito, na maioria das vezes, pela minuteria.

Com ela, é possível acender uma lâmpada com apenas um pulso (pressionar o interruptor e soltar) naquele tipo de interruptor que é o mesmo utilizado em campainhas.

Vamos conhecer os componentes envolvidos neste processo e a atuação de cada um deles.

COMPONENTES UTILIZADOS NA MINUTERIA

Vamos precisar de alguns componentes que você já conheceu nos capítulos anteriores.

Podemos citar os resistores, relé, transistor, capacitor eletrolítico, fios, entre outros.

- Circuito integrado 555
- Pulsador

Circuito Integrado 555

O "555" (Figura 5.1) é muito conhecido no meio eletrônico devido à sua variedade de recursos proporcionados pela sua construção interna em grande parte dos circuitos eletrônicos.

Vamos utilizar seus recursos para montar o circuito de temporização da lâmpada para que ela acenda e, após alguns segundos, venha a apagar automaticamente.

O 555 é um circuito integrado, ou seja, é composto por uma lógica interna bastante complexa feita graças aos recursos dos semicondutores. É conhecido por todos os amantes da eletrônica, tendo sido desenvolvido na década de 1970.

FIGURA 5.1
Circuito integrado 555.

Fonte: Acervo dos autores.

PULSADOR

É um interruptor semelhante ao utilizado para comandar lâmpadas, diferenciando-se no fato de que a tecla possui uma mola que a faz voltar automaticamente depois de pressionada.

Por isso, ele recebe o nome de pulsador (Figura 5.2), pois funciona como um dispositivo que aceita apenas um pulso: você aperta a tecla e, quando solta o dedo, ela volta para a posição normal.

A posição normal, ou de descanso, mantém abertos os contatos internos do dispositivo, ou seja, sem a passagem de corrente elétrica.

Assim, somente existe passagem de corrente elétrica quando o pulsador é pressionado, fazendo o circuito no qual está ligado funcionar.

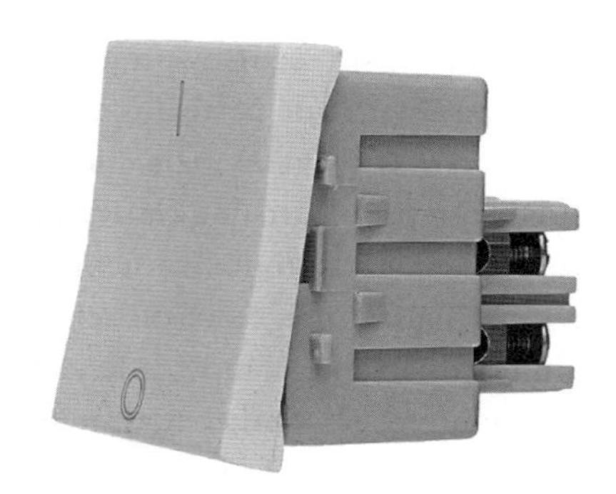

FIGURA 5.2
Pulsador.

Fonte: Acervo dos autores.

CIRCUITO

O circuito pode ser visto na Figura 5.3.

O pino 1 do CI (circuito integrado 555) é o negativo e o pino 8, o positivo.

Nesta aplicação, o pino 4 deve ser ligado no positivo também, já o pino 5 não terá aplicação em nossa montagem.

O pino 7 é o de descarga de corrente e atua todas as vezes que o circuito é desligado.

O pino 3 do CI é o de saída ou acionador do dispositivo, neste caso, a lâmpada. Porém o sinal de saída deve acionar o transistor BC548, e este, por sua vez, o relé de 12V.

O relé, sendo acionado, permite a comutação (os contatos se fecham) da lâmpada, acendendo-a.

A partida do circuito é feita no pino 2, quando pressionamos o interruptor, e o negativo da fonte é conectado a esse pino.

Ao receber tensão de 0V, o pino 2 ativa a lógica interna do CI, fazendo com que a saída (pino 3) seja acionada, ou seja, fique com 5V para que, dessa forma, possa acionar o transistor BC548.

A partir do momento em que o 555 for ativado, o capacitor eletrolítico de 2.200µF começa a se carregar de tensão, durante o tempo definido pelo resistor de 100k.

O resultado da constante de tempo, ou seja, o valor de resistência multiplicado pelo valor da capacitância do capacitor, resulta no tempo que levará para que ele se carregue totalmente.

Quando o capacitor estiver com 2/3 da tensão da fonte, ou melhor, 3,3V, o pino 6 vai detectar esse valor e, com isso, desligar a saída; não havendo mais tensão no pino 3, o transistor é desativado e, consequentemente, o relé, apagando, assim, a lâmpada.

Dessa forma, é necessário apenas pressionar o interruptor para que a lâmpada acenda, pois o desligamento do circuito fica por conta do capacitor que atinge o valor de 3,3V mediante o tempo que foi definido pelo componente e pelo resistor.

No caso desse circuito, podemos calcular:

Tempo = capacitor × resistor

T = 0,0022 × 100.000 = 220

A lâmpada deverá ficar acesa por 220 segundos até se apagar.

Se convertermos em minutos:

220 segundos/60 = 3,66 minutos

Para aumentar o tempo, basta aumentar o valor do resistor ou do capacitor, e para diminuí-lo, é só fazer o contrário.

Foram utilizadas duas fontes de tensão (Figura 5.3), uma que alimenta o 555 (5V) e outra para o relé (12V). Os negativos das fontes podem ser unidos.

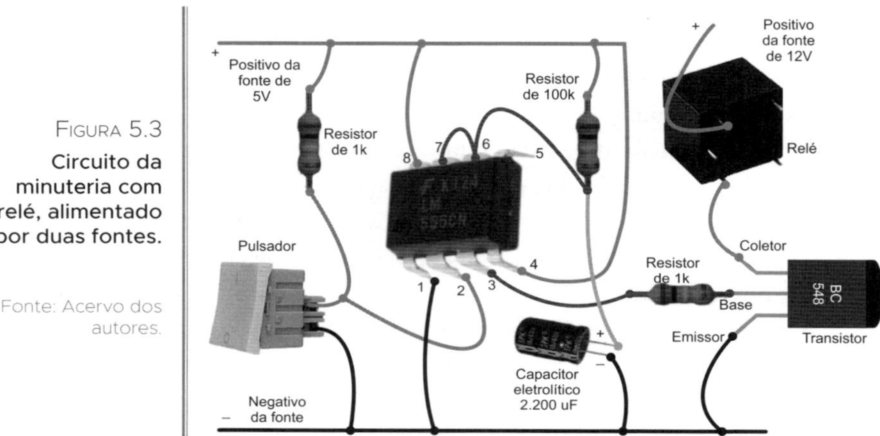

FIGURA 5.3
Circuito da minuteria com relé, alimentado por duas fontes.

Fonte: Acervo dos autores.

DESCRIÇÃO DOS COMPONENTES

- 1 circuito integrado NE 555
- 1 pulsador
- 2 resistores de 1k (1.000Ω)
- 1 resistor de 100k (100.000Ω)
- 1 capacitor eletrolítico de 220μF
- 1 relé com contato reversível e bobina de 12V
- 1 transistor BC548

EXERCÍCIOS PROPOSTOS

1. Calcule o valor do resistor e do capacitor da Figura 5.3, considerando o tempo de 1 minuto para que a lâmpada permaneça ligada.
2. Considerando a Figura 5.3, desenhe o diagrama convencional do circuito com cada componente e sua simbologia padronizada, com base nos exemplos dos capítulos anteriores.
3. Qual é a função do resistor de 1kΩ no circuito?
4. Porque o pino 6 foi interligado ao pino 7?

Para uma melhor compreensão do conteúdo apresentado, acesse e acompanhe os vídeos[1] referentes a este capítulo. Entre no site da Alta Books (www.altabooks.com.br) e procure pelo título ou ISBN da obra.

1 Vídeos produzidos e editados pelos autores. A editora Alta Books não se responsabiliza pelos conteúdos oferecidos e/ou disponibilizados nesta obra.

SISTEMA DE ALARME 06

Os sistemas de alarme patrimonial são muito comuns nas residências. Neste capítulo, você vai tomar conhecimento sobre os componentes essenciais no disparo do sistema: sirenes e sensores magnéticos.

COMPONENTES UTILIZADOS NO ALARME

Nesta montagem, você vai precisar dos componentes estudados anteriormente e de alguns que serão apresentados neste momento, decisivos no acionamento envolvendo a parte física e a eletrônica, como é o caso do sensor e do SCR.

- Sirene
- Sensor magnético
- SCR

SCR

O SCR (Figura 6.1) é um semicondutor da família dos tiristores. A vantagem de seu emprego está na capacidade que ele possui de acionar e se manter nessa condição a partir de um pulso de tensão do gate.

Quando ocorre o disparo do componente, ele passa a conduzir corrente elétrica entre o cátodo e o ânodo, considerados os terminais, respectivamente, negativo e positivo.

Podemos compará-lo com um interruptor que liga quando o gate é acionado.

Porém o desligamento do SCR dá-se pela interrupção de corrente nos terminais ânodo e cátodo. Não havendo mais tensão nesses terminais, ele desliga.

Figura 6.1
SCR.

Fonte: Acervo dos autores.

Sensor magnético

O sensor (Figura 6.2) tem duas lâminas internas de metal maleável, sensíveis à ação magnética.

Quando aproximamos um ímã do sensor, essas lâminas internas se encostam, funcionando como contato, ou seja, é um interruptor que se abre e se fecha para a passagem de corrente.

Na figura, é possível notar que existem duas peças, sendo uma delas (sensor) fixada no batente da porta e a outra (ímã), na folha móvel.

É justamente o sensor que vai acionar o gate do SCR ao ser aberto, ou melhor, quando a porta na qual o sensor estiver instalado for aberta.

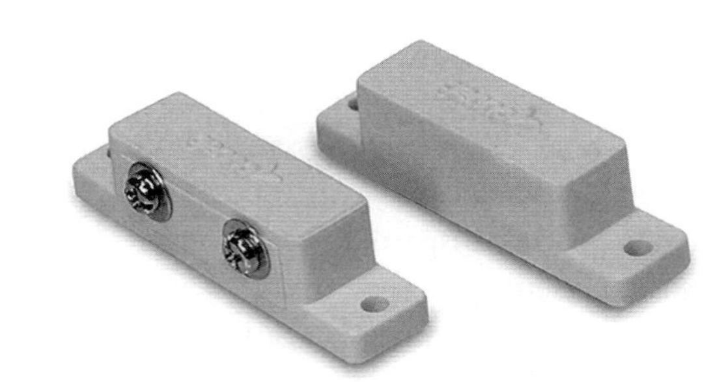

Figura 6.2
Sensor magnético.

Fonte: Acervo dos autores.

SIRENE PIEZOELÉTRICA

A sirene (Figura 6.3) é o aviador sonoro que, sendo alimentado com 12V, emite um som para o alerta local.

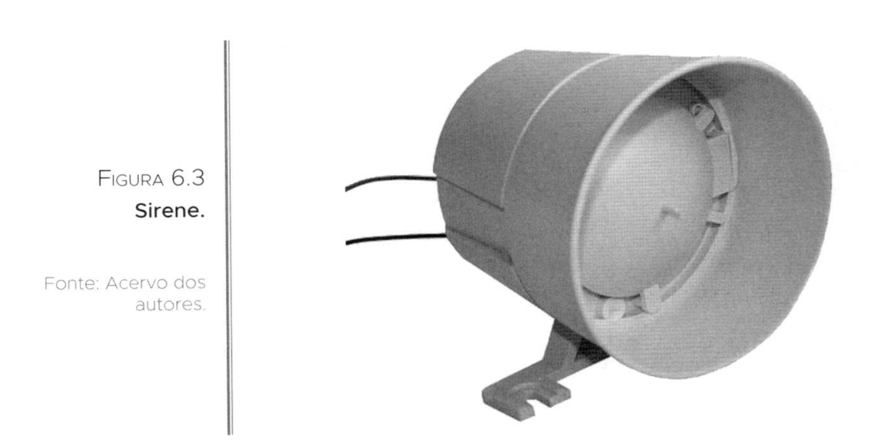

FIGURA 6.3
Sirene.

Fonte: Acervo dos autores.

O material piezoelétrico é composto por uma rocha encontrada na natureza que tem a propriedade de produzir vibração ao ser alimentada com tensão.

CIRCUITO

No circuito da Figura 6.4, o SCR é quem aciona a sirene, mas, para que isso aconteça, é preciso que, primeiramente, o interruptor esteja ligado.

Quando o sensor estiver próximo ao ímã, seus contatos internos (lâminas) estarão encostados e, com isso, a tensão aplicada no gate do SCR será 0V, visto que o gate está conectado diretamente ao negativo.

Ao ser aberto o sensor, ou estando separado do ímã, o gate passa a ficar conectado diretamente ao positivo da fonte com o resistor e, com isso, o SCR é disparado, ou podemos dizer que ele está fechado, permitindo que a corrente passe até a sirene e ela possa tocar.

Para interromper o som da sirene, não basta simplesmente fechar o sensor encostando o ímã nele (fechar a porta); é preciso desligar o sistema através do interruptor.

O SCR possui essa característica de não desligar mais após ser disparado, a não ser que a tensão entre o ânodo e o cátodo seja retirada, o que ocorre quando o interruptor é desligado.

Vale lembrar que o resistor de 100k tem a função de impedir que feche um curto-circuito no gate do SCR entre o positivo e o negativo da fonte.

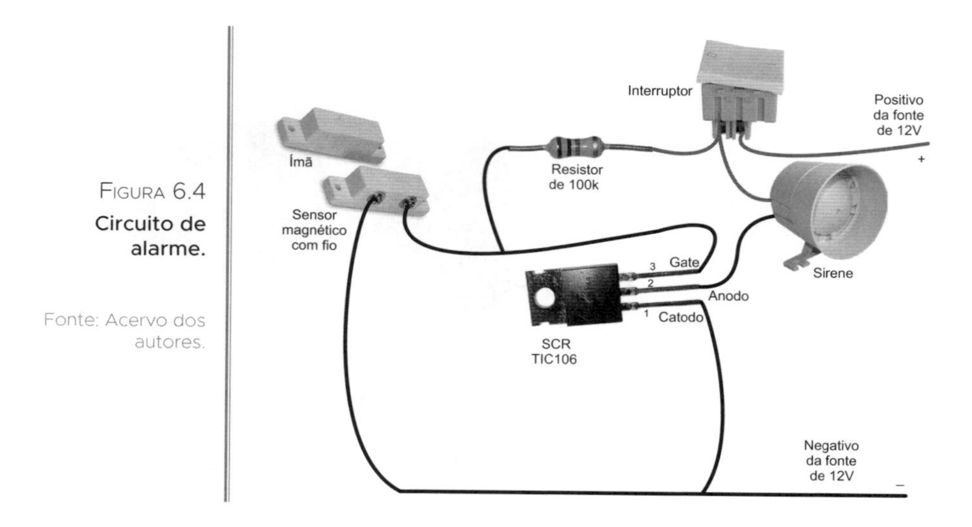

FIGURA 6.4
Circuito de alarme.

Fonte: Acervo dos autores.

DICA

Nos diagramas eletrônicos, você encontrará alguns padrões pertinentes à linguagem acadêmica, na qual os componentes não são apresentados através de seus próprios nomes, mas identificados por simbologia.

Vamos comparar os nomes existentes no circuito da Figura 6.4 com símbolos presentes no diagrama da Figura 6.5.

Sensor magnético com fio = Smf

Interruptor = S1

Fonte = 12Vcc

Resistor de 100k = R1

SCR TIC106 = TIC

Sirene = SIR

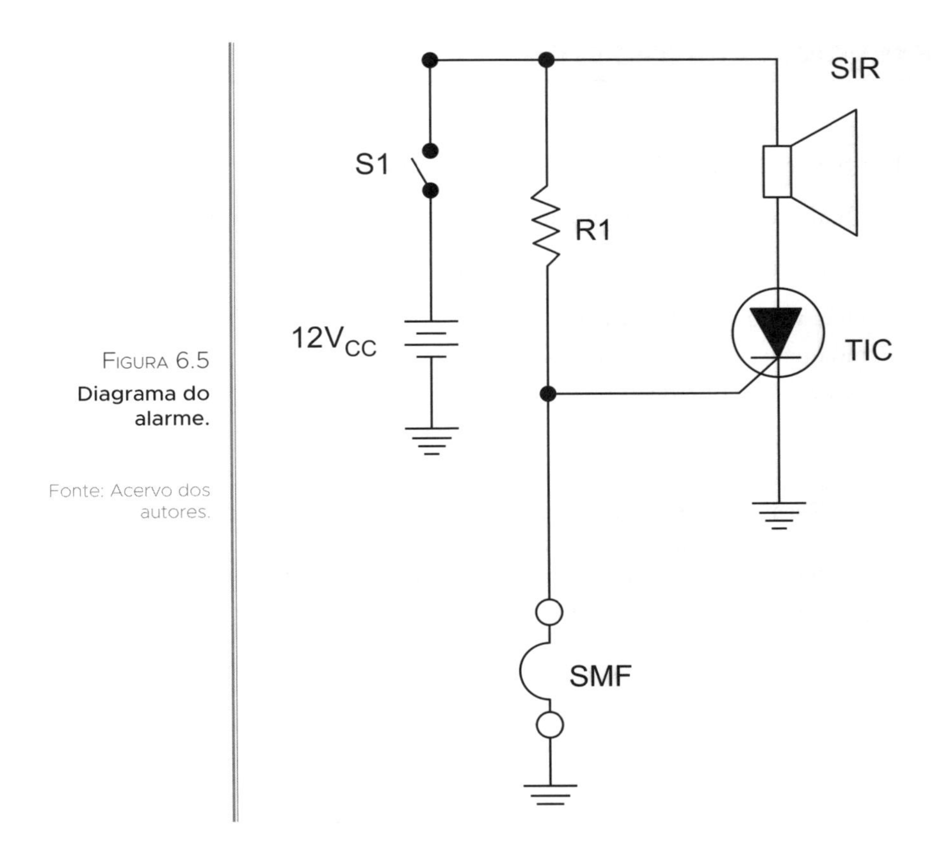

Figura 6.5
Diagrama do alarme.

Fonte: Acervo dos autores.

Descrição dos componentes

- 1 SCR TIC106
- 1 sirene piezoelétrica
- 1 interruptor
- 1 sensor magnético com fio
- 1 resistor de 100k (100.000Ω)

EXERCÍCIOS PROPOSTOS

1 Qual a função de R1 no diagrama da Figura 6.5?

2 Qual é a condição do gate do SCR enquanto a porta permanece fechada?

3 Qual é a finalidade de S1 no circuito?

4 Uma vez que o SCR é acionado, ele permanece conduzindo corrente mesmo que o sinal do gate seja retirado. O que deve ocorrer para que o mesmo deixe de conduzir?

Para uma melhor compreensão do conteúdo apresentado, acesse e acompanhe os vídeos[1] referentes a este capítulo. Entre no site da Alta Books (www.altabooks.com.br) e procure pelo título ou ISBN da obra.

1 Vídeos produzidos e editados pelos autores. A editora Alta Books não se responsabiliza pelos conteúdos oferecidos e/ou disponibilizados nesta obra.

MICROFONE 07

Agora, você se envolverá com um sistema de áudio, montando um pequeno microfone capaz de transmitir sua voz através de pulsos elétricos enviados para um alto-falante.

Vamos abordar os conceitos da amplificação de sinais, estendendo para uma análise mais aprofundada em relação ao transistor.

Tal componente, até o momento, foi utilizado na configuração de chaves ou interruptores na aplicação da automação de dispositivos. Você, caro leitor, aprendeu a empregá-los em sistemas eletrônicos capazes de acionar lâmpadas e outros dispositivos de forma automática, por meio da leitura de sensores que interagem com a luz do sol, o calor e outras situações corriqueiras.

Neste momento, vamos trabalhar com foco na amplificação ou no aumento do sinal captado por um alto-falante, por exemplo.

O circuito apresentado é bem simples e limitado, isto é, você não conseguirá um volume de alta intensidade no alto-falante, mas, com certeza, ouvirá o som na saída.

COMPONENTES

Vamos conhecer os transdutores responsáveis por converter grandezas naturais em sinais elétricos, sendo um destes o microfone que converte a frequência sonora da voz em pulsos elétricos.

Outro dispositivo de grande destaque no sistema de áudio é o alto-falante, que transforma os sinais elétricos em vibração sonora na forma de sons.

- Microfone de eletreto
- Alto-falante
- Capacitor cerâmico

Microfone de eletreto

O microfone de eletreto é responsável por transformar a vibração da voz em pulsos elétricos, visto que é construído com um invólucro interno contendo grãos de carvão.

O carvão é um elemento resistivo, isto é, quando os grãos estiverem comprimidos, a resistência oferecida pelo microfone (Figura 7.1) à passagem da corrente é alta, e quando os grãos estiverem mais soltos, a resistência diminui.

Com isso, a corrente elétrica varia de acordo com a compressão oferecida pelos grãos de carvão que estão dentro da câmara interna do componente.

Essa compressão feita na membrana do microfone é causada pela vibração da voz. Quando falamos próximo ao componente, a nossa voz, composta por sons graves e agudos, emite uma vibração sobre o microfone, provocando sobre ele uma leve pressão cuja intensidade varia de acordo com a variação mencionada anteriormente.

Assim, a resistência do componente fica alternando proporcionalmente a intensidade da voz e o microfone gera um escopo da nossa voz ou som em forma de sinais elétricos.

Figura 7.1
Microfone de eletreto.

Fonte: Acervo dos autores.

Alto-falante

O alto-falante (Figura 7.2) é constituído por uma bobina fixa e um diafragma, isto é, um cone de papel, preso a uma bobina móvel.

A bobina, quando energizada, forma um campo magnético que atrai e repele o cone de papel, que é muito sensível, para frente e para trás.

O cone movimenta-se, criando o efeito de refração no ar, e gera uma onda sonora de acordo com a intensidade ou frequência em que o campo magnético está sendo gerado na bobina fixa.

A tensão que alimenta a bobina do alto-falante é gerada pelo microfone após passar pela etapa de amplificação.

Concluindo: quando falamos ao microfone, é gerado um sinal em forma de tensão elétrica que passa pela etapa de amplificação (aumento) e depois é aplicada no alto-falante.

A mesma frequência do sinal gerado pela voz é aplicada na bobina do alto-falante, fazendo com que o cone vibre proporcionalmente, reproduzindo o som com as mesmas características.

FIGURA 7.2
Alto-falante.

Fonte: Acervo dos autores.

CAPACITOR CERÂMICO

Este capacitor (Figura 7.3) não tem polaridade, como é o caso do eletrolítico, devido ao fato de que o sinal de áudio é alternado. O capacitor cerâmico será responsável por separar a tensão contínua da fonte do sinal emitido pelo microfone.

Os cerâmicos oferecem vantagem quanto aos valores baixos da capacitância na ordem de picofarad.

Para você ter ideia de quão minúsculos são esses valores, um capacitor de 100pF teria capacitância de 0,000 000 000 100 farads.

Quando um circuito tem a capacitância baixa, consequentemente a frequência é alta. Ou seja: quanto mais baixa for a capacitância, maior será a frequência.

Como nos circuitos de áudio a obtenção de altas frequências é comum, os capacitores cerâmicos são muito utilizados.

O capacitor da figura aparece com o código 103, que, convertido, será equivalente a 10.000pF (0,000 000 010 farads).

Os dois primeiros algarismos são significativos, e o terceiro é a quantidade de zeros, conforme a Figura 7.3.

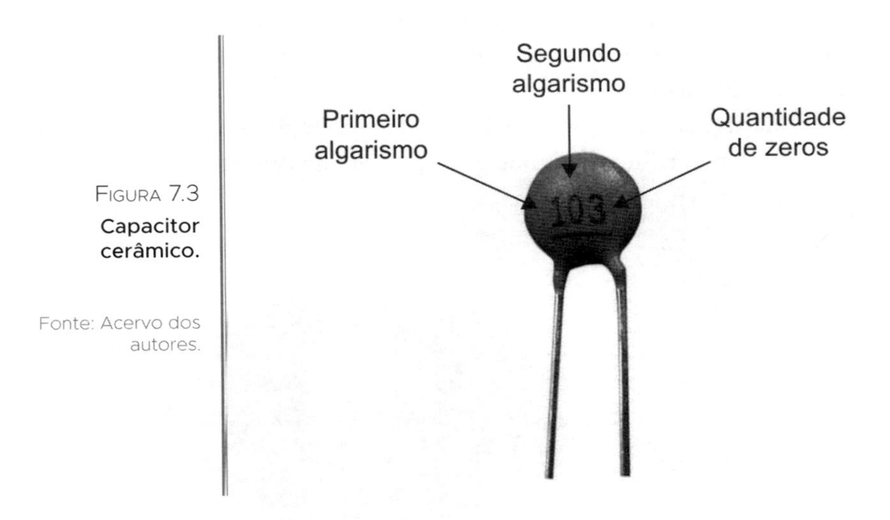

FIGURA 7.3
Capacitor cerâmico.

Fonte: Acervo dos autores.

No circuito apresentado para a montagem, o capacitor cerâmico não será utilizado, sendo substituído por um eletrolítico.

Quando se tratar de circuitos de áudio ou radiofrequência de porte significativo, com certeza o capacitor cerâmico será altamente empregado.

CIRCUITO

O microfone será o elemento de detecção da voz ou do som, como mostra a Figura 7.4.

O resistor de 10K será o divisor da tensão de 5V, pois à medida que o som é detectado, uma parcela de variação da tensão é enviada para o terminal negativo do capacitor.

O capacitor vai filtrar ou separar a parcela de tensão contínua da tensão alternada que, propriamente dito, é o sinal de áudio.

CURIOSIDADES

A filtragem de sinal é o processo em que o capacitor mantém o sinal alternado separado da fonte de tensão contínua.

Esse sinal alternado do qual estamos falando não é o da rede elétrica, mas o sinal gerado pelo microfone. A voz humana emite som com oscilações de amplitude, gerando ondas com oscilações de alta frequência.

Como o microfone está ligado na tensão de 5V, teremos a geração de um sinal alternado no circuito ao falarmos próximo a um microfone de eletreto.

O capacitor se encarregará de impedir que o sinal captado se "misture" com a tensão da fonte de 12V.

Porém o sinal precisa da força proporcionada pela tensão contínua da fonte de 12V. Por isso, o capacitor se apresenta como um elo entre tensão contínua e o sinal, impedindo a perda das características de ambos, mas permitindo que eles trabalhem juntos.

Esse processo também é conhecido como desacoplamento dos sinais.

O capacitor e o resistor de 1M (mega) enviarão esse sinal para o transistor BC338, com a finalidade de aumentar ou amplificar o sinal. O resistor, nesse caso, tem valor alto para limitar a corrente aplicada à base, impedindo que ela seja danificada por excesso de corrente.

O transistor tem essa propriedade, isto é: à medida que um sinal de valor reduzido "entra" por sua base, ele aumenta aproximadamente 100 vezes, podendo variar de componente para componente.

A capacidade que o componente possui de amplificar o sinal ou quantas vezes ele é capaz de fazer isso é chamado de "ganho do transistor", ou tecnicamente chamado de beta (β).

O beta do transistor BC338 é de 100 vezes, sendo que essa informação consta no catálogo de fabricação do componente, conhecido no meio eletrônico como *datasheet*.

Na saída do transistor, em conjunto com o resistor de 4K7, temos o sinal que já passou por um processo de amplificação sendo entregue à base do transistor BC328, que também possui um beta de 100.

Nessa etapa, o sinal vai passar novamente por amplificação, para que, ao final, seja aplicado ao alto-falante e, dessa forma, exista o som que ouvimos.

Na etapa final, o sinal aparece amplificado 10 mil vezes mais do que o original, sendo 100 por conta do primeiro transistor, e 100 pelo segundo.

A primeira etapa de amplificação é feita pelo transistor BC338, que é um NPN.

Sabemos que no transistor NPN, o coletor e o emissor são negativos e a base é positiva. Com isso, o sinal que será liberado pelo coletor será negativo.

A segunda etapa de amplificação é formada pelo transistor BC328, que receberá o sinal pré-amplificado em sua base.

Porém esse sinal será negativo e deve ser aplicado à base formada por material do tipo "N".

Portanto, devemos utilizar um transistor com estrutura diferente, ou seja, PNP. Nessa configuração, temos o transistor funcionando da mesma maneira que estudamos anteriormente, mas com polaridade diferente.

O coletor e o emissor, nesse caso, serão positivos e a base, negativa, para receber o sinal pré-amplificado e adicionar um ganho de mais de 100 vezes para que o mesmo seja aplicado ao alto-falante.

O sinal amplificado pelo primeiro transistor (BC338), considerado a primeira etapa de amplificação, é encaminhado para a base do segundo, tendo o resistor de 4K7 como "limitador de corrente de base".

O segundo transistor (BC338) tem o emissor ligado ao positivo da fonte e o coletor, ao alto-falante, para que o som possa ser reproduzido com ganho de 10 mil vezes.

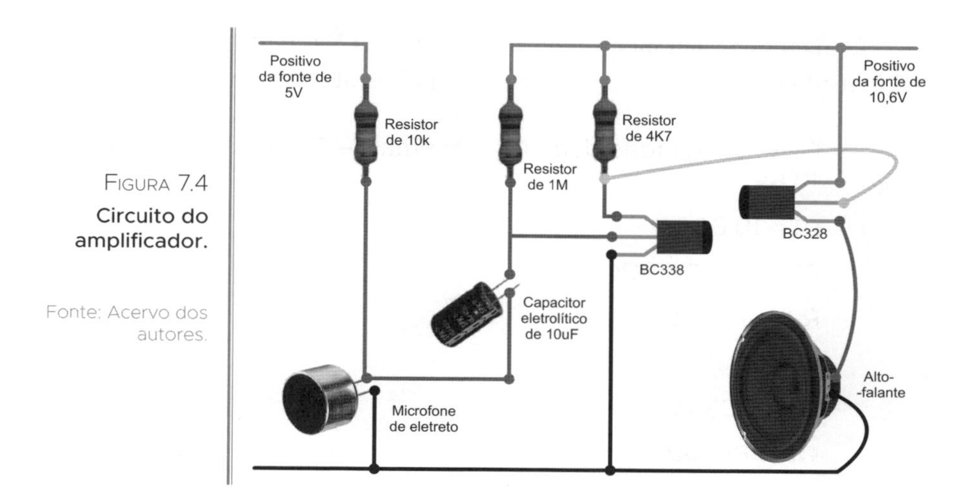

Figura 7.4
Circuito do amplificador.

Fonte: Acervo dos autores.

Na Figura 7.5, temos a simbologia PNP e NPN do transistor e a configuração Darlington, em que os dois componentes estão interligados, sendo o coletor do NPN ligado à base do PNP.

Essa configuração pode ser feita com o arranjo dos dois componentes no circuito, ou é possível encontrar dois transistores encapsulados no mesmo invólucro.

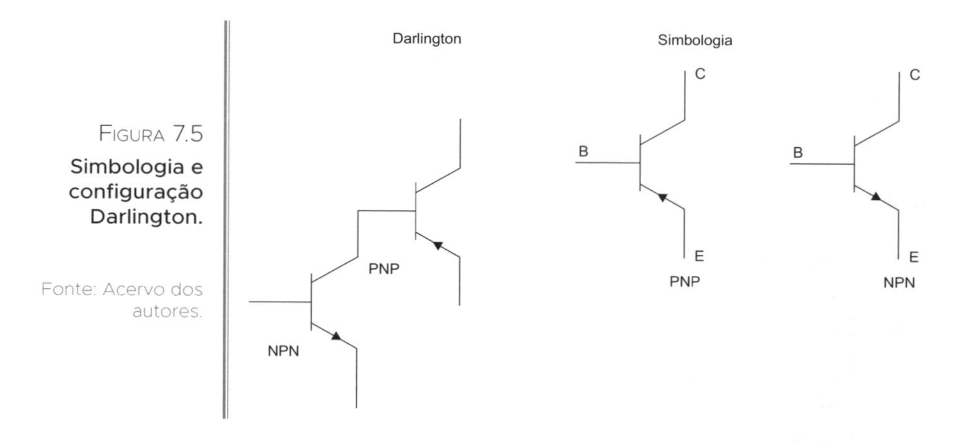

Figura 7.5
Simbologia e configuração Darlington.

Fonte: Acervo dos autores.

O diagrama da montagem do circuito (Figura 7.4) pode ser visto na Figura 7.6, tendo os componentes representados pela simbologia indicada a seguir.

Foram utilizadas duas fontes: uma de 5V e outra ajustável de 10,6V.

R1 = 10.000Ω

R2 = 1.000.000Ω

R3 = 4.700Ω

C1 = 10μF

Q1 = BC338

Q2 = BC328

MIC = microfone de eletreto

FTE = alto-falante

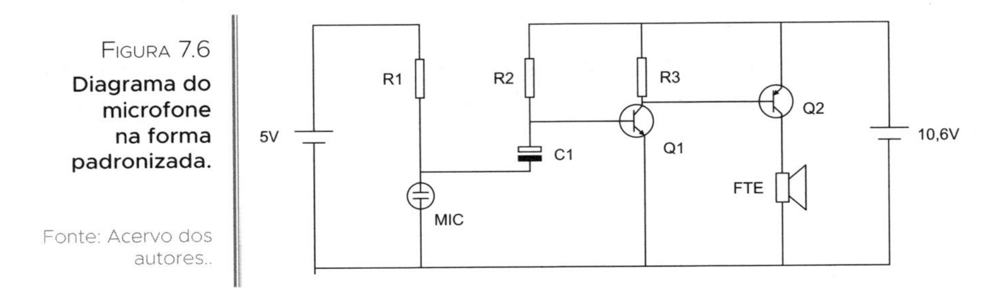

FIGURA 7.6
Diagrama do microfone na forma padronizada.

Fonte: Acervo dos autores..

DESCRIÇÃO DOS COMPONENTES

- 1 transistor BC328
- 1 transistor BC338
- 1 microfone de eletreto
- 1 capacitor eletrolítico de 10μF
- 1 alto-falante de 8Ω com 2 polegadas
- 1 resistor de 10K (10.000Ω)
- 1 resistor de 4K7 (4.700Ω)
- 1 resistor de 1M (1.000.000Ω)

EXERCÍCIOS PROPOSTOS

1 Qual grandeza elétrica é responsável por fazer variar o sinal no interior do microfone?

2 Qual é o valor de um capacitor cuja descrição é "104"?

3 Qual é a função do capacitor eletrolítico no circuito da Figura 7.6.

4 Explique a função de Q1 no circuito da Figura 7.6.

Para uma melhor compreensão do conteúdo apresentado, acesse e acompanhe os vídeos[1] referentes a este capítulo. Entre no site da Alta Books (www.altabooks.com.br) e procure pelo título ou ISBN da obra.

1 Vídeos produzidos e editados pelos autores. A editora Alta Books não se responsabiliza pelos conteúdos oferecidos e/ou disponibilizados nesta obra.

INSTRUMENTOS DE MEDIDAS 08

Para realizar testes e constatações com precisão nos trabalhos com a eletricidade, devemos, na maioria das vezes, efetuar medições de grandezas, como luminosidade, tensão, corrente e resistência elétrica.

- Multímetro
- Osciloscópio
- Gerador de função

MULTÍMETRO

O termo multímetro (Figura 8.1) foi adotado em decorrência da multifuncionalidade que o aparelho tem para medir várias grandezas.

Ele possui uma escala seletora para a escolha do tipo da medida, podendo ser voltímetro, amperímetro, ohmímetro, entre outros.

Alguns multímetros têm o visor no formato de display digital, e outros, um mostrador analógico com um ponteiro.

É de extrema importância o cuidado em relação à escolha da função a ser medida através da chave seletora, da conexão das pontas de prova e do posicionamento destas no ponto a ser medido. Nunca se deve realizar nenhum tipo de medição caso não haja certeza sobre o procedimento.

FIGURA 8.1
Multímetro.

Fonte: Acervo dos autores.

As pontas de prova são encontradas nas cores vermelha e preta, sendo este um padrão normalizado.

No multímetro existem três bornes para encaixe das pontas de prova (VAC, VCC e ohm), sendo cada um para uma determinada finalidade.

NOTA

Para medir corrente, é preciso mudar a ponta de prova positiva (vermelha) para o borne AC/DC do multímetro.

Caso você mude a ponta de prova e a conecte à saída de corrente, ao medir tensão, o multímetro entrará em curto-circuito.

MEDINDO TENSÃO ALTERNADA

A tensão alternada, ou VAC, (Figura 8.2) é essa que encontramos nas tomadas e nas redes elétricas. Ou seja: o fornecimento da energia gerada nas hidrelétricas é com tensão alternada. Podemos dizer que 90% da nossa energia segue esse padrão.

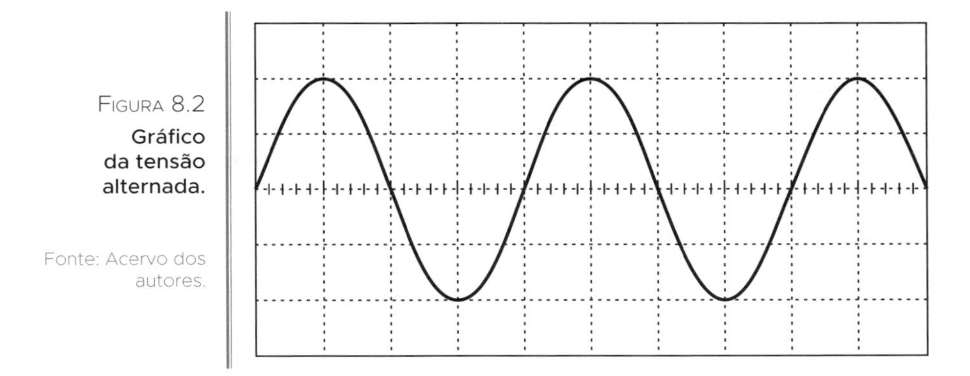

FIGURA 8.2
Gráfico da tensão alternada.

Fonte: Acervo dos autores.

Como já estudamos, esse tipo de tensão é oscilante e não tem uma polaridade definida, pois o valor máximo e o mínimo se alternam 60 vezes por segundo, por isso você já deve ter encontrado em alguns aparelhos a informação 60Hz (sessenta hertz).

Portanto, quando você for medir tensões na rede, não se esqueça de posicionar a chave seletora na posição **V~**, mantendo as pontas de prova encaixadas no multímetro, deixando sem uso o borne de medição de corrente, conforme a Figura 8.3.

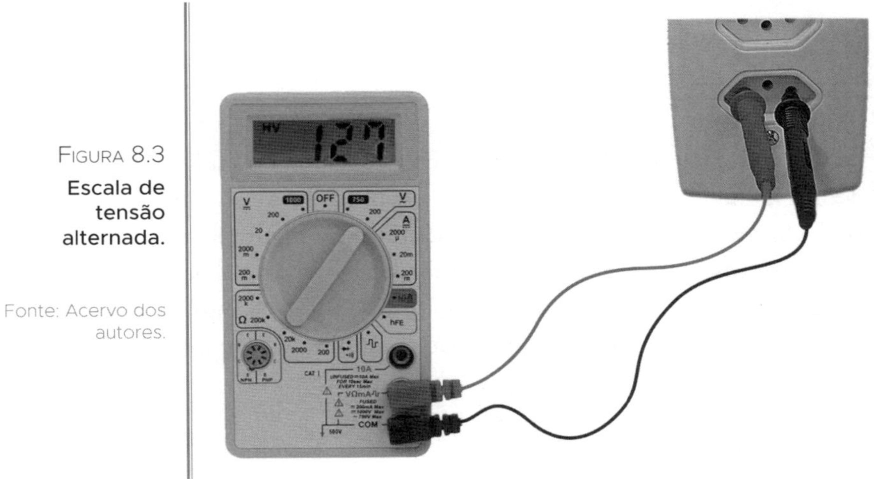

FIGURA 8.3
Escala de tensão alternada.

Fonte: Acervo dos autores.

Medindo tensão contínua

Em circuitos eletrônicos, a tensão de trabalho interna não pode ser variável, deve ser constante. Para corrigir a tensão alternada e torná-la constante, utiliza-se o sistema de retificação, conforme estudamos anteriormente.

A tensão contínua é encontrada em fontes, carregadores de celular, pilhas e baterias.

Para medi-la, precisamos escolher a escala correta.

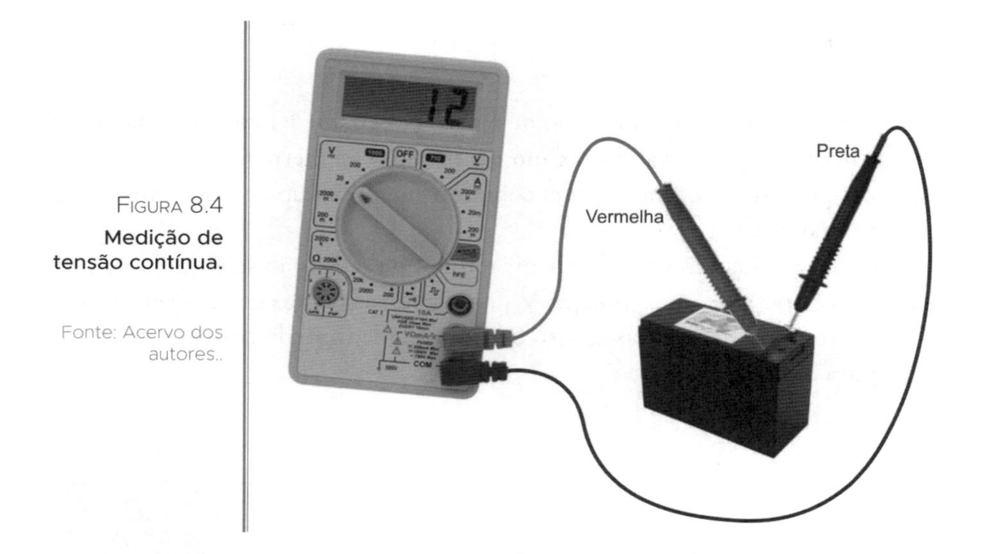

Figura 8.4 **Medição de tensão contínua.**

Fonte: Acervo dos autores..

Portanto, não se esqueça de pôr a chave seletora do multímetro na posição **VCD**, mantendo as pontas de prova encaixadas no aparelho, deixando sem uso o borne de medição de corrente, conforme a Figura 8.4.

Nesse caso, existe polaridade na medição, ou seja, a ponta de prova vermelha é a positiva e a preta é a negativa. Conforme mostrado na figura, a medição da bateria é de 12V. Essa bateria é utilizada em centrais de alarme e eletrificadores.

Medindo continuidade

Em algumas situações, você vai precisar testar interruptores, sensores e cabos, verificando se não estão rompidos ou abertos.

Essa escala (Figura 8.5) é a da continuidade que faz a identificação através do buzzer (pequena sirene) que existe dentro do multímetro para emitir som.

Ela é empregada também no teste do transistor.

A medição deve ser feita testando o coletor e o emissor, que neste caso não pode mostrar nenhum valor de resistência ou indicar beep no buzzer do aparelho.

A medição entre base e coletor e base e emissor precisa apresentar valores, portanto, deve ser polarizada, colocando a ponta de prova vermelha no terminal da região P e a ponta preta no terminal da região N.

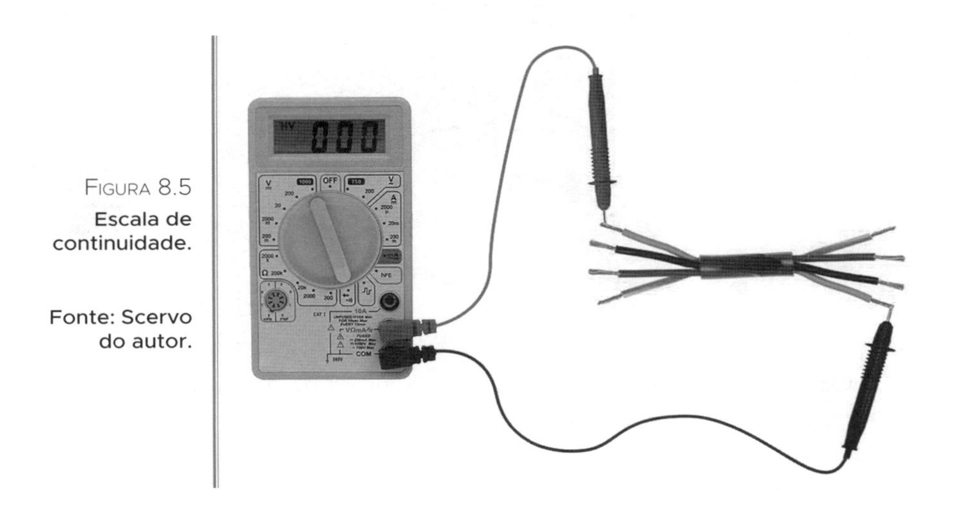

Figura 8.5
Escala de continuidade.

Fonte: Scervo do autor.

Quando não houver o recurso sonoro no aparelho, o display vai indicar uma sequência de números "0", conforme a Figura 8.5.

OSCILOSCÓPIO

Com o osciloscópio é possível medir os valores das grandezas características da onda de um sinal alternado.

Esses valores são: amplitude, período, tensão de pico, tensão rms (eficaz) e médio.

A amostragem do sinal é visualizada rapidamente, pois os valores aparecem em conformidade com a imagem apresentada na tela, que mostra o sinal em sua forma física.

Atualmente, os osciloscópios são encontrados nos modelos digitais. No caso dos analógicos, a visualização dos valores exige maior atenção e tempo na análise.

A finalidade do osciloscópio é visualizar e medir sinais externos, por exemplo, o formato de onda da tensão de saída do secundário do transformador, como visto na Figura 8.6.

FIGURA 8.6
Medição do sinal da tensão alternada do trafo.

Fonte: Acervo dos autores.

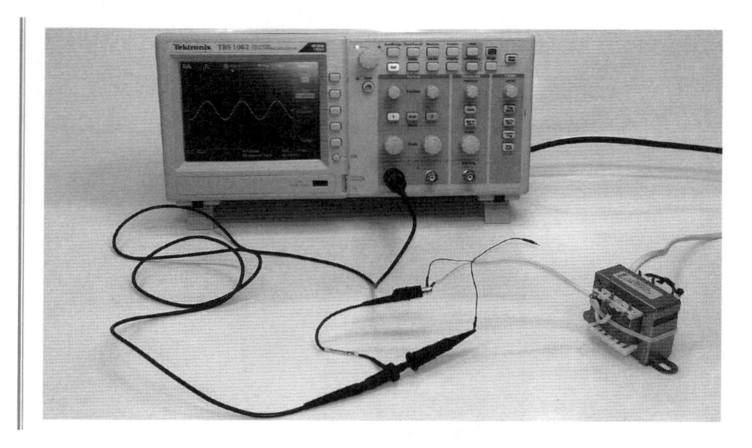

Os conectores que recebem a ponta de prova de medição são chamados de canais, e normalmente cada aparelho possui dois desses. Assim, podem ser mostrados, simultaneamente, dois sinais na tela para comparação.

Na bancada dos profissionais e hobistas da área de eletrônica, é comum a presença desses aparelhos devido à necessidade de medir sinais de radiofrequência, áudio e vídeo.

Na Figura 8.7, podemos visualizar alguns dos pontos mais importantes de ajustes do aparelho.

FIGURA 8.7
Botões de ajustes do osciloscópio digital.

Fonte: Acervo dos autores.

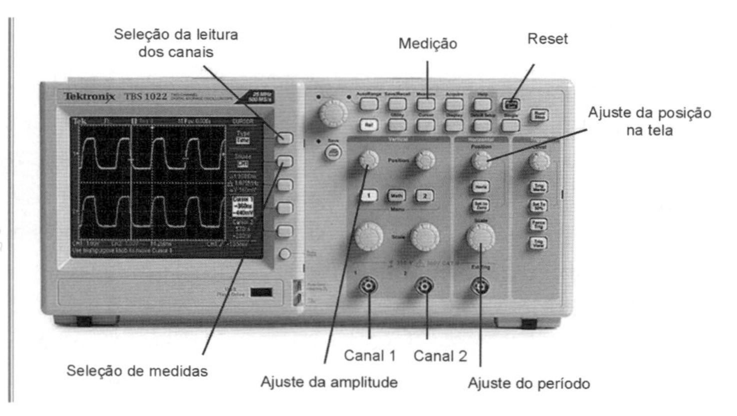

GERADOR DE FUNÇÃO

Como o próprio nome diz, este equipamento (Figura 8.8) tem a finalidade de gerar sinais para simular o funcionamento de alguns sistemas.

No sistema de áudio, por exemplo, os aparelhos afins, enquanto estão no processo de construção, manutenção e protótipos, precisam ser aferidos para o trabalho em campo.

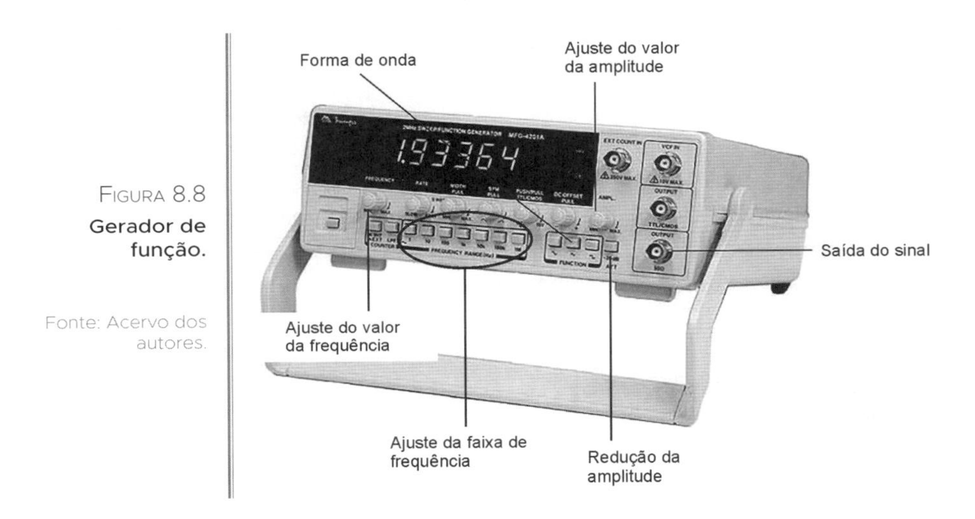

FIGURA 8.8
Gerador de função.

Fonte: Acervo dos autores.

Para ajustar um transmissor e receptor de áudio, o técnico de manutenção necessita muitas vezes simular os sinais que poderão se apresentar durante o uso, inclusive as variações.

Com isso, as ondas geradas por esse equipamento devem ser aplicadas nestes equipamentos como teste.

As pontas de prova dos osciloscópios e geradores de função devem ser mantidas no armazenamento e no uso, sendo a ponta positiva muito sensível.

Ainda é preciso atentar para o ajuste de ganho na própria ponta de prova, existindo um cursor que pode ser variado para facilitar a visualização do valor medido na tela.

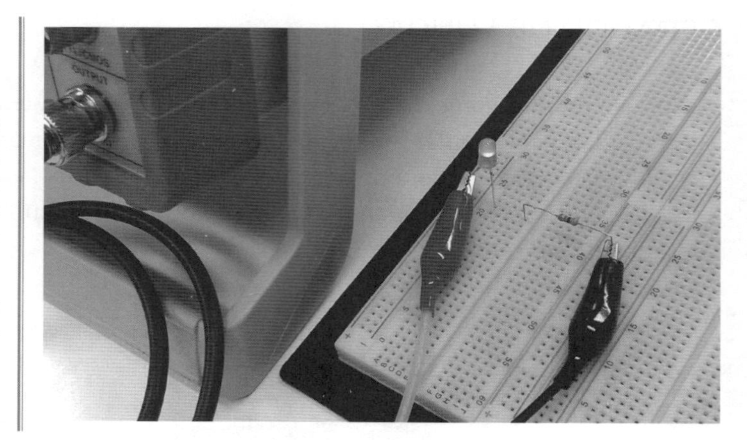

FIGURA 8.9 Função gerada para acendimento do LED.

Fonte: Acervo dos autores.

Na Figura 8.9, aparece um LED que acende e apaga (pisca) no intervalo de 1 segundo, obedecendo a frequência de 1Hz, fornecendo a tensão de 5V na saída para acendimento do LED em série com o resistor na matriz de contatos.

EXERCÍCIOS PROPOSTOS

1 Qual escala deve ser utilizada para testar o transistor?

2 Para visualizar o formato da onda da tensão alternada e o valor de pico, qual instrumento é o mais adequado?

3 Para simular um sinal, devemos utilizar qual instrumento?

4 Para medir corrente, como devem ser conectadas as pontas de prova do multímetro?

Para uma melhor compreensão do conteúdo apresentado, acesse e acompanhe os vídeos[1] referentes a este capítulo. Entre no site da Alta Books (www.altabooks.com.br) e procure pelo título ou ISBN da obra.

1 Vídeos produzidos e editados pelos autores. A editora Alta Books não se responsabiliza pelos conteúdos oferecidos e/ou disponibilizados nesta obra.

PLACAS DE CIRCUITO IMPRESSO E ACESSÓRIOS 09

Os circuitos devem ser montados de maneira que os componentes sejam soldados garantindo a conexão perfeita e a segurança no funcionamento.

Os protótipos devem ser analisados e testados antes de serem montados nas placas definitivas.

Precisamos ainda assegurar que os componentes, em conjunto com a placa, estejam isolados de choques mecânicos, sendo alojados em caixas padronizadas.

- Placa de circuito impresso e matriz de contatos
- Caixa patola
- Placa padrão

PLACA DE CIRCUITO IMPRESSO E MATRIZ DE CONTATOS

As placas de circuito impresso (Figura 9.1) são feitas com material do tipo fenolite e banhadas com cobre.

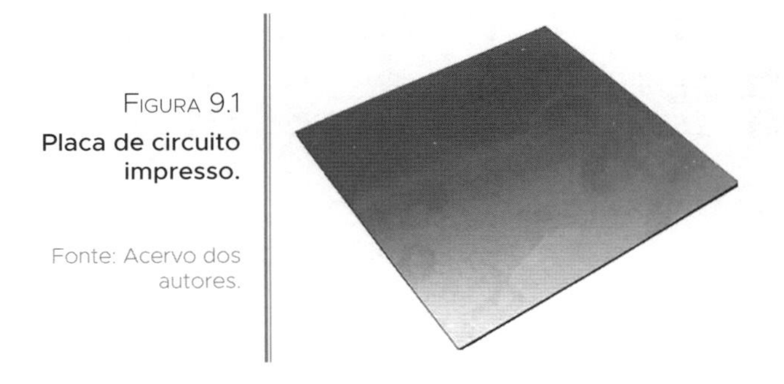

Figura 9.1
Placa de circuito impresso.

Fonte: Acervo dos autores.

Após a definição do circuito, é feito um layout dele através de programas de computador (o Proteus, por exemplo) com o desenho do esquema que será transferido para a placa de circuito impresso.

Após essa etapa, a placa é mergulhada na solução de percloreto de ferro para que o cobre seja removido, com exceção das partes pintadas com a caneta.

Após a corrosão, a tinta da caneta é removida, restando as trilhas de cobre com as ilhas nas quais serão soldados os componentes eletrônicos, conforme a Figura 9.2.

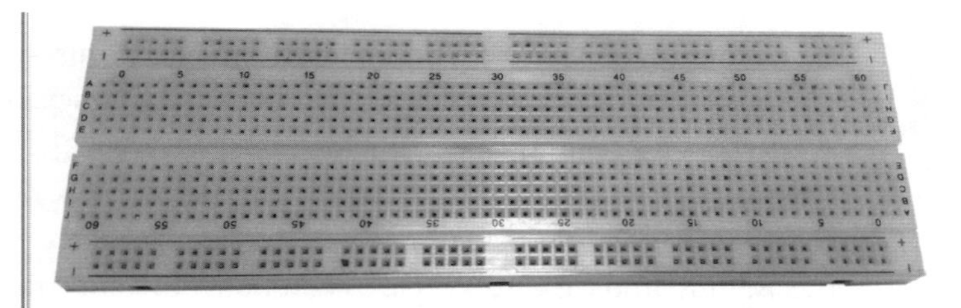

FIGURA 9.2
Impressão do diagrama na placa de circuito impresso.

Fonte: Acervo dos autores.

Após a colocação e soldagem dos componentes, os mesmos ficam fixos e a placa, pronta para desempenhar sua função ou lógica projetada, como na Figura 9.3.

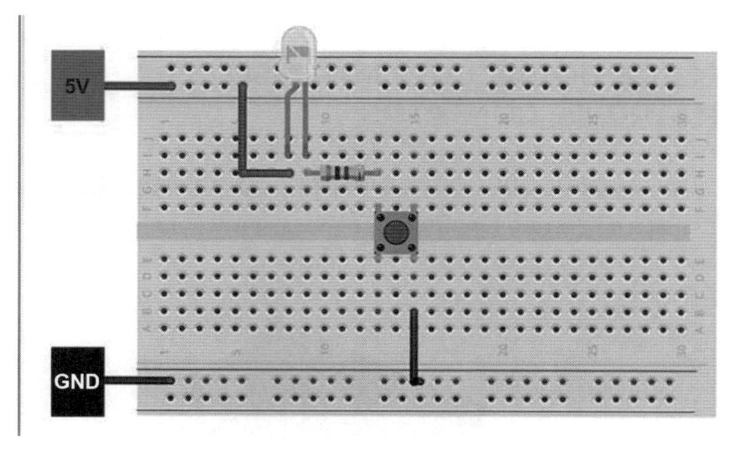

FIGURA 9.3
Soldagem do componente na placa.

Fonte: Acervo dos autores.

Existem processos mais avançados de confecção de placas, feitos por impressoras automáticas que funcionam a partir de um software que imprime o layout dos componentes no circuito.

Os layouts são projetados e, depois, exportados para a impressora, e ela mesma realiza o processo de retirada de cobre em excesso, mantendo somente as trilhas e as ilhas que farão parte do circuito.

O processo de retirada de cobre da placa é feito mediante um processo de "raspagem" do material com ferramentas parecidas com o trabalho de usinagem.

As trilhas são os "caminhos" de cobre sobre a placa, e as ilhas são as áreas circuladas nas quais os componentes são soldados, conforme a Figura 9.3.

Porém, quando o profissional de eletrônica deseja criar um projeto, ele, antes de tudo, deverá utilizar a matriz de contatos (Figura 9.4) para a realização do protótipo.

Os encaixes permitem conectar e desconectar diversas vezes os componentes, substituir ou modificar o projeto quantas vezes for preciso até que se atinja o resultado final do protótipo para que, assim, possa ser transferido finalmente para a placa de circuito impresso.

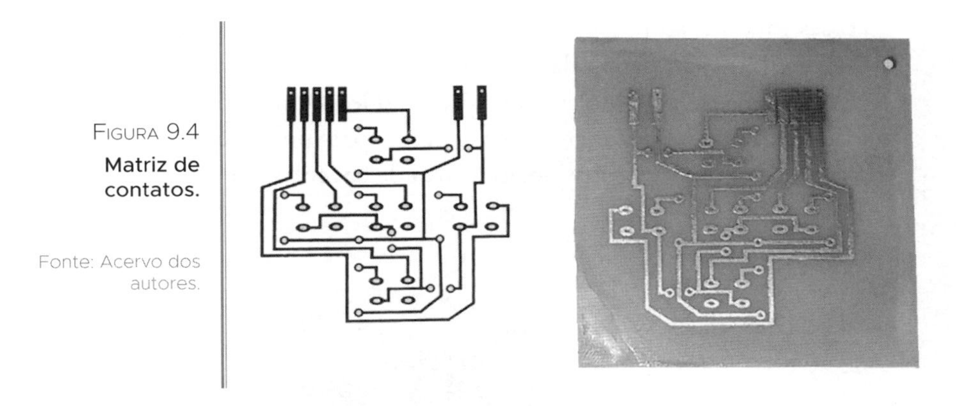

Figura 9.4
Matriz de contatos.

Fonte: Acervo dos autores.

As trilhas na matriz são cheias de furos em sequência, pelos quais se interligam, de acordo com os traços indicados na Figura 9.4.

Os componentes devem ser ligados seguindo as possibilidades de conexão que os furos da matriz oferecem para o funcionamento do LED, como mostrado na Figura 9.5.

FIGURA 9.5
Ligação dos componentes na matriz.

Fonte: Acervo dos autores.

CAIXA PATOLA

Depois de montadas, as placas devem ser acomodadas em caixas plásticas para que o acabamento fique mais atraente e, principalmente, o circuito fique livre de choques mecânicos e da vulnerabilidade dos componentes.

Essas caixas (Figura 9.6) são encontradas em várias medidas, cores e formatos, servindo para acomodar os protótipos antes da definição do formato.

Evidentemente, se o projeto ganhar destaque e competitividade no mercado, as caixas com certeza serão feitas em injetoras profissionais, seguindo os critérios definidos por profissionais da área de engenharia e design.

FIGURA 9.6
Caixa padrão ou patola.

Fonte: Acervo dos autores.

PLACA DE CIRCUITO IMPRESSO PADRÃO

Para facilitar a montagem de protótipos e pequenos circuitos eletrônicos, a solução versátil pode ser encontrada nas placas de fenolite com "caminhos" feitos de trilhas de cobre e com furação para encaixe e soldagem dos componentes, conforme a Figura 9.7.

Como se trata de experiências e testes, muitas vezes o projetista opta por esse recurso antes de ter que confeccionar apenas uma placa nas impressoras, evitando desperdício de materiais. Essa prática pode ser empregada em bancadas de hobistas e estudantes de eletrônica também.

Uma vez soldados, a possibilidade de mau contato nos capacitores, transistores, resistores, relés, diodos, dentre outros componentes, diminui bastante.

A soldagem garante o perfeito funcionamento das montagens. As placas padrão são baratas e facilmente encontradas em lojas de venda de componentes.

FIGURA 9.7
Placa padrão.

Fonte: Acervo dos autores.

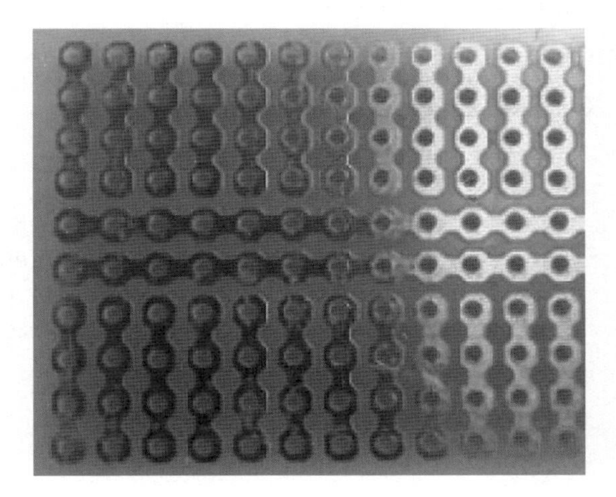

EXERCÍCIOS PROPOSTOS

1 Quando for preciso montar um protótipo do circuito eletrônico, devemos:

a) Montá-lo primeiramente na matriz de contatos e, depois, montá-lo definitivamente na placa de circuito impresso;

b) Montá-lo primeiramente na placa de circuito impresso e, depois, montá-lo definitivamente na matriz de contatos;

c) A montagem deve ser feita diretamente na placa, sem a necessidade da montagem na matriz de contatos, tendo em vista que o tempo empregado é muito grande; ou

d) As placas de circuito impresso padrão são as mais recomendadas.

2 Quando o circuito é montado nas placas de circuito impresso, quais vantagens são encontradas?

3 Quando deve ser utilizada a caixa patola?

4 Qual a finalidade do percloreto de ferro?

Para uma melhor compreensão do conteúdo apresentado, acesse e acompanhe os vídeos[1] referentes a este capítulo. Entre no site da Alta Books (www.altabooks.com.br) e procure pelo título ou ISBN da obra.

1 Vídeos produzidos e editados pelos autores. A editora Alta Books não se responsabiliza pelos conteúdos oferecidos e/ou disponibilizados nesta obra.

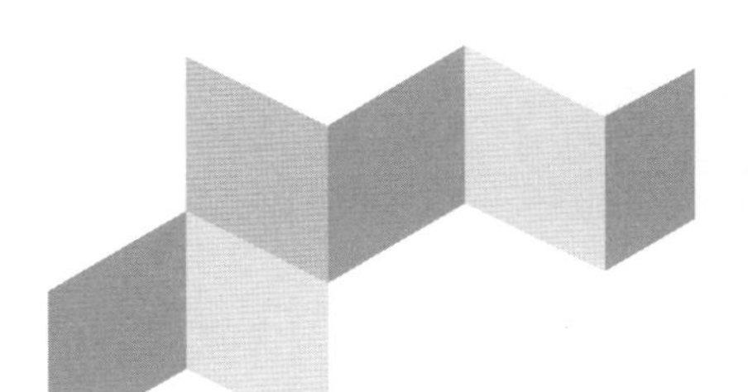

RECAPITULANDO

Os componentes da eletrônica analógica permitem montar circuitos capazes de "copiar" grandezas físicas como luz, som e temperatura, para que sejam apresentados com as mesmas características originais, porém através de sinais elétricos.

Podemos dizer que os componentes estudados nos capítulos anteriores permitem criar circuitos capazes de representar, "eletricamente", sinais análogos aos naturais.

Vamos entender, nos próximos capítulos, como é possível ir além de "copiar" tais grandezas, ou seja, transformá-las em caracteres e ainda armazená-las.

Você vai adquirir conhecimentos sobre o funcionamento dos displays, chips inteligentes, relógios, circuitos práticos e conceitos que envolvem a eletrônica digital.

Parte 2

INTRODUÇÃO À ELETRÔNICA DIGITAL

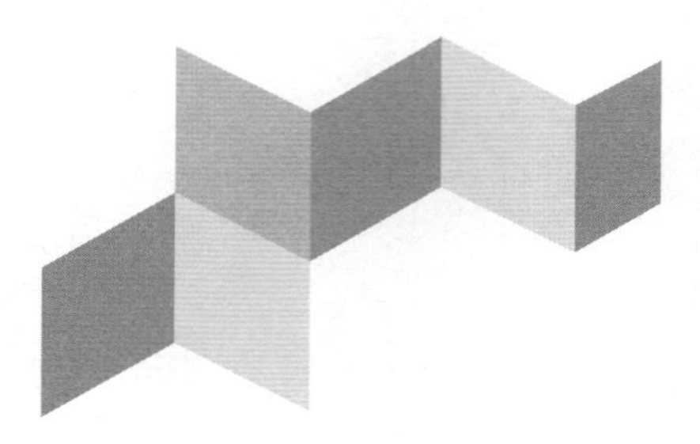

Nesta parte do livro, você vai conhecer os componentes mais utilizados em eletrônica digital.

Buscaremos proporcionar esse aprendizado a você, correlacionando os componentes, suas características e funções no circuito de forma sucinta.

Vamos tomar como exemplo alguns circuitos comuns da área de eletrônica para contextualizar o emprego desses componentes.

MUNDO DIGITAL 10

Qual é a diferença entre eletrônica analógica e digital? Essa pergunta é feita por todos os iniciantes na área.

VAMOS LÁ!

Um valor analógico representa uma grandeza física natural, como calor, pressão, luz do dia, entre outras, em forma de tensão, resistência ou corrente elétrica.

Dessa maneira, a tensão, por exemplo, pode variar proporcionalmente na mesma medida que o calor. Assim, podemos dizer que o circuito apresenta um valor análogo ao efeito natural (calor), por isso, denominamos *eletrônica analógica*.

Um valor analógico pode iniciar em algo próximo de zero e chegar até milhares de ohms, como é o caso do NTC ou LDR, componentes estudados nos capítulos anteriores.

O sinal analógico é mais difícil de ser transportado e impossível de ser armazenado, uma vez que sua amostragem é dada através de uma taxa de variação imensa.

O sinal digital é simples, representado através de zeros e uns!

Vejamos:

Número 9 = 1.001

Número 14 = 1.110

Onde aparecem os números "1", teremos esse valor em forma de tensão: 5V ou 12V.

Onde aparecem os números "0", teremos esse valor em forma de tensão: 0V.

Dessa maneira, os valores de tensão no circuito não aparecerão mais em forma de sinal variável, e sim dentro de uma sequência de zeros e uns, com a qual, dependendo da posição de cada um desses dois elementos, também conhecidos como *bits*, conseguimos demonstrar determinado valor.

CONVERSÃO DE VALOR DECIMAL PARA BINÁRIO

Vamos converter os números usando uma base digital e entender a utilização de zeros e uns.

Observe os quatro LEDs da Figura 10.1.

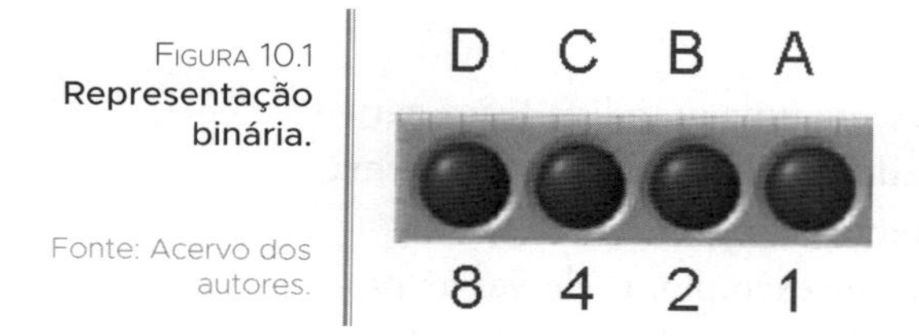

FIGURA 10.1 **Representação binária.**

Fonte: Acervo dos autores.

Temos quatro bases (1, 2, 4, 8) que poderão representar até o número 16.

Caso escolhamos o bit das posições A e D, somaremos ambos: 8 + 1 = 9.

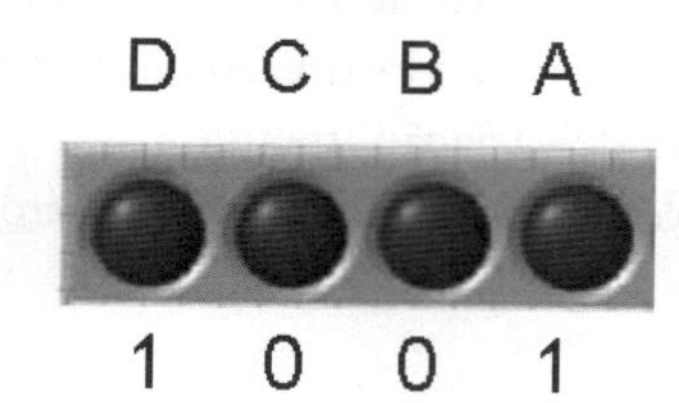

Nas bases não escolhidas, vamos colocar o número zero.

Caso escolhamos as bases B, C e D, somaremos: 8 + 4 + 2 = 14.

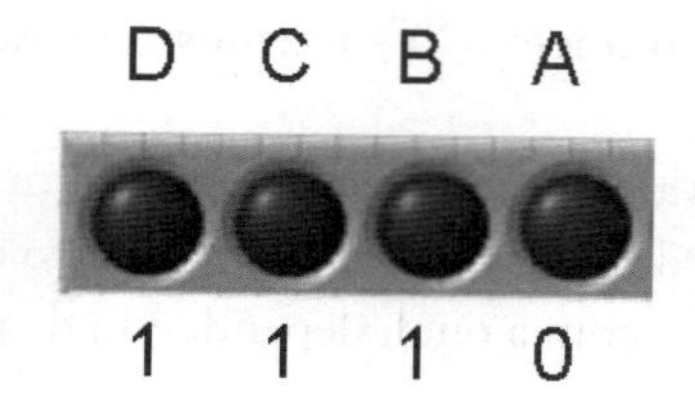

Agora, vamos criar um código binário para o número 13.

Primeiramente, vamos procurar fazer um arranjo envolvendo as quatro bases para compor o binário.

Vamos, então, verificar quais números somados entre si oferecem o resultado igual a 13.

Escolheremos D, C e A.

8 + 4 + 1 = 13

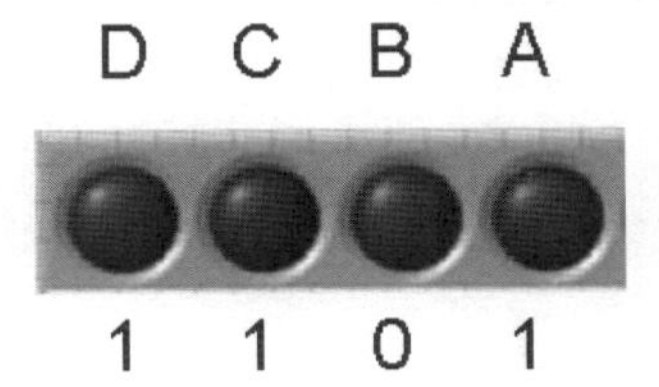

Portanto, o número 13 em decimal corresponde a 1.101 em binário.

Resumindo, através de 4 indicadores (4 bits), podemos representar valores de 0 a 16, ou em uma dimensão um pouco maior, podemos utilizar 8 indicadores (8 bits) e informar o numeral 256 (Figura 10.2).

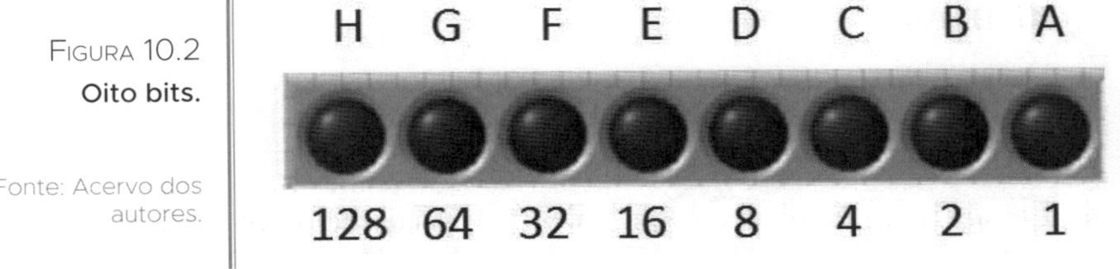

Figura 10.2
Oito bits.

Fonte: Acervo dos autores.

Na Figura 10.2, existem oito LEDs, identificados de A até H, em que cada um ocupa uma posição que representa um valor decimal.

Antes de tudo, vale esclarecer que o LED é apenas um exemplo de indicador, mas não tem nenhuma relação com o bit.

Se acendermos os LEDs A e D, indicaremos o número nove: 1 + 8 = 9.

Caso venhamos a acender os LEDs B, C e D, indicaremos o número quatorze, que corresponde a 1.110 em binário.

Caso venhamos a acender os LEDs B, C, D e F, teremos a representação do número quarenta e seis, ou 101.110.

O acendimento do LED é ilustrativo, o que vale na verdade é o valor binário ou a informação que se processa em valores de tensão: 0V ou 5V.

EXERCÍCIOS PROPOSTOS

1 Converta os números decimais em binários:

a) 56

b) 76

c) 89

d) 189

e) 450

2 Converta os números binários em decimais:

a) 1111

b) 10100

c) 110011

d) 1111011

e) 101010

3 Que valor de tensão representa os numerais 1 e 0?

4 Dê sua opinião sobre a diferença entre o sinal analógico e o digital.

CIRCUITO INTEGRADO 11

A eletrônica digital revolucionou o mundo da tecnologia, permitindo a miniaturização dos circuitos.

Antigamente, antes do advento do transistor, toda a lógica binária era baseada na válvula diodo, que tinha a dimensão aproximada a de uma lâmpada.

Tanto é que o primeiro computador tinha o tamanho de uma casa de dois andares. Com o aparecimento do transistor, a válvula eletrônica deixou de ser empregada, dando lugar a este componente significativamente menor.

A evolução não parou por aí, uma vez que o circuito integrado (CI) possibilitou que, em sua estrutura, houvesse a integração de materiais semicondutores reunidos, sendo capazes de desempenhar funções exatamente iguais às dos transistores, ou seja: o circuito integrado passou a acomodar centenas e milhares de transistores internamente.

Além de substituir as funções desse componente, o circuito integrado também recebe em sua estrutura semicondutora, durante o processo de fabricação, a dopagem de silício e outros elementos capazes de desempenhar as funções dos diodos, resistores e capacitores.

Enfim, o CI é a formação de um encapsulamento plástico que abarca uma lógica extremamente inteligente, sendo a base dos computadores e de toda a tecnologia atual.

CARACTERÍSTICAS DO COMPONENTE

O CI possui os pinos externos para a conexão de cabos e outros componentes externos, e dois pinos reservados para serem ligados na alimentação da fonte.

Os pinos são numerados a partir do chanfro existente na parte externa do componente, de acordo com a Figura 11.1.

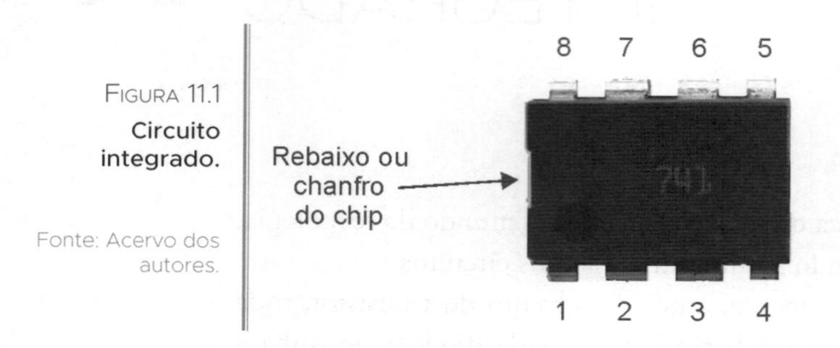

FIGURA 11.1
Circuito integrado.

Fonte: Acervo dos autores.

O CI, apesar de ser considerado a parte inteligente da eletrônica, é limitado quanto à capacidade de fornecer corrente elétrica.

Nos pinos de saída, existem valores de tensão que representam os bits, portanto, quando o assunto for comandar relés em processos automatizados, é preciso utilizar transistores nas saídas para evitar "esforços" no sentido do fornecimento de corrente.

A corrente de trabalho deve ser seguramente na ordem de microamperes para evitar aquecimento no componente. Dessa forma, temos a base do transistor, que pode ser acionada tranquilamente com essa faixa de valores.

O transistor sendo acionado pelo CI, pode comutar, por sua vez, a bobina do relé através da corrente de coletor e emissor.

FAMÍLIAS LÓGICAS

Os circuitos integrados se dividem basicamente em duas famílias, ou seja, duas maneiras de funcionamento.

Temos os componentes da família CMOS que trabalham com tensão de 12V.

Esse valor de tensão se refere ao valor do bit de saída, dessa forma, para o nível lógico "1", temos o valor de 12V, já para o nível lógico "0", o valor de 0V.

CURIOSIDADES

Nível lógico é considerado o valor do bit:

Nível lógico alto = 1

Nível lógico baixo = 0

A família TTL trabalha com tensão de 5V, sendo os níveis nesse valor também.

EXERCÍCIOS PROPOSTOS

1 Escolha a alternativa correta quanto à evolução do circuito integrado:

a) A válvula eletrônica foi substituída pelo transistor e hoje ainda ocupa destaque no mundo tecnológico;

b) A válvula eletrônica foi substituída pelo transistor e aperfeiçoada no mundo dos semicondutores, sendo a percussora da lógica digital e do aparecimento do circuito integrado;

c) A válvula eletrônica foi substituída pelo transistor e hoje não ocupa destaque no mundo tecnológico, visto que sua lógica interna não tem relação nenhuma com o mundo digital;

d) A válvula eletrônica não possui relação nenhuma com o transistor e hoje não ocupa mais destaque na eletrônica; ou

e) A válvula eletrônica foi substituída pelo transistor e tinha a função de oferecer resistência à passagem da corrente elétrica.

2 Explique o que é o bit.

3 Quais são os valores de saída de nível lógico das famílias CMOS e TTL?

4 É possível ligar o relé diretamente na saída do CI? Justifique sua resposta e aponte uma solução.

Para uma melhor compreensão do conteúdo apresentado, acesse e acompanhe os vídeos[1] referentes a este capítulo. Entre no site da Alta Books (www.altabooks.com.br) e procure pelo título ou ISBN da obra.

1 Vídeos produzidos e editados pelos autores. A editora Alta Books não se responsabiliza pelos conteúdos oferecidos e/ou disponibilizados nesta obra.

DECODIFICADOR PARA DISPLAY 12

Para que possamos visualizar caracteres, utilizamos um circuito digital formado pelo display e por um circuito integrado capaz de receber em sua pinagem valores de tensão em forma de bits 0 e 1 e fazer a conversão na saída de valores de tensão para segmentos que representam os caracteres.

- Display
- Decodificador BCD

DISPLAY

Talvez o display seja o componente que mais chama a atenção no universo da eletrônica digital.

Ele é o precursor das telas dos computadores, sendo o elemento que converte sinais elétricos em caracteres, como letras e números.

O display (Figura 12.1) apresentado neste livro é o de sete segmentos, capaz de mostrar números de 0 a 9.

Figura 12.1
Display de sete segmentos.

Fonte: Acervo dos autores.

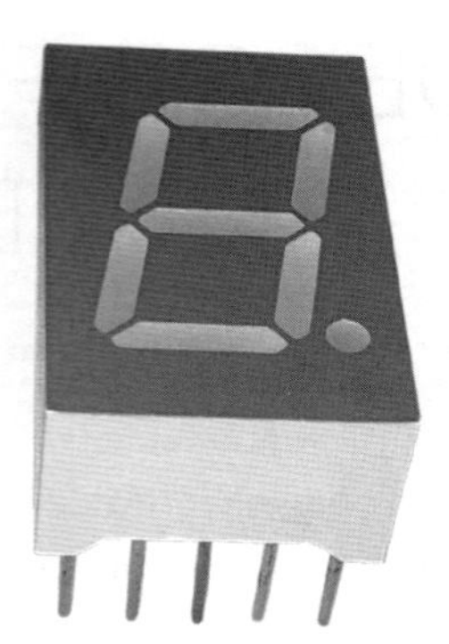

O componente é formado por sete LEDs de formato retangular, conforme a Figura 12.2, dispostos de modo que cada LED ou segmento acende para formar o número desejado.

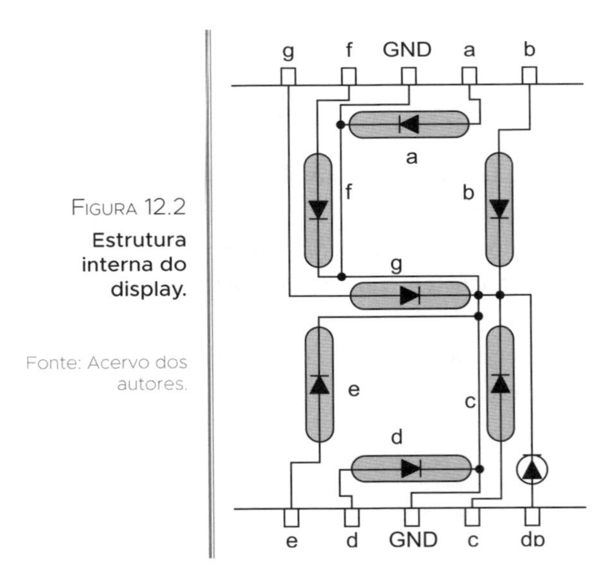

Figura 12.2
Estrutura interna do display.

Fonte: Acervo dos autores.

Como mostrado na Figura 12.3, se quisermos formar o número "3", devemos ligar o pino GND no negativo, e os segmentos *a, b, g, c* e *d* na tensão de 2,2V.

Assim, todos esses segmentos acenderão formando o número três.

Caso desejemos formar o número "5", devemos ligar o pino GND no negativo, e os segmentos *a, f, g, c* e *d* na tensão de 2,2V.

Assim, todos esses segmentos acenderão formando o número cinco.

É importante lembrar que devemos ligar um resistor em série em cada segmento se optarmos por usar uma fonte de 5V, por exemplo.

Cada segmento possui um terminal para alimentação com +2,2V. Existem também dois terminais para a ligação do negativo.

Existe ainda o "ponto" (Figura 12.3), que se trata do segmento para a indicação de números depois da vírgula.

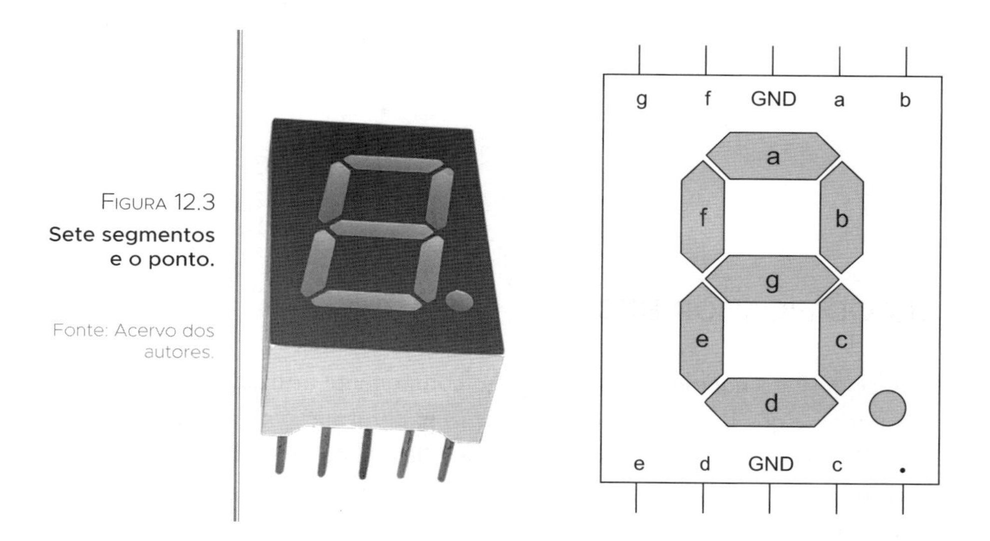

FIGURA 12.3
Sete segmentos e o ponto.

Fonte: Acervo dos autores.

Na Figura 12.4, temos o exemplo de ligação para formar o algarismo "3" no display. Para isso foi ligada a tensão de 5V com o resistor de 560ohm (Ω) nos segmentos *a, b, g, c* e *d* do display.

O negativo da fonte de 5V foi ligado nos dois pinos GND.

Para formar qualquer algarismo de zero a nove, basta escolher os segmentos necessários para a formação do numeral.

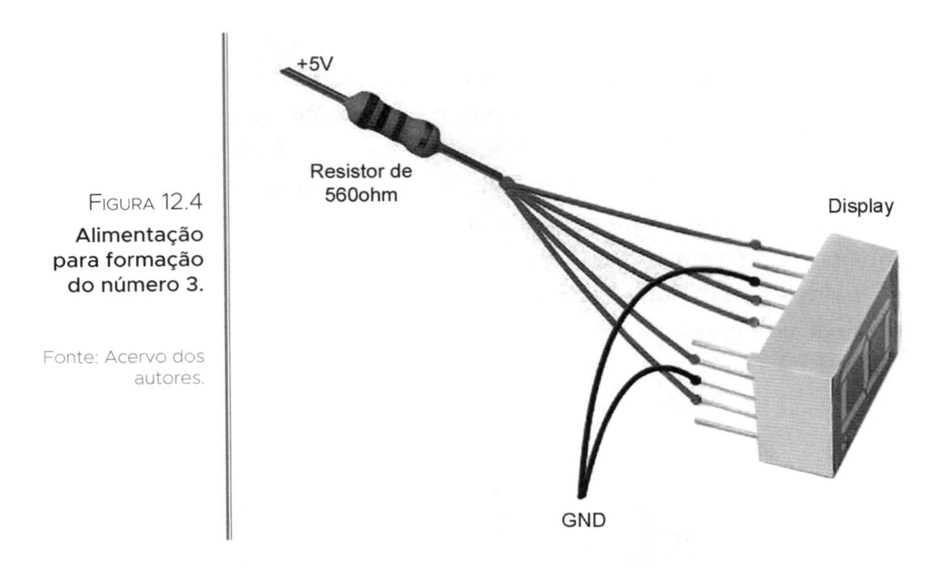

FIGURA 12.4
Alimentação para formação do número 3.

Fonte: Acervo dos autores.

DECODIFICADOR BCD

Você deve ter notado que o display é o componente utilizado para mostrar os números e que basta escolher o segmento para formar o algarismo.

Porém se todas as vezes tivermos que ligar a quantidade de cabos, como visto na Figura 12.4, e sobretudo ficar mudando a ligação dos segmentos, teríamos um trabalho enorme.

É justamente nesse ponto que aparece a vantagem da eletrônica digital em relação à analógica, visto que os componentes digitais possuem uma lógica interna preparada para fazer as mudanças ou comutações automáticas dos segmentos a partir da escolha do número na forma digital.

O circuito integrado 7.448 (Figura 12.5) desempenha muito bem essa função.

FIGURA 12.5
Decodificador para display.

Fonte: Acervo dos autores.

Vamos entender como isso acontece e a forma de ligação do decodificador no display de acordo com os pinos do CI (Figura 12.6), conforme consta no datasheet do componente.

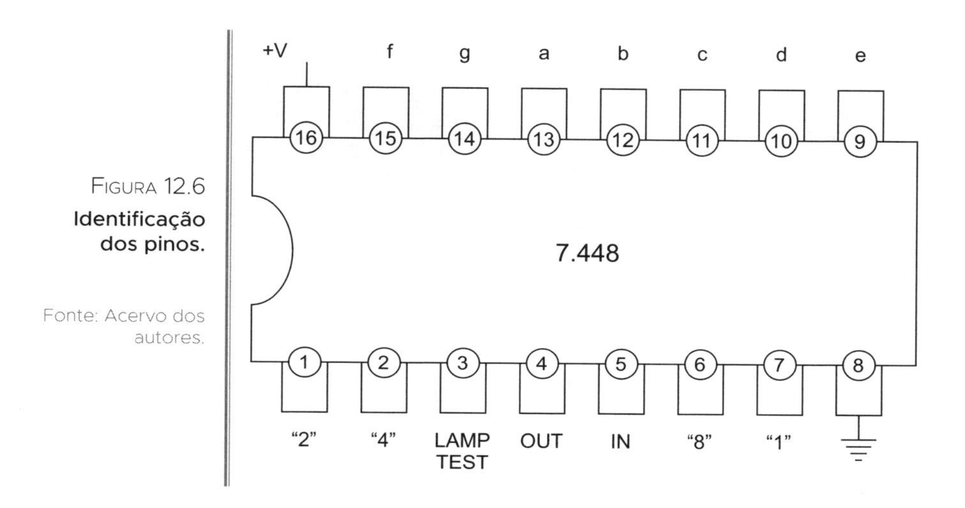

FIGURA 12.6
Identificação dos pinos.

Fonte: Acervo dos autores.

Toda a ligação pode ser vista na Figura 12.7.

Os pinos 9 até 15 são ligados nos segmentos respectivos do display com um resistor em série em cada fio.

Os pinos 1, 2, 6 e 7 são as entradas digitais, ou seja, as entradas binárias as quais escolhemos de acordo com o número que desejamos formar, conforme visto no Capítulo 10.

Os pinos 3, 4 e 5 são ligados no Vcc, ou seja, no positivo da fonte.

O pino 8 é o negativo e o 16, o positivo.

PARA RELEMBRAR

O 7.448 trabalha com a tensão de 5V no máximo, pertencendo à família TTL.

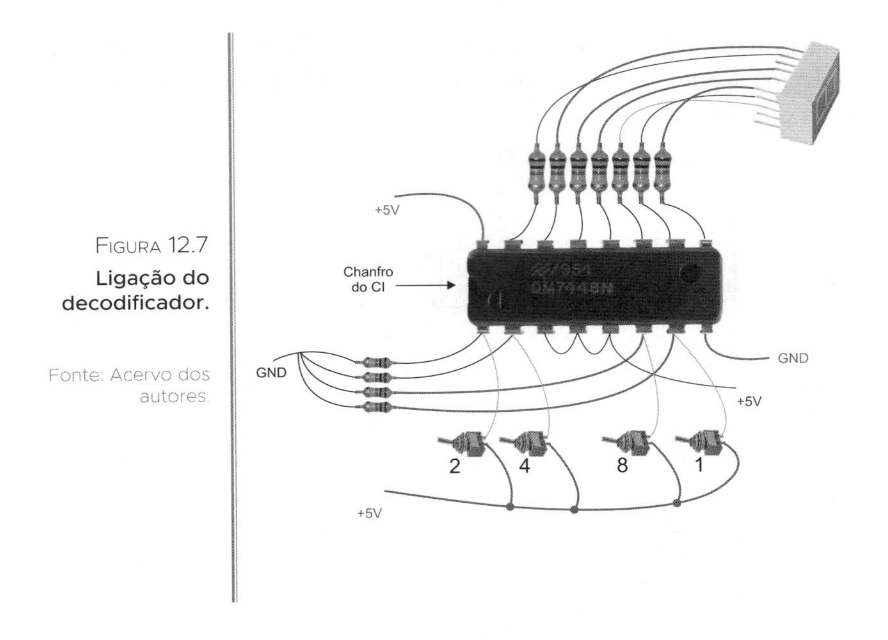

FIGURA 12.7
Ligação do decodificador.

Fonte: Acervo dos autores.

Nos pinos de seleção digital (1, 2, 6 e 7), temos uma chave liga e desliga para seleção e um resistor de 1K ligado no negativo, ou GND, que serve para manter a entrada em um nível baixo, conhecido como resistor de *pull-down*.

Quando deixamos uma entrada ligada em GND, dizemos que ela está em nível baixo, e quando a mantemos com uma tensão positiva de 5V, dizemos que a entrada está em nível alto.

Para que o circuito funcione, vamos fazer aparecer o número 3 no display. Para isso, ligaremos as chaves "2" e "1", assim, as saídas *a, b, g, c* e *d* serão ativadas e deverão alimentar os segmentos do display, fazendo-os acender.

Agora pensemos no número 5 no display. Para isso, ligaremos as chaves "4" e "1"; com isso, as saídas *a, f, g, c* e *d* serão ativadas e deverão alimentar os segmentos do display, fazendo-os acender.

Caso seja o número 7 no display, ligaremos as chaves "4", "2" e "1"; com isso as saídas *a, b* e *c* serão ativadas e deverão alimentar os segmentos do display da mesma forma.

Assim, poderemos acionar qualquer número, bastando escolher as entradas *A, B, C* e *D* e somá-las de modo que formem o número decimal.

EXERCÍCIOS PROPOSTOS

1. Porque precisamos ligar um resistor em cada segmento do display?
2. Pensando na ligação de dois displays, indique os segmentos que deverão ser ligados em cada um deles para formar o numeral 57.
3. Como devemos ligar uma entrada do CI que não seja utilizada?
4. Explique a função do decodificador.

Para uma melhor compreensão do conteúdo apresentado, acesse e acompanhe os vídeos[1] referentes a este capítulo. Entre no site da Alta Books (www.altabooks.com.br) e procure pelo título ou ISBN da obra.

1 Vídeos produzidos e editados pelos autores. A editora Alta Books não se responsabiliza pelos conteúdos oferecidos e/ou disponibilizados nesta obra.

DECODER E ENCODER 13

Codificar um sinal em eletrônica significa provocar um estímulo em um circuito digital e colher na saída o resultado dessa ação, disposto em uma sequência e posicionamento que indique um valor digital ou binário.

Fazer a função inversa, ou seja, transformar um sinal binário em decimal, significa decodificar.

Com isso, escolhendo o decimal que queremos, podemos aplicar a tensão nos terminais do decodificador e, assim, obter a sequência binária na saída.

Existem circuitos integrados que já são prontos para desenvolver a função de codificar ou decodificar um sinal. Também são conhecidos como *encoder* e *decoder*.

O circuito integrado da família CMOS 4.532 (Figura 13.1) é alimentado com 12V e desempenha a função de codificar ou decodificar os sinais.

FIGURA 13.1
Encoder e decoder.

Fonte: Acervo dos autores.

No circuito da Figura 13.2, temos os pinos 16 e 8 ligados na fonte. O pino 5 deve estar ligado em Vcc para acionamento. Os resistores RWD são ligados nas entradas decimais para mantê-las em GND, ou nível baixo (*pull-down*).

A chave liga e desliga está conectada às entradas decimais de 0 a 7 para a seleção do valor binário na saída binária; nesta saída estão ligados três LED com a identificação A, B e C.

Se selecionarmos a chave 3, os LEDs A e B acenderão. Se ligarmos a chave 5, os LEDs A e C acenderão. Se escolhermos a chave 7, acenderão os LEDs A, B e C.

O encoder ou o decoder é aplicado em circuitos eletrônicos nos quais é necessário realizar um comando utilizando lógica binária para comandar saídas analógicas, como no comando de máquinas.

Na Figura 13.2, o CI foi utilizado como decodificador, sendo que na entrada existe a opção de escolher as entradas analógicas que correspondem ao valor digital que se deseja apresentar na saída.

Porém existe a possibilidade de fazer o inverso, ou seja: aplicar um sinal digital e colher na saída um analógico. Nesse caso, seria preciso ligar os LEDs nos pinos em que estão as chaves, e estas nas entradas digitais em que se encontram os LEDs.

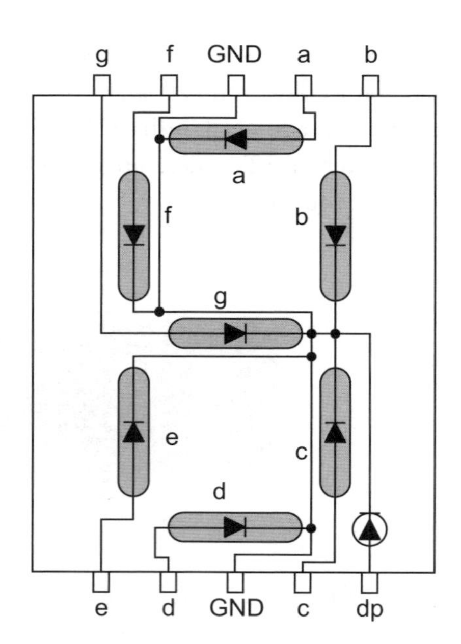

FIGURA 13.2
Ligação do CI 4.532.

Fonte: Acervo dos autores.

EXERCÍCIOS PROPOSTOS

1 Explique sobre a ligação *pull-down*.

2 O que significa codificar ou decodificar um sinal?

3 No circuito da Figura 13.2, quais LEDs acenderão se selecionarmos a chave 4?

4 No comando de sete máquinas diferentes, seria necessário acionar quais entradas binárias, considerando que a máquina de número 5 deve ser ligada?

Para uma melhor compreensão do conteúdo apresentado, acesse e acompanhe os vídeos[1] referentes a este capítulo. Entre no site da Alta Books (www.altabooks.com.br) e procure pelo título ou ISBN da obra.

1 Vídeos produzidos e editados pelos autores. A editora Alta Books não se responsabiliza pelos conteúdos oferecidos e/ou disponibilizados nesta obra.

PORTAS LÓGICAS 14

As portas lógicas são construídas com material semicondutor, utilizando pastilhas formadas por material do tipo P ou N. Internamente, existem estruturas formadas a partir do conceito do transistor.

Elas são encontradas em todos os circuitos integrados, sendo a base de toda a inteligência digital.

- Funções
- Tabela verdade
- Portas lógicas

FUNÇÕES LÓGICAS

A porta lógica tem a função de combinar valores binários matematicamente e oferecer resultados de acordo com a função existente de cada uma.

FIGURA 14.1
Portas lógicas.

Fonte: Acervo dos autores.

A base da eletrônica digital é definida pelas portas lógicas, tendo elas as funções: E, OU, inversora, NE e NOU.

Na Figura 14.1, elas estão indicadas pela simbologia.

As portas lógicas, além de fazerem parte de todos os CIs, também são encontradas em sua estrutura básica com códigos numéricos diferentes de acordo com o fabricante.

Os CIs formados por portas de duas entradas e uma saída geralmente comportam quatro portas com a mesma função lógica.

No caso de inversoras, é possível encontrar seis portas por elas serem ligadas por apenas dois pinos.

As entradas das portas lógicas são chamadas de A e B, e a saída é chamada de S.

A saída S é chamada de variável de saída e pode ter resultado 0 ou 1, sendo considerado nível alto ou baixo.

A saída varia seu resultado de acordo com a combinação das entradas.

TABELA VERDADE

Para entendermos o funcionamento de cada uma das portas lógicas, devemos comparar com base na tabela verdade.

A tabela verdade mantém um padrão mundial, ou seja, em qualquer manual datasheet ou livro de eletrônica digital encontraremos sempre as mesmas características e informações.

Em resumo, a tabela verdade é um instrumento que demonstra todas as possíveis situações em que poderá assumir uma porta lógica em relação às suas entradas.

Na Figura 14.3, podemos ver as cinco portas lógicas básicas com a respectiva tabela verdade.

COMBINAÇÃO ENTRE AS PORTAS LÓGICAS

Nos conteúdos referentes aos decodificadores estudados anteriormente, verificamos a existência de uma lógica extremamente complexa em relação à combinação binária.

Percebemos que basta introduzir um valor de 0 ou 5V na entrada de um circuito integrado para colhermos na saída um valor capaz de mostrar um numeral no display.

Tudo isso acontece mediante a combinação entre as portas lógicas no interior do CI, que são construídas intencionalmente para cada finalidade.

Essas portas lógicas interagem formando circuitos complexos, como é o caso do *flip-flop* (Figura 14.2), que é a base dos contadores, deslocadores de informações e das memórias.

Para que você tenha uma ideia, sem o *flip-flop* seria impossível a existência dos computadores e dos meios de comunicação.

No processador de um computador, há bilhões de *flip-flops*, sendo que cada caractere que armazenamos ocupa lugar em um destes *flip-flops* da matriz de memória.

Assim, a porta lógica é determinantemente a base da tecnologia.

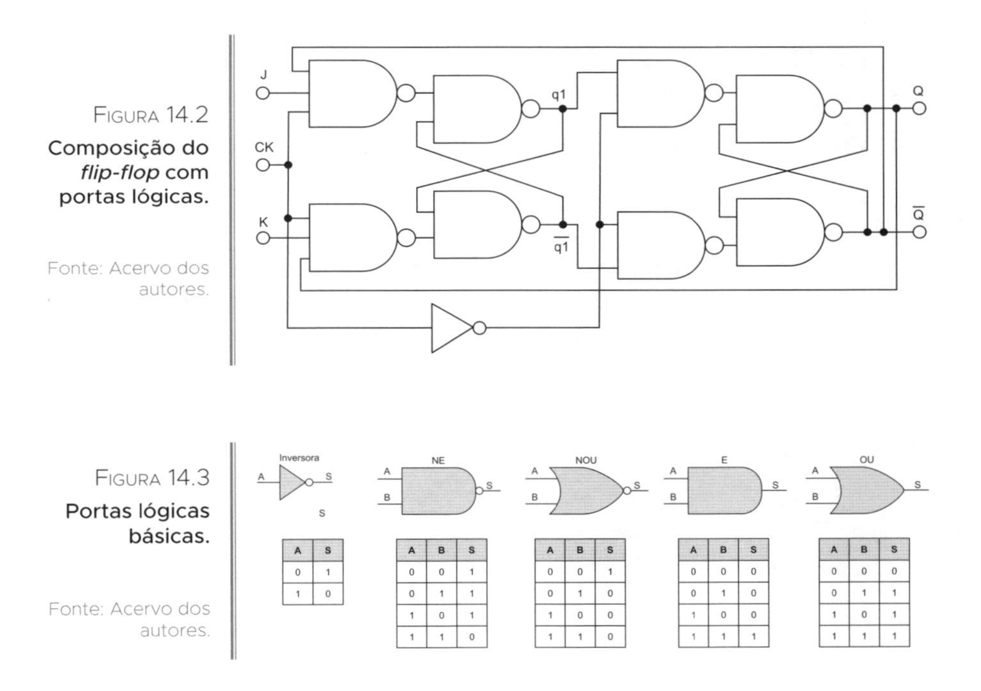

FIGURA 14.2
Composição do *flip-flop* com portas lógicas.

Fonte: Acervo dos autores.

A	S
0	1
1	0

A	B	S
0	0	1
0	1	1
1	0	1
1	1	0

A	B	S
0	0	1
0	1	0
1	0	0
1	1	0

A	B	S
0	0	0
0	1	0
1	0	0
1	1	1

A	B	S
0	0	0
0	1	1
1	0	1
1	1	1

FIGURA 14.3
Portas lógicas básicas.

Fonte: Acervo dos autores.

EXERCÍCIOS PROPOSTOS

1 Qual é a finalidade da tabela verdade?

2 Aplicando os valores binários nas entradas indicadas nas tabelas, consequentemente na saída, teremos:

PORTAS	ENTRADA A	ENTRADA B	SAÍDA S
NE	1	1	0
OU	1	0	1
E	1	0	0
NOU	1	1	0
INVERSORA	1	X	0

3 Liste as portas que foram utilizadas na Figura 14.2.

4 Qual é a estrutura básica de formação das portas lógicas?

Para uma melhor compreensão do conteúdo apresentado, acesse e acompanhe os vídeos[1] referentes a este capítulo. Entre no site da Alta Books (www.altabooks.com.br) e procure pelo título ou ISBN da obra.

1 Vídeos produzidos e editados pelos autores. A editora Alta Books não se responsabiliza pelos conteúdos oferecidos e/ou disponibilizados nesta obra.

CONTADOR BINÁRIO 15

Vamos conhecer e compreender o circuito, os componentes e o funcionamento básico de um contador de 0 a 9 neste capítulo.

Esse circuito é a base para o entendimento do conceito do relógio digital e de contadores diversos, como cronômetros e temporizadores. Além disso, é a base das memórias "clock" e do processamento de dados dos computadores.

O nosso circuito está dividido em três partes: decodificador para o display, contador de década e gerador de clock.

O circuito de decodificação para o display já foi apresentado anteriormente, portanto, vamos inseri-lo em nosso circuito.

Neste momento, o que interessa é compreender o funcionamento do contador de década, ou contador de 0 a 9, e do gerador de clock.

Antes de apresentar o contador, você precisa saber um pouco sobre seu funcionamento interno, ou sua lógica digital, que reúne certa combinação de recursos digitais.

- *Flip-flop* JK
- Gerador de clock
- Contador de década

FLIP-FLOP

É um componente básico de eletrônica digital que, por sua vez, pode funcionar invertendo o resultado de sua saída quando impulsionado com um sinal de entrada igual a 0V e, logo em seguida, +5Vcc.

O CI 7476 tem a estrutura vista na Figura 15.1, na qual internamente existem dois *flip-flops*, ambos desempenhando a mesma função.

Se aplicarmos +5Vcc (nível lógico alto) nos pinos 4 e 16 (entradas J e K) e fizermos variar o valor aplicado no pino 1 (CK ou Clock) entre zero e +5V, vamos variar o resultado da saída 15 (Q).

Assim, a cada momento que o sinal na entrada de clock (pino 1) receber 0, e logo em seguida 5Vcc, a saída Q (pino 15) varia, ou seja, é acionada, e depois que houver ocorrido mais um ciclo no pino 1, é desligada.

Para que você entenda, se ligarmos um LED no pino 15 e impulsionarmos o valor +5Vcc e GND intercaladamente no pino 1, o LED deverá piscar na mesma velocidade com que estamos impulsionando os valores no pino 1.

Mas, nesse caso, devemos manter os pinos 4 e 16 em nível alto (+5Vcc).

Com isso, temos o *flip-flop* funcionando com o impulso de clock.

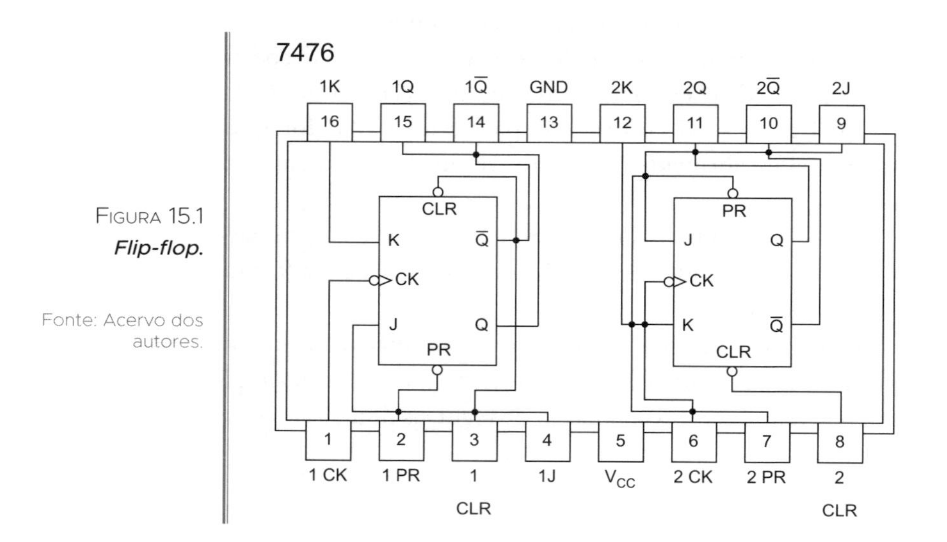

FIGURA 15.1
Flip-flop.

Fonte: Acervo dos autores.

GERADOR DE CLOCK

Gerar o pulso de clock significa alternar o valor de tensão na saída do circuito montado para essa finalidade, de modo que esse valor oscile entre 0 e 5V compassadamente no tempo desejado.

Melhor dizendo: podemos afirmar que um circuito gerador de clock é um "pisca-pisca". Para montar esse circuito, utilizaremos o circuito integrado 555, abordado no Capítulo 5.

No circuito da Figura 15.2, o positivo é ligado no pino 8 e o negativo, no pino 1. O pino 4 permanece ligado no positivo e o pino 5 fica sem conexão.

O potenciômetro e o capacitor eletrolítico são os responsáveis pela constante de tempo no qual você poderá regular o circuito para que o pulso de clock gerado aconteça no intervalo de 1 segundo, já que nossa intenção é montar um contador de 0 a 10 segundos.

Quando o circuito é ligado, o capacitor está descarregado, portanto, no pino 2 do CI 555 não existe tensão, ativando a saída (pino 3), que passa a ter 5Vcc (nível lógico alto) ao acender o LED.

Enquanto isso, o capacitor está recebendo carga e, ao atingir 2/3 do valor de tensão da fonte, aplica a tensão armazenada no pino 6 do CI 555, que se encontra ligado no positivo do capacitor.

Quando o pino 6 recebe esse valor de 3,33V, a saída (pino 3) é desligada e o LED apaga.

O pino 7, neste instante, descarrega a carga que foi armazenada no capacitor e o ciclo inicia-se novamente. Com isso, o LED fica acendendo e apagando alternadamente pelo tempo ajustado no potenciômetro, que, neste caso, deve ser de 1 segundo.

Para isso, devemos posicionar o eixo do potenciômetro na metade de seu curso, para que apresente o valor próximo a 10KΩ.

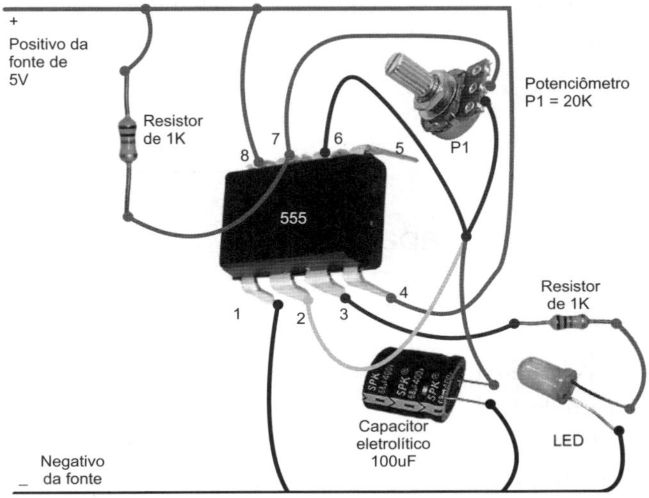

FIGURA 15.2 **Gerador de clock.**

Fonte: Acervo dos autores.

Vejamos:

Tempo = capacitor × resistência do potenciômetro

Tempo = 0,0001 × 10.000

Tempo = 1 segundo

Assim, o tempo que o capacitor deverá levar para se encher de tensão e desligar a saída do 555 através do pino 6 será de 1 segundo.

No nosso circuito, não será utilizado o LED, mas a saída será ligada no pino de entrada do contador de década.

O pulso de clock é representado por gráficos na forma de onda quadrada, conforme a Figura 15.3.

FIGURA 15.3
Onda quadrada.

Fonte: Acervo dos autores.

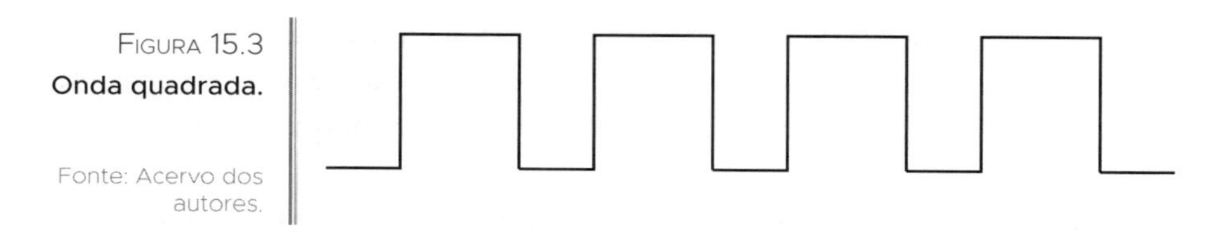

Para exemplificar ainda mais o conceito de nível alto ou nível baixo, aceso ou apagado, observe a Figura 15.4, que mostra a onda gerada pelo circuito de clock através do LED.

FIGURA 15.4
Níveis lógicos.

Fonte: Acervo dos autores.

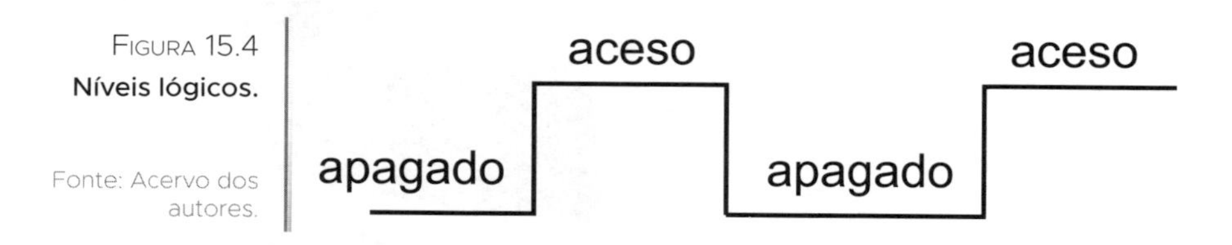

Voltando a falar sobre o *flip-flop*, ele é o elemento principal do funcionamento do contador.

Para montar um contador de 0 a 10, são necessários quatro *flip-flops*, sendo a combinação entre eles determinante no funcionamento do contador.

Se aplicarmos o pulso de clock no primeiro *flip-flop*, ele fará a contagem e acionará a saída e, ao mesmo tempo, o nível lógico alto dessa saída será o pulso de clock do segundo *flip-flop*.

Dessa forma, os quatro elementos são ligados em cascata, na qual o próximo depende do anterior. Assim, um *flip-flop* fica atrasado em relação ao outro, estabelecendo uma sequência ou contagem binária.

Não utilizaremos em nosso circuito os quatro *flip-flops*, mas vamos empregar um circuito integrado que tem, internamente, a mesma lógica desses quatro elementos.

Para entendimento do circuito e do conceito de um circuito sequencial, baixe o software conhecido como Proteus e monte o circuito visto na Figura 15.5.

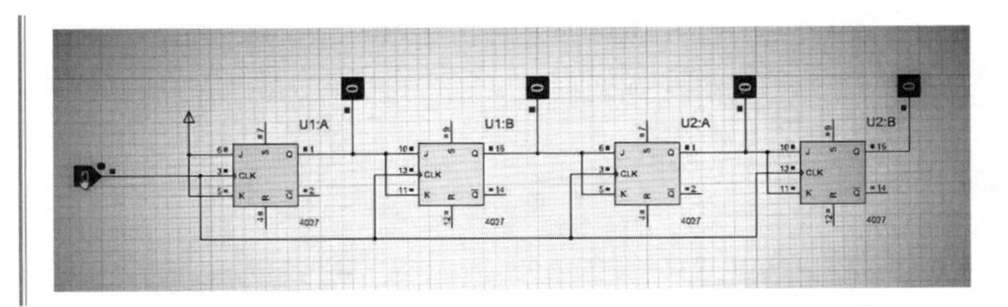

FIGURA 15.5 **Contador binário.**

Fonte: Acervo dos autores.

CONTADOR DE DÉCADA 7490

Vamos conhecer o circuito integrado 7490 da família TTL, que funciona com a tensão de 5V e tem 14 pinos. Este CI desempenha a mesma lógica vista na Figura 15.5.

Vemos que o nome "circuito integrado" tem sentido literal em relação à sua função, uma vez que integra a função de vários elementos digitais em um só componente, como visto na Figura 15.6.

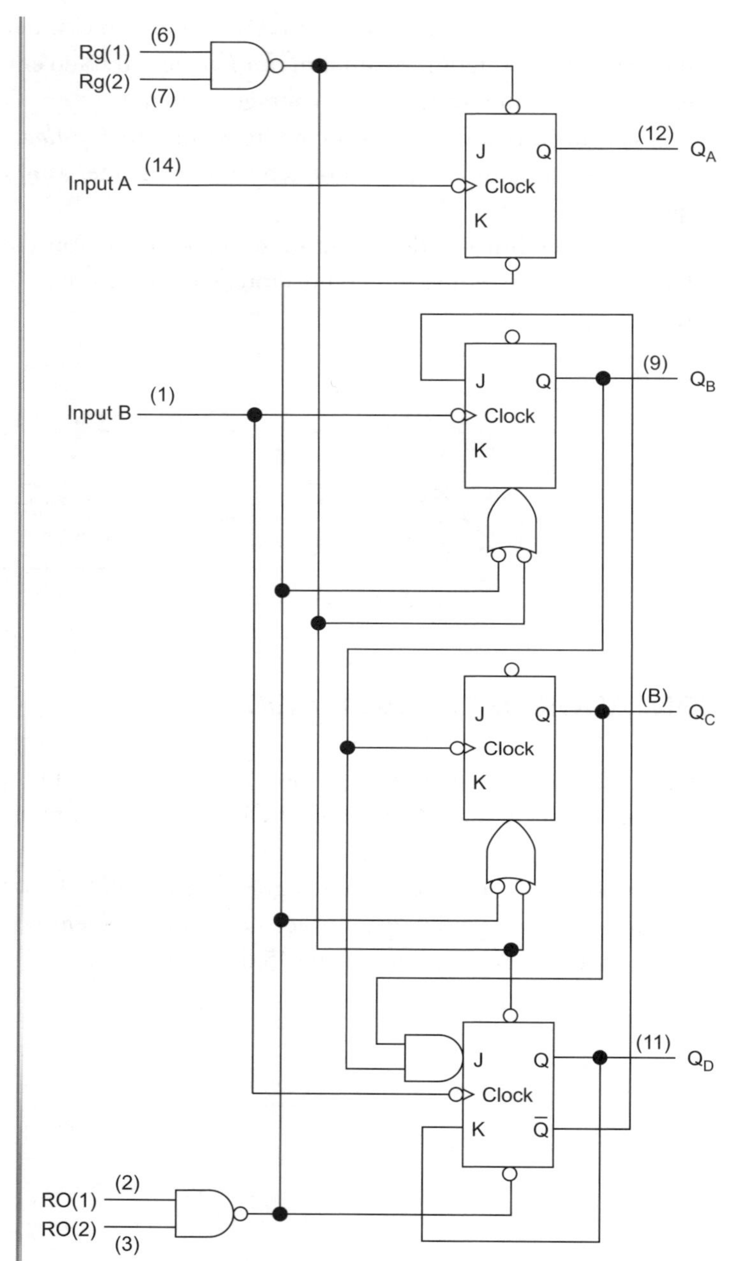

FIGURA 15.6
Diagrama interno do CI 7490.

Fonte: Acervo dos autores.

De acordo com a Figura 15.7, o CI 7490 precisa ser ligado seguindo a posição dos pinos de acordo com o indicado, lembrando que todo circuito integrado possui um diagrama padronizado pelo fabricante quanto à pinagem.

Na Figura 15.7, o pino 5 é o +5Vcc e o pino 10, o negativo.

Os pinos 2, 3, 6 e 7 devem ser ligados no negativo da fonte, também chamado de GND. São eles os responsáveis por ativar o CI.

O pino 14 é ligado no gerador de clock. Nessa entrada, temos a contagem que fará com que os *flip-flops* internos trabalhem em cascata para que seja possível ter a contagem binária de 0 a 9 nas saídas.

Quando o contador chega a 9, automaticamente ocorre a parada e o reset do CI, começando um novo ciclo.

Vale lembrar que você deve deixar o circuito gerador de clock (555) ajustado (através do potenciômetro) com a velocidade de pulso desejada.

Porém o que interessa no nosso circuito é a simulação de um relógio digital, assim, o potenciômetro deve estar aferido para que o pulso gerado tenha a velocidade de 1 segundo.

As saídas de contagem digital são os pinos 8, 9, 11 e 12, identificadas com 1, 2, 4 e 8 (Figura 15.7).

Se você ligar um LED em cada uma dessas saídas, vai notar que eles acenderão seguindo a contagem binária, porém o que interessa é ver o display reproduzir os números de 0 a 9.

Para isso, ligue as saídas ou os pinos 1, 2, 4 e 8 (Figura 15.7) na entrada do CI 7448 (Figura 15.8).

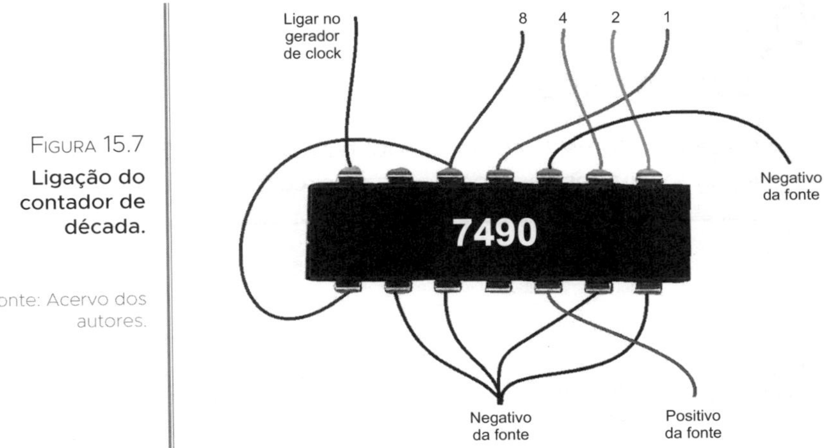

FIGURA 15.7
Ligação do contador de década.

Fonte: Acervo dos autores.

O circuito final é mostrado na Figura 15.9, incluindo o gerador de clock CI 555, o contador de década 7490 e o decodificador para display 7448. Além desses três circuitos integrados, é preciso utilizar fonte, display, resistores e capacitores.

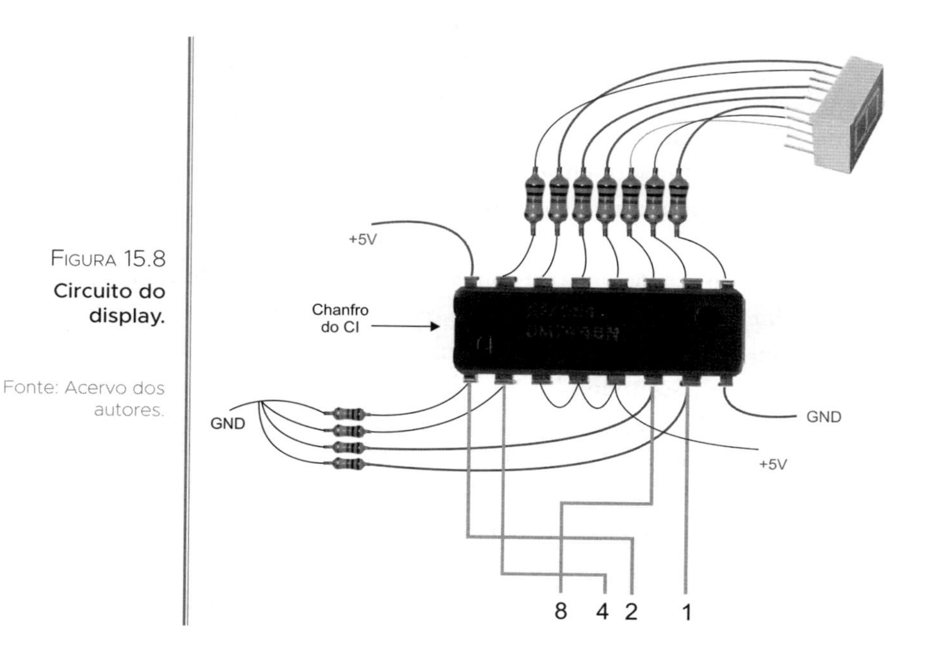

FIGURA 15.8 **Circuito do display.**

Fonte: Acervo dos autores.

CURIOSIDADES

Os carregadores de celular são fontes que liberam 5V e podem ser aproveitados nas montagens de circuitos de eletrônica.

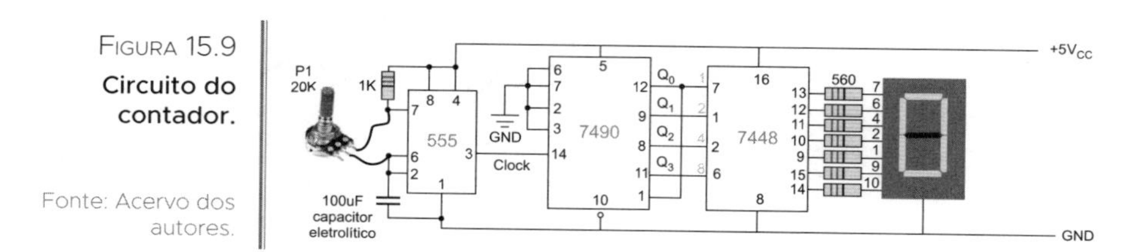

FIGURA 15.9 **Circuito do contador.**

Fonte: Acervo dos autores.

EXERCÍCIOS PROPOSTOS

1 Qual o valor do capacitor e do resistor do circuito de clock, considerando um tempo de 2 segundos para ser aplicado em um contador?

2 Liste a quantidade de componentes empregados no circuito da Figura 15.9.

3 Quais são os pinos de entrada do *flip-flop*?

4 Como é chamado o pino responsável por receber o pulso da contagem de clock?

Para uma melhor compreensão do conteúdo apresentado, acesse e acompanhe os vídeos[1] referentes a este capítulo. Entre no site da Alta Books (www.altabooks.com.br) e procure pelo título ou ISBN da obra.

1 Vídeos produzidos e editados pelos autores. A editora Alta Books não se responsabiliza pelos conteúdos oferecidos e/ou disponibilizados nesta obra.

PISCA-PISCA DE NATAL COM *FLIP-FLOP* DATA 16

Nosso desafio agora será montar um pisca-pisca de Natal um usando *flip-flop* do tipo data, que permite que um bit se desloque no circuito, estabelecendo um percurso em anel.

- *Flip-flop* data

CIRCUITO INTEGRADO 7474

Vamos usar dois CIs 7474 (Figura 16.1) da família TTL, que são, na verdade, o encapsulamento de dois *flip-flops* cada um.

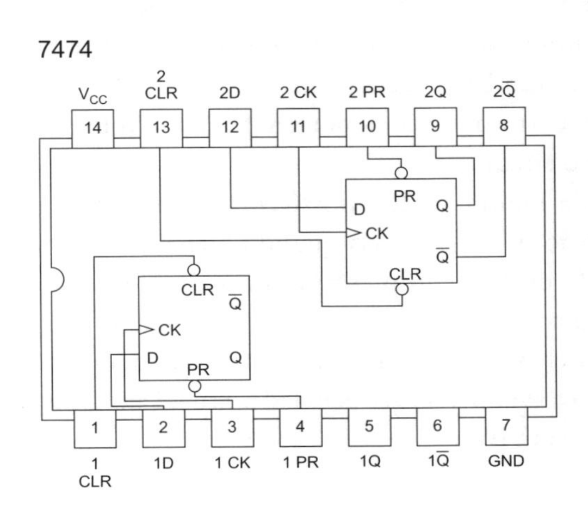

FIGURA 16.1
CI 7474.

Fonte: Acervo dos autores.

A partir da Figura 16.1 é possível verificar que existem dois componentes internos, que não são visíveis externamente, o que logicamente se trata da logica interna do CI.

Os dois são idênticos, portanto, vamos escolher um para identificar os pinos e sua função lógica.

O pino 1 é o clear, que se trata do reset do *flip-flop*, ou seja, faz com que a saída fique com nível baixo (0Vcc) instantaneamente.

O pino 4 é o preset, que faz o contrário do clear, levando a saída para o nível alto (+5Vcc).

O pino 2 é a entrada de dados, ou bit, ou ainda, do valor 0Vcc ou +5Vcc.

O pino 3 é onde se liga o pulso de clock.

O pino 5 é a saída do *flip-flop*, na qual temos o resultado proporcionado pela ação dos pinos citados anteriormente, e o pino 6 é o inverso da saída, ou seja, se a saída estiver com nível 1, este estará com nível 0.

DESLOCADOR DE BIT

Na eletrônica digital, deslocar ou movimentar um bit é basicamente a lógica raiz da transmissão de dados de um computador. Esse recurso é conhecido como *registrador de deslocamento*.

Com esse recurso, você pode transmitir muitas informações em sequência serial, utilizando apenas um condutor.

Em nosso circuito, usaremos o deslocamento desse bit, que nada mais é do que um valor de 5Vcc que vai percorrer ou se movimentar, fazendo com que apenas um LED acenda por vez.

A partir de uma montagem feita no Proteus, você conseguirá entender melhor o circuito.

Na Figura 16.2, é possível notar a chave set com o contato fechado na posição de +5Vcc, mas quando a chave tomar a outra posição, conectará o GND ou 0Vcc ao preset do primeiro *flip-flop*, fazendo com que a saída Q fique com +5Vcc.

A chave reset está conectada da mesma maneira que a anterior, com a diferença de que, ao ser acionada, atuará no clear, fazendo com que a saída Q fique com 0Vcc.

Se ligarmos o pulso de clock, consequentemente o bit que está na saída Q com nível 1 (5Vcc) acenderá o LED e, ao mesmo tempo, será introduzido no segundo *flip-flop*.

Como o pulso de clock é constante, o bit entra no segundo *flip-flop* e sai na saída Q. Com isso, acende o segundo LED D2 e apaga o primeiro LED D1.

Esse processo continua até chegar ao quarto *flip-flop* e acender o LED D4 e o bit fica se deslocando pelo circuito, acendendo um LED e apagando o anterior, até que você dê um pulso no clear, zerando a entrada D do primeiro *flip-flop*.

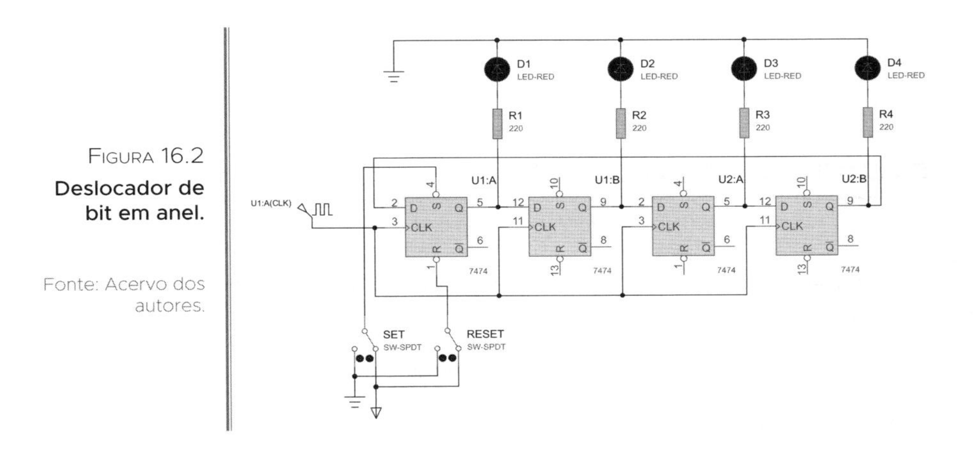

FIGURA 16.2
Deslocador de bit em anel.

Fonte: Acervo dos autores.

Você pode colocar vários LEDs em cada saída, desde que utilize um transistor. Assim, os LEDs podem ficar espalhados em vários pontos, como no caso das árvores natalinas.

Na Figura 16.3, temos a imagem da montagem para que você possa construí-la e comprovar o resultado.

Não perca a oportunidade de montar os circuitos de acordo com o sugerido neste livro. Dê seu primeiro passo na eletrônica!

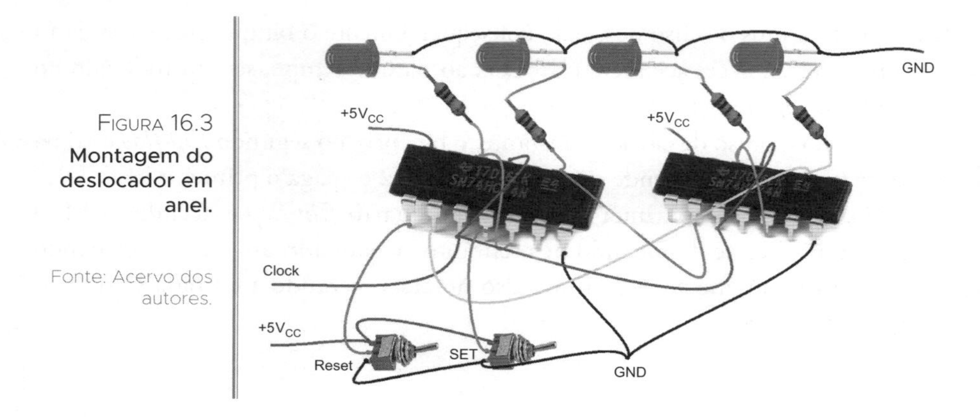

FIGURA 16.3
Montagem do deslocador em anel.

Fonte: Acervo dos autores.

EXERCÍCIOS PROPOSTOS

1 Explique a função do clear e do preset e o que é registrador de deslocamento.

2 Na transmissão do sinal serial, conceitue a importância do *flip-flop*.

3 O que muda no *flip-flop* data em relação ao JK?

4 Considerando a construção de uma árvore natalina, quais componentes precisamos ligar na saída do CI para que seja possível acionar lâmpadas?

Para uma melhor compreensão do conteúdo apresentado, acesse e acompanhe os vídeos[1] referentes a este capítulo. Entre no site da Alta Books (www.altabooks.com.br) e procure pelo título ou ISBN da obra.

1 Vídeos produzidos e editados pelos autores. A editora Alta Books não se responsabiliza pelos conteúdos oferecidos e/ou disponibilizados nesta obra.

MOTOR DE PASSO 17

No processo de automação de máquinas e robôs, a presença de atuadores mecânicos, pneumáticos, esteiras e envase de líquidos exigem determinada precisão.

Os motores de passo são extremamente importantes para garantir que determinado elemento exerça movimentação e parada em pontos pontualmente estabelecidos em uma máquina.

- Motor de passo
- Drive de controle

MOTOR DE PASSO

O motor de passo (Figura 17.1) consiste em um dispositivo eletromecânico, de larga utilização em mecatrônica no controle de máquinas, robôs, esteiras etc.

Sua constituição dá-se por enrolamentos de fio de cobre em que as extremidades são envolvidas por uma corrente contínua que gera um campo magnético capaz de fazer o eixo do motor girar somente uma vez, ou seja, efetuar o movimento de apenas um passo.

FIGURA 17.1
Motor de passo.

Fonte: Acervo dos autores.

As bobinas são enroladas de modo que o campo magnético terá ação em sequência, uma vez que o sentido de enrolamento das bobinas está orientado para que o resultado venha a garantir a rotação passo a passo, a cada pulso de tensão contínua.

O pulso que faz o motor movimentar ou dar um passo é, na verdade, um bit.

Se montarmos o circuito deslocador de bit do capítulo anterior utilizando dois CIs 7474, teremos então um controlador para o motor de passo, no qual conforme o bit vai se movimentando gradativamente, os fios do motor de passo serão alimentados com 5Vcc o que, certamente, resultará na movimentação passo a passo do motor.

Os fios do motor estarão no lugar dos LEDs conforme o circuito de pisca-pisca da árvore natalina.

Coincidentemente, o motor de passo possui quatro fios também. Porém os quatro fios do motor não poderão ser ligados diretamente na saída do CI 7474, pois será necessário o elemento de controle de potência.

DRIVE DE CONTROLE ULN2003

A saída do CI é limitada quanto à corrente elétrica, e o motor consome bastante corrente; então, neste caso, é preciso fazer um arranjo elétrico, ou seja, ligar a saída do CI 7474 em um drive, e este, por sua vez, no motor.

O driver funciona com transistores capazes de chavear o valor de corrente elétrica, o que será necessário para o funcionamento do motor.

A finalidade do driver é garantir que a corrente liberada na porta do CI não seja aplicada diretamente ao motor, o que poderia queimar o circuito integrado 7474.

O CI ULN2003 (Figura 17.2) é um driver muito utilizado no comando de motores de passo.

FIGURA 17.2
ULN2003.

Fonte: Acervo dos autores.

A ligação do motor de passo pode ser vista na Figura 17.3, na qual o driver ULN2003 está conectado ao motor junto a uma fonte de 12Vcc.

Na figura, existe a indicação "saída do circuito integrado", que é, na verdade, a conexão com o circuito de deslocador em anel, substituindo os LEDs (Figura 17.3) pela ligação nas entradas 1, 2, 3 e 4 do ULN2003.

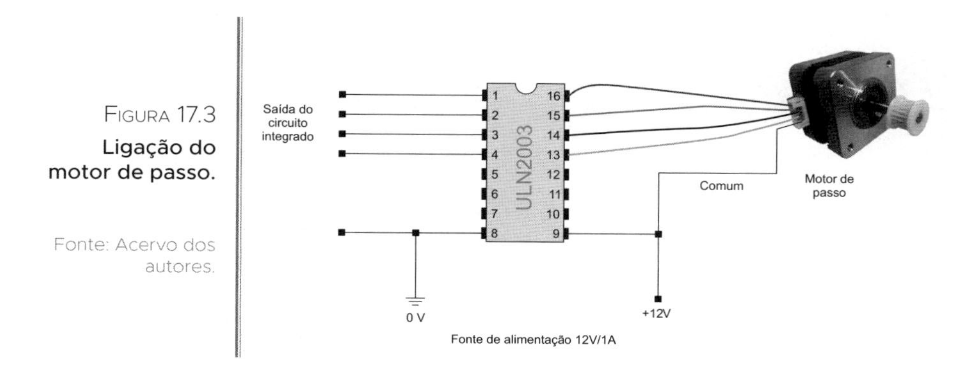

FIGURA 17.3 **Ligação do motor de passo.**

Fonte: Acervo dos autores.

EXERCÍCIOS PROPOSTOS

1 Quantos bits são necessários para controlar um motor de passo?

2 A ação de qual componente é substituída por um driver no controle do motor de passo?

3 Qual circuito lógico deve ser o controlador do motor de passo?

4 Para aumentar a velocidade do motor, o que é preciso aumentar e ajustar no controlador?

Para uma melhor compreensão do conteúdo apresentado, acesse e acompanhe os vídeos[1] referentes a este capítulo. Entre no site da Alta Books (www.altabooks.com.br) e procure pelo título ou ISBN da obra.

1 Vídeos produzidos e editados pelos autores. A editora Alta Books não se responsabiliza pelos conteúdos oferecidos e/ou disponibilizados nesta obra.

SIMPLIFICAÇÃO DE CIRCUITOS DIGITAIS 18

Quando vamos montar um circuito digital para atender a determinada função ou aplicação na eletrônica, existem algumas ferramentas importantes para que o circuito final seja o mais simplificado possível, viabilizando o uso de componentes e circuitos integrados.

- Expressão booleana
- Mapa de Karnaugh
- Definição dos circuitos integrados

EXPRESSÃO BOOLEANA

A expressão booleana é uma ferramenta importante para a realização de projetos de circuitos digitais, utilizada para definir as portas lógicas que deverão ser empregadas no circuito.

Ela é extraída a partir da expressão da tabela verdade do circuito inicial, que dependerá de como o sistema vai funcionar para atender a determinada necessidade.

Vamos tomar como exemplo o circuito de um alarme residencial, projetando-o desde o início até chegarmos à definição dos circuitos integrados que serão necessários.

Temos dois sensores de porta que funcionam sempre com os contatos fechados. Os sensores são do tipo magnético e mantêm-se fechados quando o ímã se encontra próximo a eles, mas quando a porta é aberta, o ímã se separa dos sensores e os contatos se abrem.

Vamos considerar que, quando aberto, o sensor representa o bit 0 (zero) e, quando fechado, representa o bit 1 (um).

Assim, quando a porta for aberta, o valor digital será zero (nível baixo), e a sirene deverá tocar.

Devemos pensar também na colocação de uma chave liga e desliga para o sistema do alarme. Essa chave ligará o sistema quando o contato dela estiver fechado, neste caso, na posição 1 (nível alto), e quando for aberto, ou a chave desligada (nível baixo), o alarme também será desativado. Estando desligado, qualquer sensor que seja acionado não disparará a sirene.

As variáveis serão indicadas por letras:

A = sensor magnético da sala

Porta fechada = 1

Porta aberta = 0

B = sensor magnético da cozinha

Porta fechada = 1

Porta aberta = 0

C = chave liga e desliga

Ligado = 1

Deligado = 0

S = sirene

Disparada = 1

Silenciosa = 0

A tabela verdade do funcionamento do alarme é mostrada na Figura 18.1, e nela é possível visualizar todas as oito possibilidades em que o alarme deverá ou não funcionar.

Dessa forma, a tabela verdade demonstra todas as situações possíveis para o disparo da sirene.

A variável C é a chave liga e desliga, portanto define se a sirene dispara. No caso em que estiver na posição desligada (0), mesmo que o sensor seja aberto, ela deve impedir o funcionamento da sirene.

Portanto, nas situações em que a variável C apresentar "zero", o resultado da variável S (sirene) deverá ser "zero" também.

FIGURA 18.1
Tabela verdade do alarme.

Fonte: Acervo dos autores.

POSSIBILIDADES	A	B	C	S
0	0	0	0	0
1	0	0	1	1
2	0	1	0	0
3	0	1	1	1
4	1	0	0	0
5	1	0	1	1
6	1	1	0	0
7	1	1	1	0

Temos, então, a condição ativa, ou de nível alto, nas situações 1, 3 e 5, ou seja, os casos em que a sirene deverá tocar.

Porém é preciso extrair a expressão booleana da tabela verdade, colocando um barrado em cima da letra quando a condição for zero.

Para a situação 1 da tabela verdade, temos:

$$S = A + B + C$$

Os sensores A e B estão abertos, e a chave C está ligada, então a sirene deve tocar.

Para a situação 3 da tabela verdade, temos:

$$S = \bar{A} + B + C$$

O sensor A está aberto e o B está fechado, ou seja, houve a violação apenas do sensor A e a chave C está ligada, portanto, a sirene também deve tocar.

Para a situação 5 da tabela verdade, temos:

$$S = A + B + C$$

O sensor A está fechado, mas o B está aberto, ou seja, houve a violação apenas do sensor B e a chave C está ligada, portanto, a sirene também deve tocar.

Você deve ter notado que os traços em cima das letras, ou variáveis, A, B e C representam que elas estão em níveis baixos, ou em 0V.

No circuito, isso representa que se o sensor estiver aberto, a tensão não estará sendo aplicada nos terminais do circuito integrado (CI) das portas lógicas, mas na condição em que não estiver o traço ou barrado em cima da letra, significa que o sensor está em nível 1, ou fechado, para a aplicação de 5V nos terminais do CI.

Após descrevermos a expressão booleana, devemos montar o circuito referente à expressão, utilizando as portas lógicas.

A expressão booleana final será:

$$S = (A \times B \times C) + (A \times B \times C) + (A \times B \times C)$$

O circuito da expressão é visto na Figura 18.2, e cada porta lógica encaixa-se em uma parte do circuito.

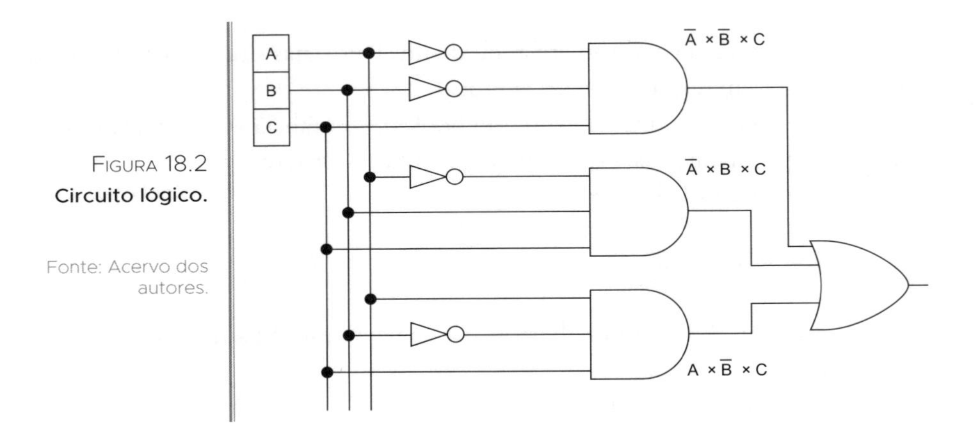

FIGURA 18.2
Circuito lógico.

Fonte: Acervo dos autores.

As portas inversoras são ligadas onde houver o traço em cima da letra.

As portas E são utilizadas para unir as variáveis agrupadas com o sinal de multiplicação ou ponto, por exemplo: A × B × C.

A porta OU é usada para agrupar todo o circuito no final, já que representa a somatória de toda a expressão.

No entanto, se formos empregar todas as portas lógicas indicadas pelo circuito, ele ficará muito extenso. Dessa forma, podemos simplificar o circuito utilizando o mapa de Karnaugh.

MAPA DE KARNAUGH

Este mapa (Figura 18.3) permite-nos preenchê-lo de acordo com os dados contidos na expressão booleana para que façamos o agrupamento, assim obtendo uma nova expressão mais simplificada e, a partir daí, montarmos o circuito com as portas lógicas.

Como estamos trabalhando com três variáveis, o mapa será composto por oito campos para preenchimento devido ao fato de que teremos oito possibilidades da tabela verdade:

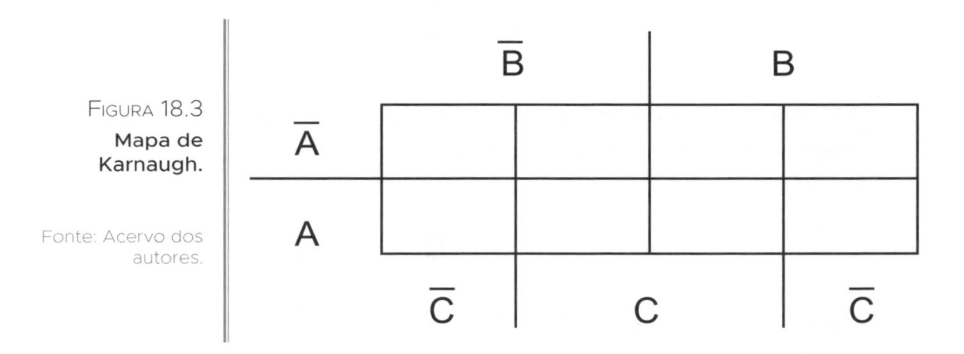

FIGURA 18.3
Mapa de Karnaugh.

Fonte: Acervo dos autores.

No mapa de Karnaugh, você vai encaixar cada parte da expressão nos quadrados (Figura 18.4) que se situam nas colunas e nas linhas de cada letra com ou sem barra.

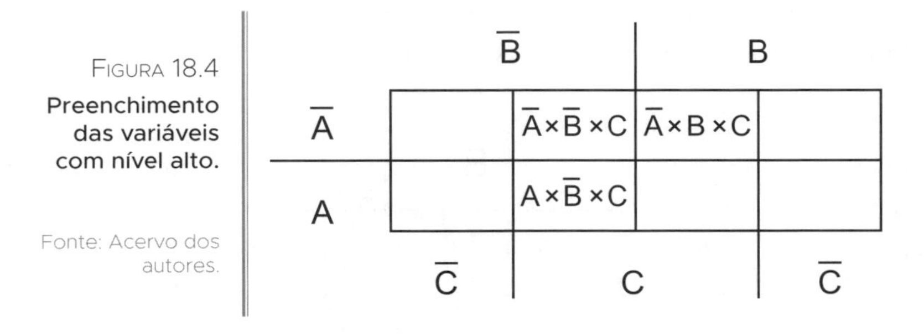

FIGURA 18.4
Preenchimento das variáveis com nível alto.

Fonte: Acervo dos autores.

Os quadrados que corresponderem ao resultado 1, que será o toque da sirene, deverão ser preenchidos com o numeral 1; já os resultados das possibilidades da tabela verdade que forem "zeros", deverão ser preenchidos com 0.

Nos locais onde as expressões que tiveram resultado igual a “1”, ou nível alto, tiverem sido encaixadas (Figura 18.5), é preciso colocar o numeral 1.

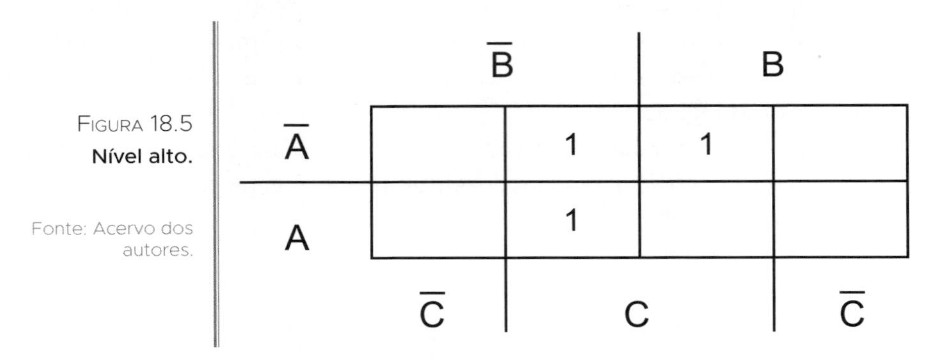

FIGURA 18.5
Nível alto.

Fonte: Acervo dos autores.

Os espaços que tiveram o resultado igual a zero devem ser preenchidos com o respectivo numeral, conforme a Figura 18.6.

	$\overline{B}$		B	
	$\overline{C}$	C	C	$\overline{C}$
$\overline{A}$	0	1	1	0
A	0	1	0	0

FIGURA 18.6
Preenchimento total do mapa.

Fonte: Acervo dos autores.

Após o preenchimento, é preciso circular (Figura 18.7) os resultados iguais a “1”, formando pares e, a partir daí, extrair uma nova expressão booleana.

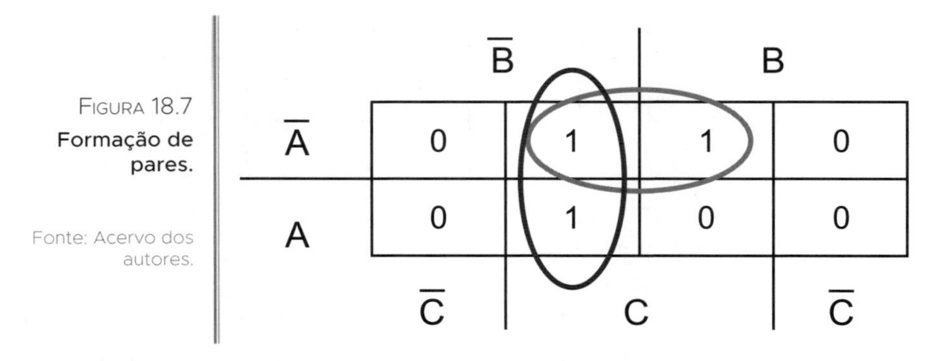

FIGURA 18.7
Formação de pares.

Fonte: Acervo dos autores.

Desse modo, teremos um círculo dentro de B e C e outro dentro de A e C. A expressão simplificada será:

$$S = B \times C + A \times C$$

Após obter a expressão booleana novamente, mas simplificada, veremos que o novo circuito da Figura 18.8 está bem mais reduzido, comparado ao da Figura 18.2.

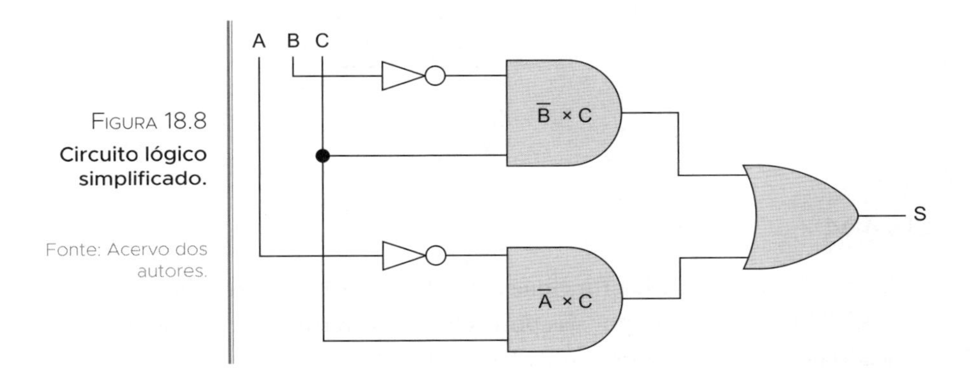

FIGURA 18.8
Circuito lógico simplificado.

Fonte: Acervo dos autores.

DEFINIÇÃO DOS CIRCUITOS INTEGRADOS

Para montar este circuito, vamos utilizar três circuitos integrados que são compostos por portas lógicas.

O circuito simplificado é formado por duas portas E, duas portas inversoras e uma porta OU.

Os CIs serão apresentados a seguir.

18.3.1 CI 7408

Ele pertence à família TTL e funciona com alimentação contínua de 5V.

O 7408 é composto por quatro portas lógicas E e cada pino é identificado no datasheet, mostrado na Figura 18.9.

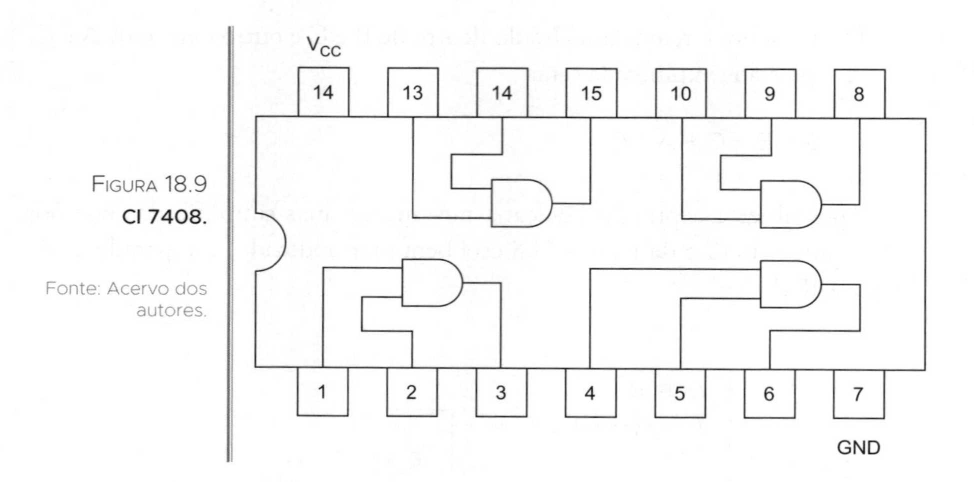

FIGURA 18.9
CI 7408.

Fonte: Acervo dos autores.

CI 7404

Pertence à família TTL e funciona com alimentação contínua de 5V.

O 7404 é composto por seis portas lógicas inversoras e cada pino é identificado no datasheet, mostrado na Figura 18.10.

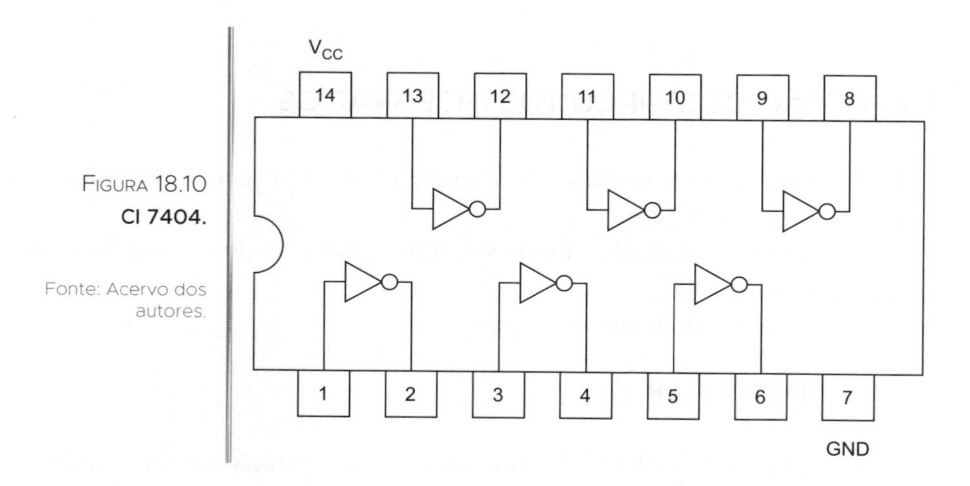

FIGURA 18.10
CI 7404.

Fonte: Acervo dos autores.

CI 7432

Pertence à família TTL e funciona com alimentação contínua de 5V.

O 7432 é composto por quatro portas lógicas OU e cada pino é identificado no datasheet, mostrado na Figura 18.11.

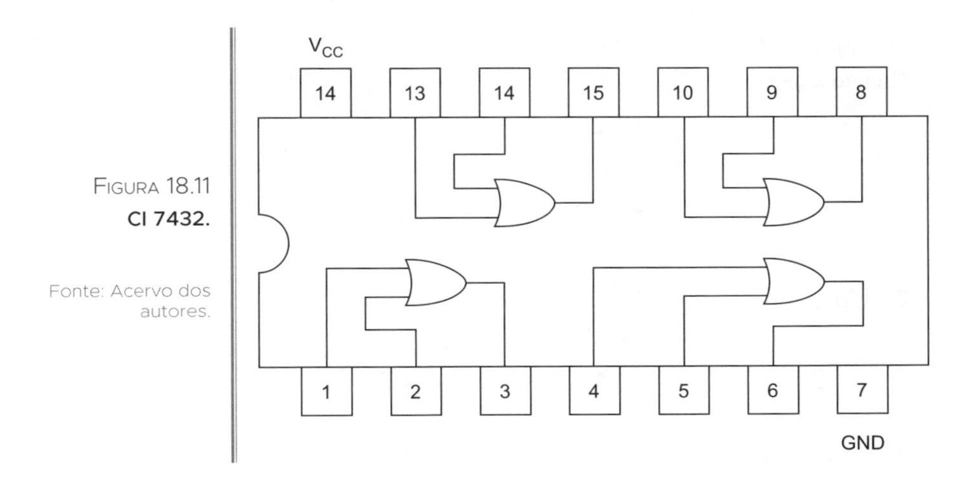

Figura 18.11
CI 7432.
Fonte: Acervo dos autores.

O circuito montado é apresentado na Figura 18.12 com os cabos nos pinos dos circuitos integrados, resistores, sensores, chave liga e desliga e LED.

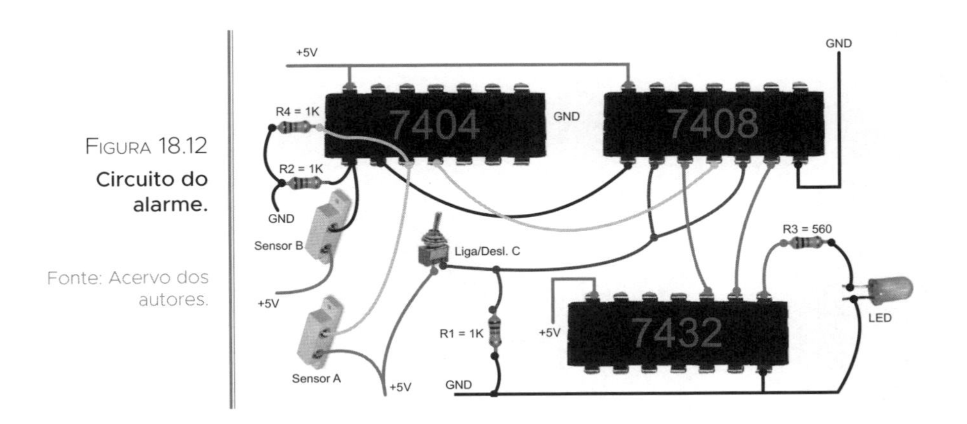

Figura 18.12
Circuito do alarme.
Fonte: Acervo dos autores.

EXERCÍCIOS PROPOSTOS

1 Elabore a expressão booleana do circuito da Figura 18.13.

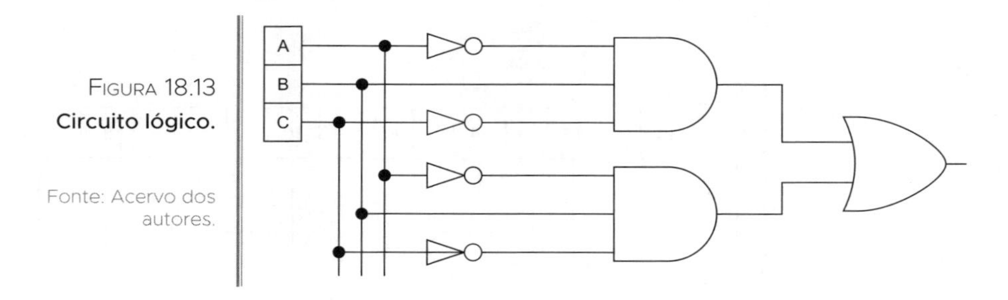

FIGURA 18.13
Circuito lógico.

Fonte: Acervo dos autores.

2 Utilizando o mapa de Karnaugh, simplifique a expressão abaixo:

$$S = \overline{A} \times \overline{B} \times C \quad \overline{A} \times B \times \overline{C} \quad \overline{A} \times B \times \overline{C} \quad \overline{A} \times B \times C$$

3 Faça o esquema de portas lógicas do exercício 2.

4 Indique as portas lógicas que deverão ser utilizadas para a montagem do circuito do exercício 2.

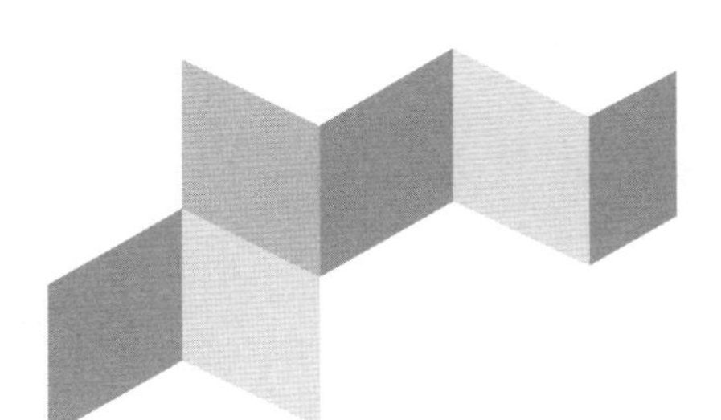

RECAPITULANDO

Nesta parte, você conheceu os componentes mais utilizados em eletrônica digital, suas características e suas funções em um circuito.

Parte 3

IoT E A INDÚSTRIA 4.0 COM A PLATAFORMA ARDUINO

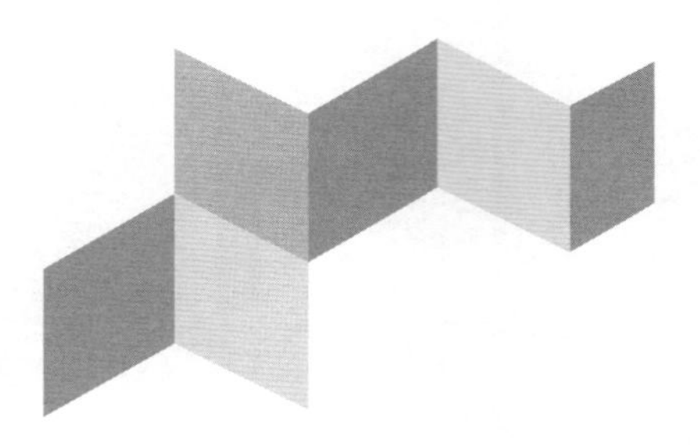

Agora que temos o conhecimento dos componentes mais utilizados na eletrônica analógica e digital, chegou o momento de aprofundarmos nossos estudos e aplicá-los à Internet das Coisas (*Internet of Things – IoT*) e à Indústria 4.0.

Você já pensou em conectar objetos pela internet? Ou então realizar a leitura de dados de alguma máquina a longa distância?

Chegou o momento de aprender como enviar e receber dados de seu projeto pela internet, podendo, por exemplo, ter a opção de utilizar esses dados para análises gerenciais de uma linha de produção.

Você deve estar se perguntando: como isso é possível de uma forma simples e funcional?

A resposta é simples: vamos utilizar como base para as aplicações a plataforma Arduino.

Já pensou em programar um microcontrolador?

Para isso, vamos aprender como utilizar a plataforma Arduino Uno, desvendar seu hardware e realizar sua programação, aplicando os estudos a projetos IoT e à Indústria 4.0.

19 IOT E A INDÚSTRIA 4.0

Internet das Coisas (*Internet of Things – IoT*) é um termo muito utilizado atualmente no seguimento tecnológico, sendo aplicado em diversos setores, como mostra a Figura 19.1. Muitos equipamentos já têm em seu hardware módulos embarcados de conexão com a internet, alguns exemplos são televisores, automóveis, lâmpadas, relógios, ferramentas e aparelhos hospitalares.

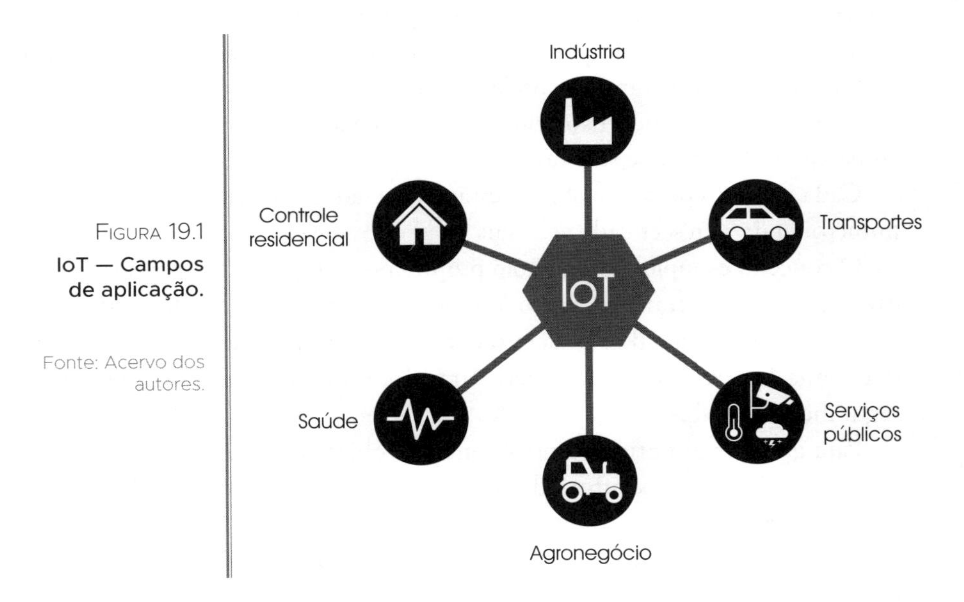

FIGURA 19.1
IoT — Campos de aplicação.

Fonte: Acervo dos autores.

O princípio é conectar os objetos de modo que eles possam se comunicar e realizar a troca de informações.

Podemos tanto receber ou enviar dados para um determinado objeto. Dessa forma, como exemplo, podemos citar um smartphone coletando e enviando informações para uma máquina (objeto), como na Figura 19.2.

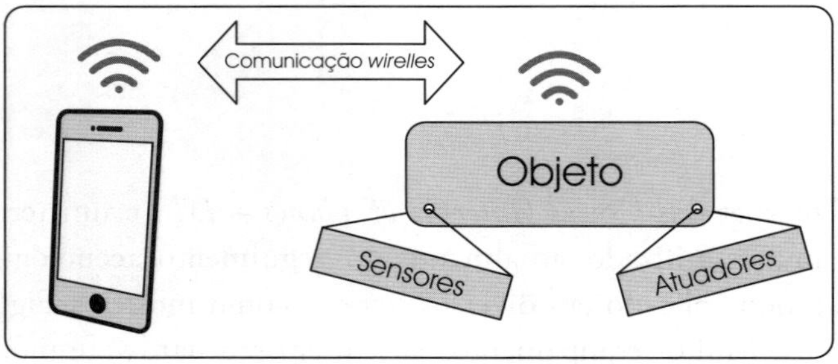

FIGURA 19.2
IoT — Conexão entre objetos e smartphones.

Fonte: Acervo dos autores.

Nesse exemplo, a máquina pode ter sensores para coletar os dados e enviar para o smartphone. A parte interessante é que essa máquina já pode ter sido projetada para essa finalidade, em outras palavras, na sua concepção, foi estruturada a ideia de o equipamento já ter conectividade para realizar a troca de informações. Mas também podemos aplicar esse conceito em máquinas e equipamentos que ainda não têm essa tecnologia, integrando neles sistemas embarcados, hardware e software.

Cada vez mais pessoas e objetos estão conectados à internet, sendo que esse número tende a crescer cada vez mais.

O conceito é amplo, pois como o próprio nome sugere, Internet das Coisas diz respeito a conectar um objeto à internet. Uma vez conectado, seus dados estão disponíveis na rede e podem ser acessados em qualquer local do mundo que tenha conexão com a internet. Para isso, é muito importante pensar na segurança dos dados.

Para garantir um ótimo controle entre os objetos, é muito importante garantir uma boa infraestrutura da internet que utilizará, evitando lentidão e queda da rede.

No setor industrial, já utilizamos cada vez mais o termo Indústria 4.0, direcionando para a quarta Revolução Industrial. A Figura 19.3 mostra os principais pilares dessa nossa revolução.

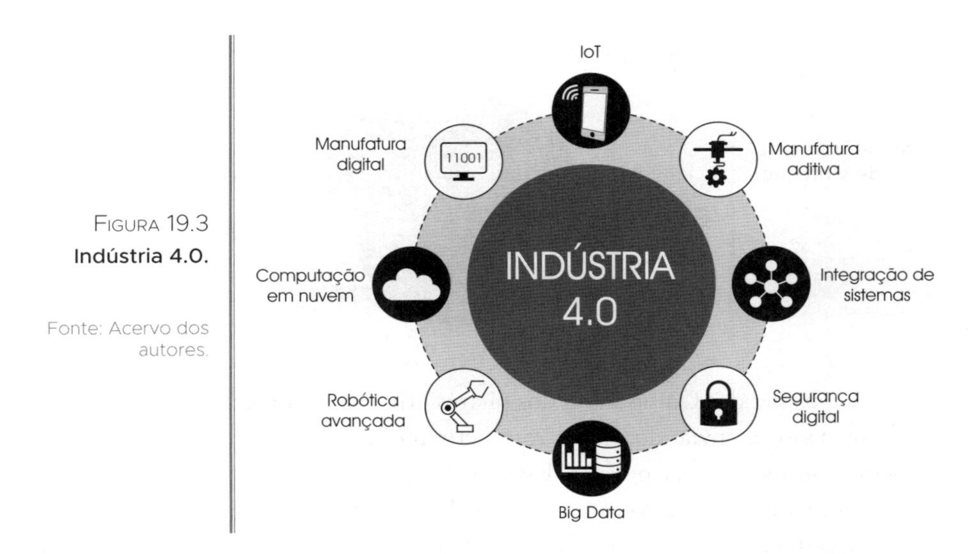

FIGURA 19.3
Indústria 4.0.

Fonte: Acervo dos autores.

As revoluções industriais anteriores tiveram como principais características:

- 1ª Revolução Industrial: Máquina a vapor – Energia mecânica.
- 2ª Revolução Industrial: Produção seriada – Energia elétrica.
- 3ª Revolução Industrial: Robótica e computação – Automação.

A quarta Revolução Industrial tem o objetivo de integrar cada vez mais as pessoas e as máquinas, aumentado a troca de informações e a análise rápida dos dados de produção, garantindo melhor eficiência no processo produtivo.

O acesso aos dados no setor industrial está sendo cada vez mais requisitado, podendo o gestor ou funcionário realizar a tomada de decisões de acordo com as informações recebidas. É possível também que esses dados sejam enviados para um servidor que realiza o gerenciamento e toma as decisões, como enviar alertas de temperatura, ou se alguma máquina está com algum componente fora de seu parâmetro de funcionamento, possibilitando ao setor de manutenção agir sobre o defeito antes de a máquina quebrar, parando a produção e gerando um alto custo para a empresa.

Como exemplo, podemos citar um rolamento de uma máquina (Figura 19.4).

Em suas condições normais de funcionamento, um rolamento deve ter o mínimo de vibração. Podemos utilizar um sensor e realizar o monitoramento desse rolamento. Caso o sensor receba uma vibração fora da tolerância programada, o sistema envia um sinal para a equipe de manutenção.

FIGURA 19.4
Monitoramento de vibração.

Fonte: Acervo dos autores.

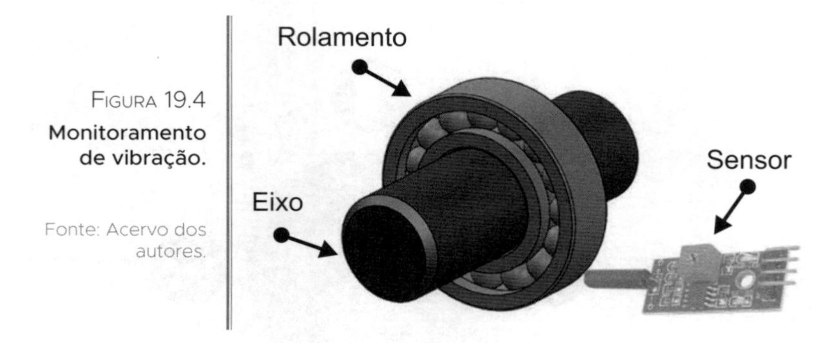

A Internet das Coisas é um dos pilares utilizados na Indústria 4.0, coletando os dados e enviando para a internet para que sejam gerenciados por softwares, ou mesmo por pessoas. Esses dados podem ser enviados também para outras máquinas do setor produtivo, realizando a integração entre os sistemas.

Essa integração da Indústria 4.0 com a IoT vem sendo chamada de Internet Industrial das Coisas (IIoT).

Agora você já está preparado para iniciar seus estudos com a plataforma Arduino. Não perca tempo, vamos ao próximo capítulo.

EXERCÍCIOS PROPOSTOS

1 Quais são os campos de aplicação da Internet das Coisas?

2 Quais foram os grandes acontecimentos que marcaram cada uma das três primeiras revoluções industrias?

3 Qual a diferença entre IoT e IIoT?

4 Quais são os principais pilares da Indústria 4.0?

5 Qual o princípio da Internet das Coisas?

ARDUINO 20

Arduino é uma plataforma de prototipagem com código aberto, baseado em hardware e software para rápido uso, utilizado cada vez mais por inúmeras pessoas no mundo.

As placas Arduino (Figura 20.1) são capazes de realizar a leitura de sinais do mundo externo, por meio de diversos modelos e tipos de sensores que podem ser encontrados facilmente em diversas lojas de eletrônica ou em lojas virtuais na internet. Também podemos utilizá-las para ativar dispositivos de saída, como relés, LEDs, buzzers e displays.

FIGURA 20.1
Placa Arduino UNO.

Fonte: Acervo dos autores.

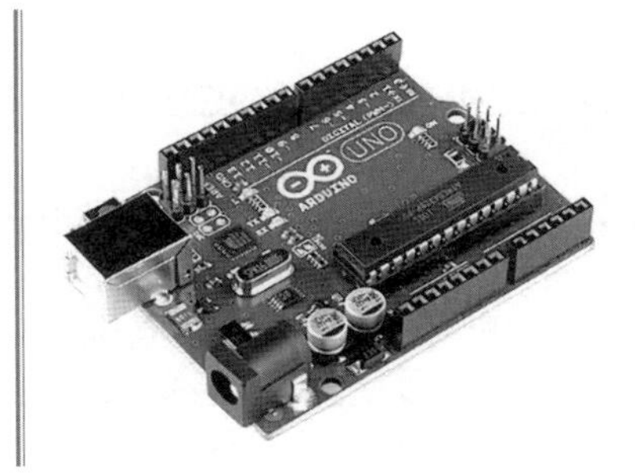

A cada ano que passa, a comunidade Arduino aumenta, com inúmeros projetos que são compartilhados na internet, e isso se deve a sua praticidade de trabalho, fácil programação e ao rápido desenvolvimento de um projeto/protótipo.

Para fazer isso, você usa a linguagem de programação Arduino e o software Arduino IDE (*Integrated Development Environment* – Ambiente de Desenvolvimento Integrado).

A plataforma pode ser utilizada por profissionais, estudantes e amadores, sendo que a sua origem veio do *Interaction Design Institute*, em Ivrea (Itália, 2005), realizando uma grande revolução no mundo da programação de microcontroladores. Atualmente, com o grande sucesso da plataforma, diversas empresas utilizam a ideia de hardware e código aberto, também conhecidos como *open hardware* e *open source*.

O hardware aberto possibilita que estudantes de eletrônica realizem estudos no circuito da placa, utilizando a simbologia dos componentes e analisando seu comportamento no circuito. Já o código aberto possibilita que qualquer usuário da plataforma possa utilizar a IDE de programação sem custos, podendo desenvolver novos projetos ou realizar alteração nos códigos já existentes para testes de equipamentos ou em seu produto final.

Com o grande sucesso das placas Arduino, várias versões foram desenvolvidas, modificando seu hardware. Você, projetista, pode verificar qual o melhor modelo de placa que a ser aplicado em seu projeto. Neste livro, vamos abordar o modelo Arduino Uno Revisão 3.

Nessa nova geração da eletrônica com a plataforma Arduino, é possível que todos os usuários criem códigos e bibliotecas, compartilhando-os com toda a comunidade. Muitas empresas, indústrias, escolas e hobistas já utilizam a plataforma. Agora chegou sua vez, caro leitor, de entrar nesse mundo tecnológico!

MICROCONTROLADOR E MICROPROCESSADOR

A Arduino Uno utiliza o microcontrolador da família Atmel ATmega-328P-PU.

Microcontroladores são CIs (Figura 20.2) que possuem internamente, dentro do mesmo encapsulamento, o processador, as memórias, as portas de entrada e saída e os periféricos. A Figura 20.3 mostra os blocos internos de um microcontrolador, sendo que estes podem variar de acordo com os modelos de cada fabricante.

FIGURA 20.2
CI Microcontrolador ATmega328P-PU.

Fonte: Acervo dos autores.

Atualmente, existem diversas empresas que fabricam microcontroladores. Como alguns exemplos, temos:

- Texas Instruments
- Microchip / Atmel
- STMicroelectronics
- NXP Semiconductors

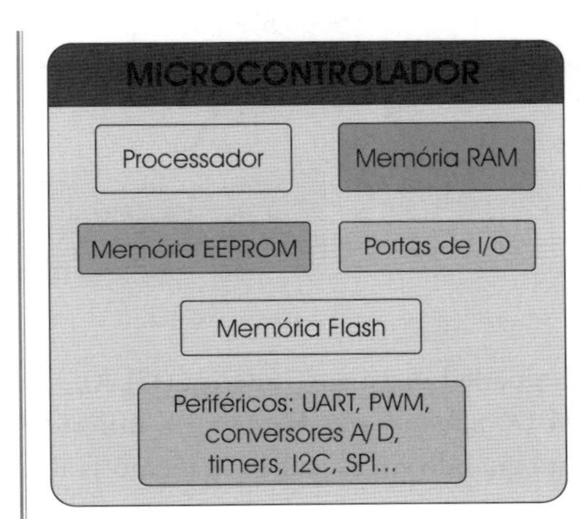

FIGURA 20.3
Microcontrolador interno.

Fonte: Acervo dos autores.

Já os microprocessadores ou processadores (Figura 20.4) são CIs que possuem apenas a unidade lógica aritmética (ULA), sendo que necessitam de outros hardwares trabalhando em conjunto para realizar as funções e serviços programados pelo usuário. A ULA realiza o processamento dos dados digitais — números binários 0 e 1.

FIGURA 20.4
Microprocessador.

Fonte: Acervo dos autores.

Com os hardwares separados (Figura 20.5) é possível ter um processador de alto desempenho e memórias com grande capacidade de armazenamento, sendo possível instalar tranquilamente os sistemas operacionais.

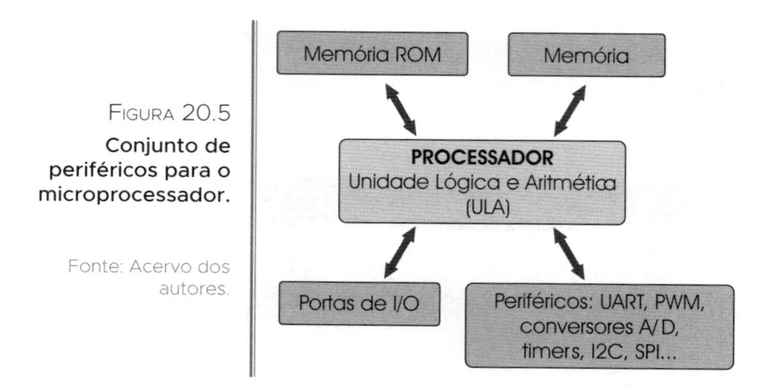

FIGURA 20.5
Conjunto de periféricos para o microprocessador.

Fonte: Acervo dos autores.

- **Processador**: Unidade Lógica e Aritmética (ULA).
- **Memória RAM** (*Random Access Memory*): É utilizada para acesso rápido de escrita e leitura quando em execução. A memória RAM pode ser SRAM ou DRAM:
  - **SRAM** (*StaticRAM*): Guarda os dados somente enquanto estiver energizada. Sem alimentação, os dados são apagados. Maior velocidade em relação à DRAM.
  - **DRAM** (*Dynamic* RAM): Pode ser escrita e apagada quando estiver com alimentação.
- **Memória EEPROM** (*Electrically-Erasable Programmable Read-Only Memory*): Essas memórias têm um alto custo, pois as informações e os dados que foram salvos continuam na memória mesmo sem alimentação. Por isso, damos-lhes o nome de memória não volátil.
- **Memória ROM** (*Read-Only Memory*): Os dados nessa memória são gravados uma única vez pelo fabricante. Essa memória também não perde os dados quando está sem energia, sendo do tipo não volátil. Dessa forma, podemos apenas realizar a leitura dos dados já gravados.
- **Memória Flash**: São memórias de baixo custo, rápidas para leitura de dados. Podem ser reescritas eletricamente e são do tipo não volátil.
- **Portais I/O**: Pinos de entrada e saída de dados.
- **Periféricos**: É o hardware adicional que pode haver em cada modelo de microcontrolador/processador. Nos microcontroladores, os periféricos va-

riam de acordo com seus diversos tipos e modelos fornecidos pelo fabricante, cabendo ao usuário ver o datasheet do componente e verificar se ele possui o periférico desejado para seu projeto.

Após analisar as diferenças, é possível entender que um microcontrolador é um CI com tamanho reduzido, possuindo internamente, no mesmo encapsulamento, vários blocos de hardware. Com isso, a capacidade de velocidade, armazenamento e processamento desses blocos é limitada quando comparado a um microprocessador.

CURIOSIDADES

Na eletrônica, é comum encontramos os termos:

Entrada — *Input* ou apenas *IN*

Saída — *Output* ou apenas *OUT*

EXERCÍCIOS PROPOSTOS

1 O que é a plataforma Arduino?

2 Qual o significado da sigla IDE?

3 Qual o local de origem da placa Arduino?

4 O que significa *Open Source*?

5 Qual é o microcontrolador que a placa Arduino Uno utiliza?

6 Cite três empresas fabricantes de microcontroladores.

7 Explique a diferença entre microcontrolador e microprocessador.

8 O que um microcontrolador possui dentro de seu encapsulamento?

PLACA ARDUINO UNO E SEU MICROCONTROLADOR 21

A placa Arduino Uno possui como principal componente o microcontrolador ATmega328P-PU.

Microcontrolador é um CI que executa a lógica que seu programador desenvolveu. Essa lógica é realizada em um ambiente de programação chamado IDE Arduino.

A Figura 21.1 mostra, em destaque, o ATmega328P-PU. Nas versões convencionais da placa, esse CI é do tipo PTH (*Pin Through Hole*), podendo ser trocado facilmente pelo usuário caso seja necessário, sem ter que adquirir uma nova placa. O CI é encaixado diretamente em um soquete que está soldado na placa. Para retirá-lo, utilize um extrator de CIs para não danificar seus terminais.

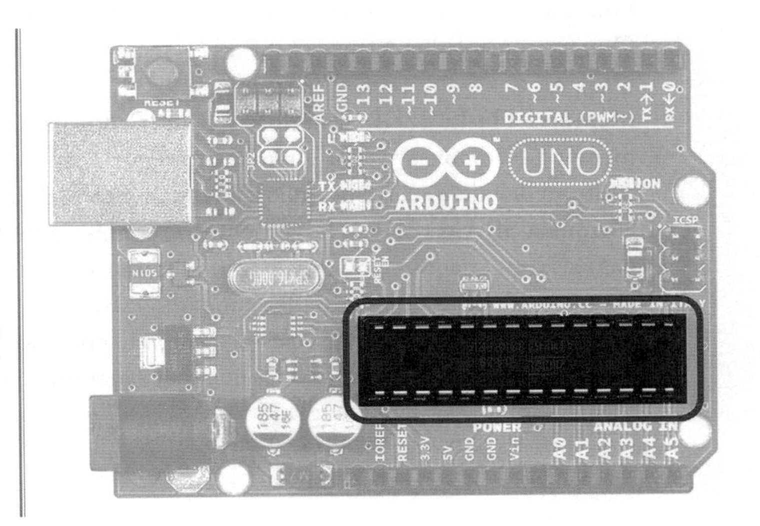

FIGURA 21.1
Microcontrolador PTH.

Fonte: Acervo dos autores.

Caso seja necessário trocar o CI, fique atento para sua posição no momento da troca. Para isso, existe uma marcação no CI para indicar seu pino 1.

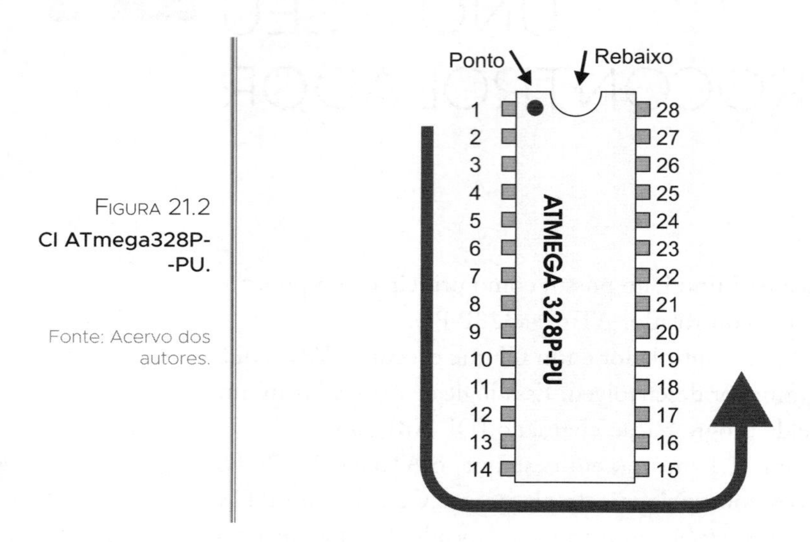

FIGURA 21.2
CI ATmega328P--PU.

Fonte: Acervo dos autores.

É possível verificar na Figura 21.2, ao lado do pino 1, um ponto de marcação que orienta o início da contagem dos pinos do CI. A seta ajuda a mostrar a forma correta de identificar os pinos, sendo que nesse CI temos 14 pinos de cada lado.

Outra forma de identificar o pino 1 do CI é através do rebaixo "meia-lua".

O microcontrolador ATmega328P-PU possui as seguintes memórias:

- **Memória Flash**: 32KB, sendo 0,5KB utilizados para o bootloader. Essa memória é responsável por guardar a programação desenvolvida na IDE Arduino devido à sua velocidade e ao seu tamanho de armazenamento.
- **Memória SRAM**: 2KB. Nessa memória, criamos e manipulamos o valor das variáveis criadas pelo programador durante a execução do código. Essa memória apenas guarda os dados enquanto estiver sendo alimentada.
- **Memória EEPROM**: 1KB. Nessa memória, podemos armazenar dados durante a execução do programa, que serão mantidos mesmo se o microcontrolador estiver sem energia.

Em relação ao seu processamento, ela trabalha em 16MHz. Para isso, a placa utiliza um cristal externo conectado aos pinos XTAL1 e XTAL2. A Figura 21.3 mostra a ligação do cristal ao microcontrolador.

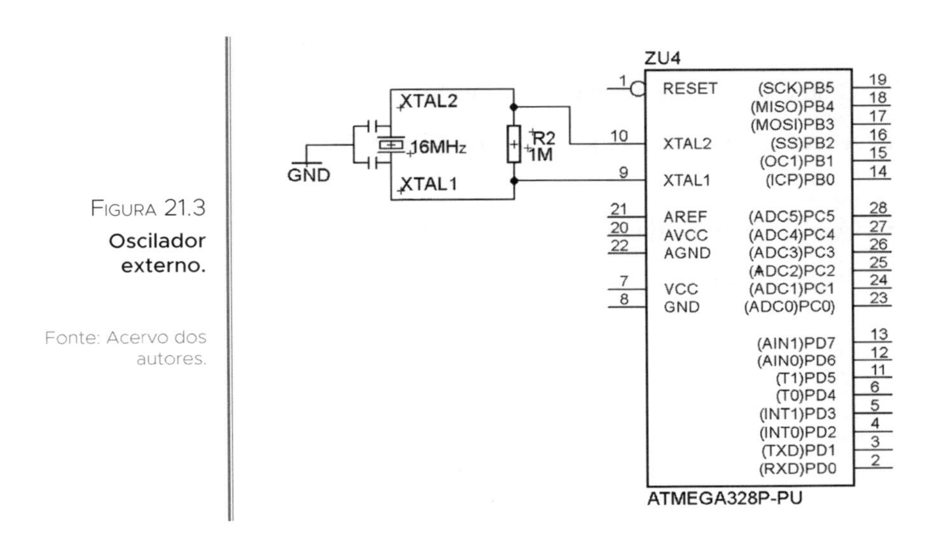

Figura 21.3
Oscilador externo.

Fonte: Acervo dos autores.

CURIOSIDADES

É possível trabalhar com um oscilador interno ao microcontrolador, sendo que ele já está dentro do CI. Dessa forma, o projeto eletrônico se torna mais compacto.

A desvantagem é que esse oscilador, muitas vezes, não é muito preciso, e isso ocorre devido ao aquecimento interno do CI.

EXERCÍCIOS PROPOSTOS

1 Como podemos identificar o pino 1 de um CI?

2 Qual a forma correta para extrair o CI da placa Arduino Uno?

3 Qual é a memória do microcontrolador que armazena o código gravado?

4 A quais pinos do microcontrolador ATmega328P está conectado o cristal externo?

5 Qual o tamanho da memória SRAM do microcontrolador ATmega328P?

6 O que significa a sigla PTH?

HARDWARE — ARDUINO UNO 22

O hardware da placa Arduino Uno foi desenvolvido para que seus usuários iniciantes ou profissionais possam rapidamente colocar seus projetos em funcionamento. Todo o projeto do hardware, o esquemático eletrônico e os arquivos com o desenho da placa estão abertos para que todos possam utilizá-los, podendo, assim, conhecer todo o circuito da placa e realizar testes avançados na parte eletrônica. Para isso, vamos juntos entender o funcionamento do hardware.

ALIMENTAÇÃO DA PLACA

A placa Arduino Uno pode receber energia através de uma fonte externa pelo plugue P4, pelo cabo USB, ou diretamente em seu terminal Power Vin. Para cada uma das três possibilidades, temos que atentar para alguns detalhes.

Quando energizamos a placa, o LED ON (Figura 22.1) acende, sinalizando que a placa está energizada.

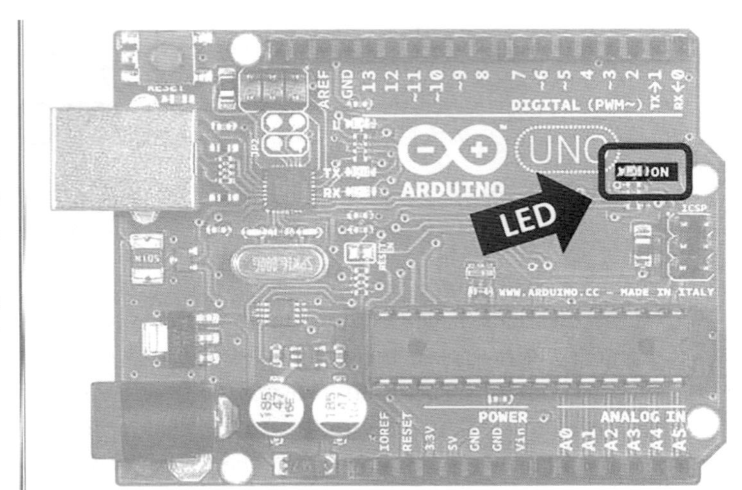

Figura 22.1
LED ON.

Fonte: Acervo dos autores.

- **Alimentação pelo plugue P4**: Na Figura 22.2, podemos visualizar o plugue P4 que pode receber alimentação de uma fonte externa. Essa fonte pode variar de 7Vcc até 12Vcc, sendo essa a faixa de tensão recomendada pelo fabricante.

A placa utiliza um regulador de tensão para garantir que a energia seja regulada para 5Vcc, tensão de operação do microcontrolador. Não podemos aplicar 5Vcc diretamente nesse terminal, pois o CI do regulador possui perdas internas, sendo a tensão mínima recomendada de 7Vcc. Se aplicarmos uma tensão superior a 12Vcc, estaremos trabalhando fora dos parâmetros nominais recomendados pelo fabricante, podendo causar a queima do componente.

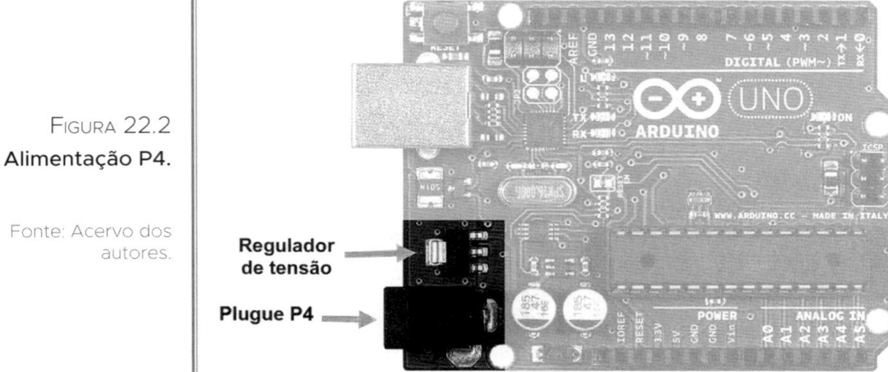

Figura 22.2
Alimentação P4.

Fonte: Acervo dos autores.

Outro fator que devemos observar é a corrente elétrica da fonte, fator este que depende da potência de cada sensor ou atuador que for ligado com a placa. Uma vez que seja somente para energizar a placa, sem nenhum componente adicional, recomenda-se utilizar uma fonte de 12Vcc 500mA.

CURIOSIDADES

As fontes podem ser do tipo chaveada automática ou com chave seletora na entrada de energia 127Vca ou 220Vca. Tome cuidado para não queimar sua fonte.

Para finalizar, é importante saber se a polaridade do plugue P4 que sai da fonte não está invertido.

Existem equipamentos eletrônicos que utilizam diferentes padrões para a pinagem. Na placa Arduino Uno, utilizamos o pino central do conector com o polo positivo e a parte externa, com o polo negativo (Figura 22.3).

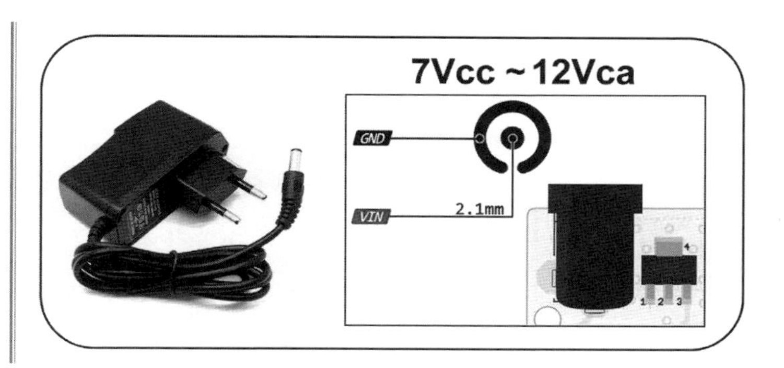

FIGURA 22.3
Polaridade da fonte.

Fonte: Acervo dos autores.

- **Alimentação pelo conector Vin:** O conector Vin (Figura 22.4) é um pino que possui conexão direta com o polo positivo do plugue P4 (pino central). Dessa forma, podemos entrar com alimentação externa pelo pino Vin (polo positivo +) e pelo pino GND (polo negativo -). É importante entender que nunca devemos entrar com uma fonte de energia pelo pino Vin e pelo plugue P4 ao mesmo tempo, pois isso pode gerar um curto-circuito na placa.

FIGURA 22.4
Alimentação pino Vin.

Fonte: Acervo dos autores.

- **Alimentação pelo cabo USB**: a alimentação da placa também pode ser através do cabo USB, conectado diretamente a uma porta do computador, ou a uma fonte USB externa de 5Vcc, como mostra a Figura 22.5.

O padrão do cabo que iremos utilizar é com conectores USB A e USB B (Figura 22.6).

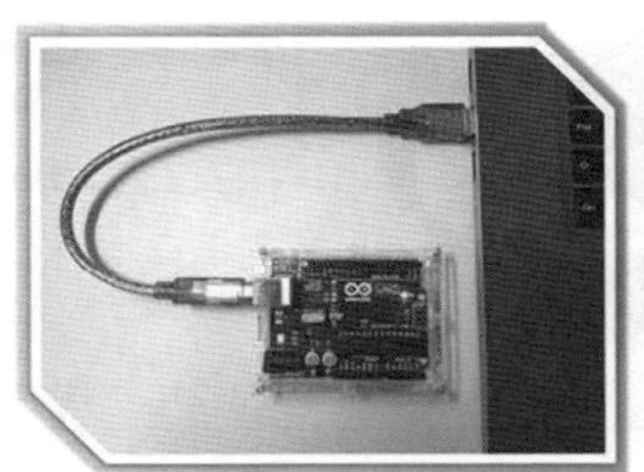

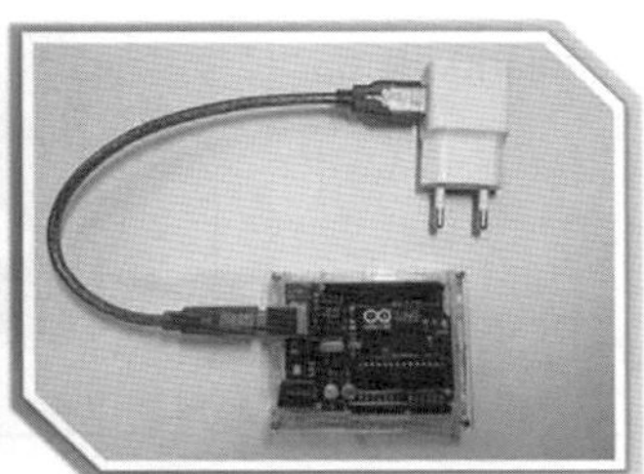

FIGURA 22.5
Alimentação pelo cabo USB.

Fonte: Acervo dos autores.

Figura 22.6
Cabo USB.

Fonte: Acervo dos autores.

Nesse tipo de alimentação pelo computador, precisamos atentar para a corrente elétrica que cada computador disponibiliza em suas portas USB, sendo esta na base de 500mA.

Para energizar somente a placa pelo conector USB B (Figura 22.7), qualquer computador desktop ou notebook tem corrente elétrica suficiente para essa tarefa. O problema começa quando a placa está energizando vários sensores ou atuadores, aumentando, assim, seu consumo, podendo o computador, em alguns casos, não suportar a corrente do circuito e não funcionar corretamente. Muitas vezes, o usuário não imagina que o problema pode ser a falta de corrente elétrica, pensando diretamente que pode ter errado no momento de realizar o código.

Para resolver isso, a primeira dica é utilizar uma fonte externa. Não resolvendo, devemos utilizar uma fonte de alimentação separada da Arduino para os sensores ou atuadores que têm alta potência.

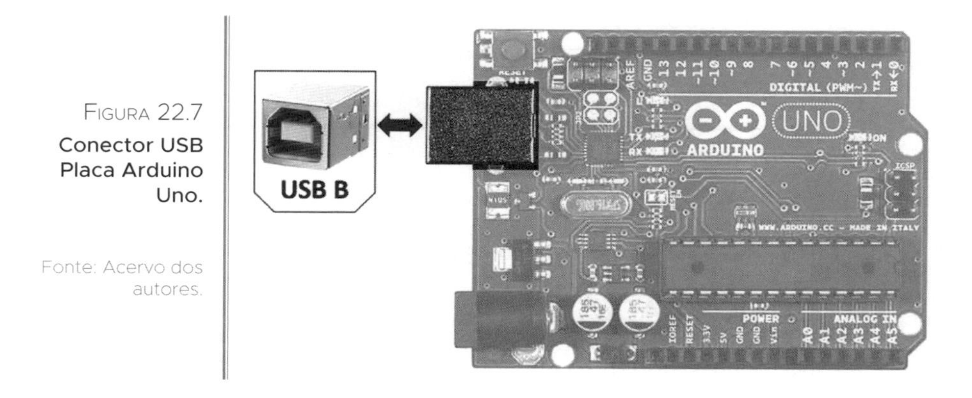

Figura 22.7
Conector USB Placa Arduino Uno.

Fonte: Acervo dos autores.

Uma dúvida que pode surgir é a seguinte: é possível conectar a placa Arduino ao computador pelo cabo USB e, ao mesmo tempo, a placa ser alimentada por uma fonte externa, conforme a Figura 22.8?

A resposta é sim, é possível. A placa Arduino Uno possui um CI comparador de tensão, que tem a finalidade de verificar se a energia está chegando pelo plugue P4/Vin (fonte externa) ou pela porta USB. Quando a alimentação está chegando pelos dois pontos, o comparador dá preferência para utilizar a alimentação da fonte externa. Isso ocorre porque a fonte externa pode ter uma corrente maior do que a liberada pela porta USB do computador.

FIGURA 22.8
Alimentação Arduino Uno.

Fonte: Acervo dos autores.

NOTA

Os cabos USB podem ser encontrados no mercado em diversos tamanhos. Cabos muito longos podem ter perda de tensão e de dados.

CURIOSIDADES

Nas fontes, podemos encontrar as simbologias:

Tensão Alternada

Vac: *Voltage Alternated Current*

Vca: Tensão Corrente Alternada

Tensão Contínua

Vdc: *Voltage Direct Current*

Vcc: Tensão Corrente Contínua

MICROCONTROLADOR ATMEGA328P-PU

O CI do microcontrolador ATmega328P-PU possui 28 pinos, sendo divididos em portas para entrada e saída de sinais, alimentação e pinos de comunicação e transferência de dados. Todos os pinos já possuem uma configuração inicial para funcionamento, sendo que alguns podem ser programados para trocar sua função. Para isso, esses pinos já possuem as funções preestabelecidas pelo fabricante.

É importante entender que não podemos configurar os pinos para realizar qualquer função, pois o fabricante disponibiliza somente algumas opções para cada um deles. Vamos utilizar como exemplo alguns pinos do CI:

- Pino 7 — Vcc: Somente é alimentação do CI.
- Pino 23 — PC0 (ADC0/PCINT8): Este pino faz parte do PORT C do microcontrolador, podendo ser utilizado como entrada/saída digital ou entrada analógica. Neste pino, o fabricante disponibiliza as funções de:
  - ADC0 — Conversor analógico/digital: Utilizado para realizar as leituras analógicas e converter em sinal digital para o microcontrolador.
  - PCINT8 — *Pin Change Interrupts*: É um dos tipos de interrupção que ocorre no momento da mudança do estado desse pino.
- Pinos 8 e 22 — GND.

É possível observar, na Figura 22.9, que o CI é dividido em três ports, sendo eles:

- Port B — PB**x**
- Port C — PC**x**
- Port D — PD**x**

O 'x' representa o número do port.

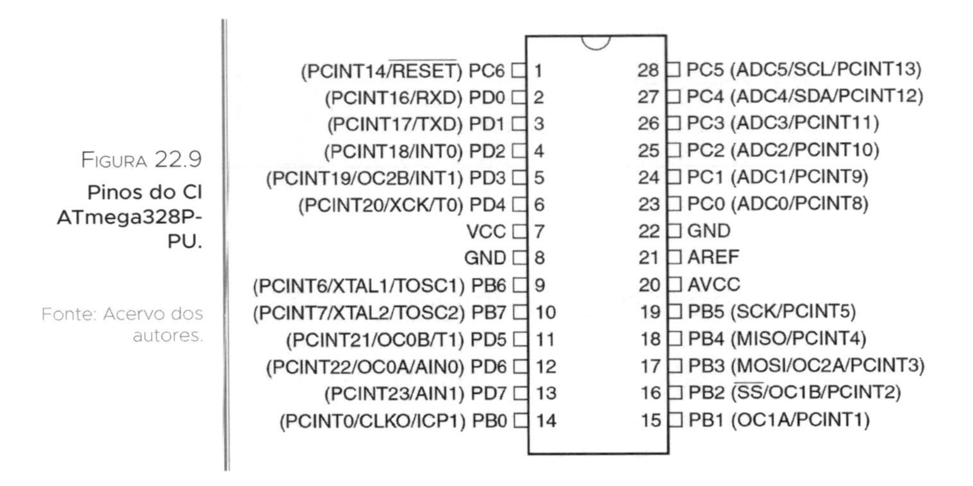

FIGURA 22.9
Pinos do CI ATmega328P-PU.

Fonte: Acervo dos autores.

É recomendado que cada pino que for utilizado como saída não ultrapasse a corrente de 20mA.

Para garantir um bom funcionamento e uma vida longa de trabalho para o seu CI, ele foi dividido em grupos. Como prioridade, não podemos exceder o valor de 150mA para cada grupo:

- Grupo A: A soma das saídas dos ports C0-C5, D0-D4 e reset não deve exceder 150mA.
- Grupo B: A soma das saídas dos ports B0-B5, D5-D7, XTAL1 e XTAL2 não deve exceder 150mA.

PINOS DE ENTRADAS E SAÍDAS

A placa Arduino Uno possui um padrão de numeração para os pinos, sendo que este não é o mesmo utilizado no CI do microcontrolador.

Os pinos de entrada analógica na placa (Figura 22.10) possuem as numerações:

- A0-A1-A2-A3-A4-A5.

A Figura 22.11 mostra a tabela diferenciando a numeração dos pinos analógicos da placa e do CI.

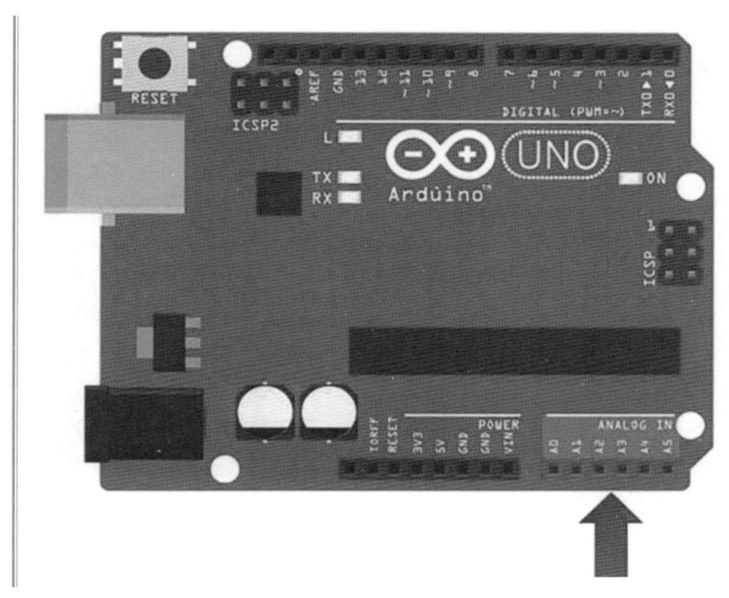

Figura 22.10
Pinos Arduino — ANALOG IN.

Fonte: Acervo dos autores.

Figura 22.11
Tabela de pinos — ANALOG IN.

Fonte: Acervo dos autores.

Pino na placa Arduino UNO	Pino no CI ATmega328P-PU	Port
A0	23	PC0
A1	24	PC1
A2	25	PC2
A3	26	PC3
A4	27	PC4
A5	28	PC5

Na placa Arduino UNO, temos 14 pinos de entrada/saída digital (Figura 22.12), iniciando no pino D0 até o pino D13.

A configuração do pino como entrada ou saída é realizada no código desenvolvido pelo programador.

Uma vez que o pino foi configurado como saída ou entrada, ele não poderá ser alterado durante a execução do código, sendo prioridade respeitar como o hardware foi montado.

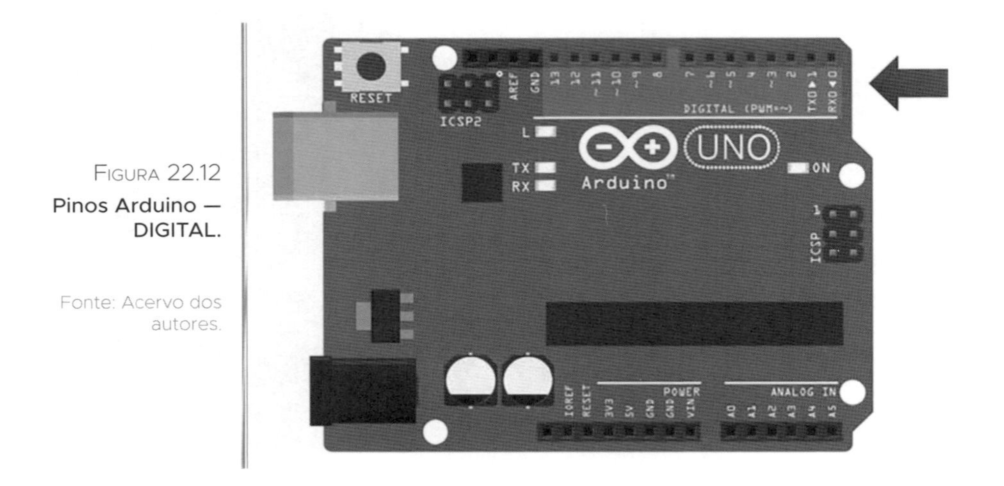

FIGURA 22.12
Pinos Arduino — DIGITAL.

Fonte: Acervo dos autores.

A Figura 22.13 mostra a tabela diferenciando a numeração dos pinos digitais da placa e do CI.

FIGURA 22.13
Tabela de pinos — DIGITAL.

Fonte: Acervo dos autores.

Pino na placa Arduino UNO	Pino no CI ATmega328P-PU	Port
0	2	PD0
1	3	PD1
2	4	PD2
3	5	PD3
4	6	PD4
5	11	PD5
6	12	PD6
7	13	PD7
8	14	PB0
9	15	PB1
10	16	PB2
11	17	PB3
12	18	PB4
13	19	PB5

É importante saber que os pinos ANALOG IN podem ser configurados como entrada ou saída digital, aumentando o número de pinos digitais da placa. Para isso, basta seguir a sequência dos pinos digitais. Veja na tabela da Figura 22.14.

FIGURA 22.14
Tabela de pinos — ANALOG IN — DIGITAL.

Fonte: Acervo dos autores.

ANALOG IN	Numeração para digital
A0	14
A1	15
A2	16
A3	17
A4	18
A5	19

De acordo com a tabela acima, se declaramos no código o pino A0 como 14, ele será utilizado como pino digital, e o mesmo ocorrerá para os demais pinos da tabela.

PINOS DE ENERGIA DA PLACA

A placa Arduino Uno possui um barramento de alimentação power (Figura 22.15) com os pinos:

- 3.3V
- 5V
- GND (2x)
- Vin

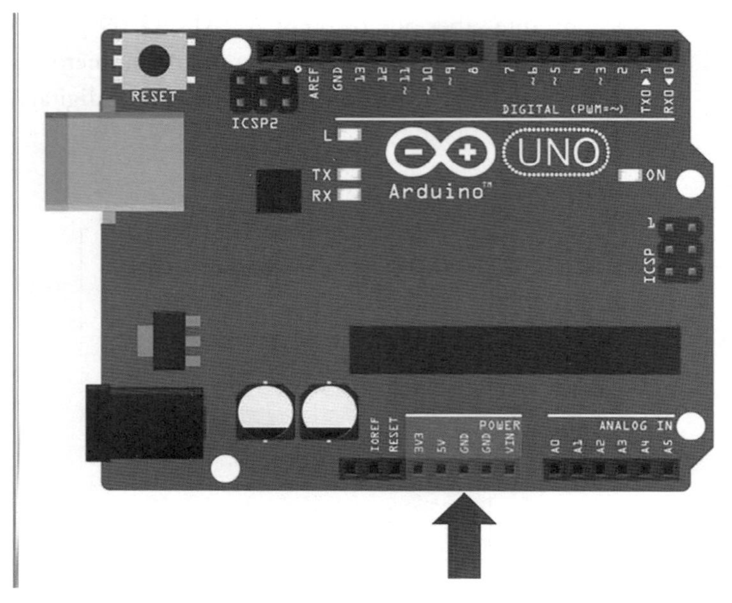

Figura 22.15
Barramento Power.

Fonte: Acervo dos autores.

O pino 3V3 é uma saída de alimentação de 3,3Vcc e 50mA. Sua função é alimentar qualquer sensor ou componente que trabalhe nessa faixa de tensão/ corrente elétrica.

Com o mesmo propósito de aplicação, temos o pino 5V. Esse pino fornece 5Vcc e, no máximo, 1A. Porém parte dessa corrente já é consumida para a alimentação da placa.

Nesse barramento, temos dois pinos GND, um ao lado do outro.

O pino Vin pode ser utilizado para receber alimentação de uma fonte externa e alimentar a placa, como já vimos na seção 22.1, mas também pode ser empregado para que o usuário utilize a tensão que foi inserida no plugue P4 da placa. Se o usuário ligar uma fonte de 12Vcc no pino P4, teremos essa tensão no pino Vin, pois ambos estão diretamente conectados ao circuito. Dessa forma, é possível utilizar a mesma fonte para alimentar outros sensores ou atuadores. Para isso, fique atento à corrente da fonte e do circuito que vai alimentar, sendo que a fonte deve suportar a corrente elétrica da carga que está sendo conectada.

CIRCUITO DE RESET

O microcontrolador da placa pode ser resetado através do botão reset ou pelo pino reset, conforme mostra a Figura 22.16.

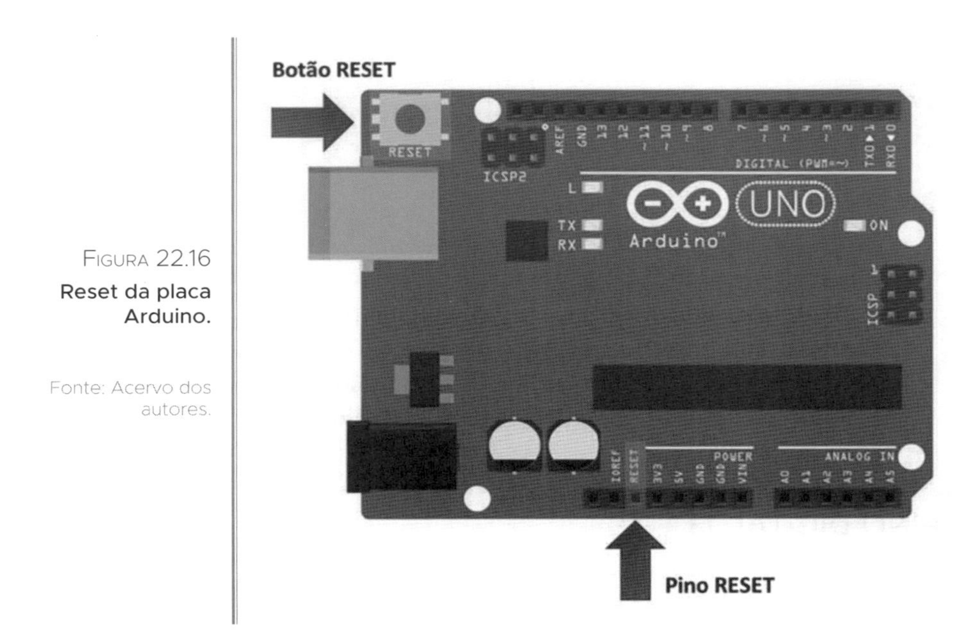

FIGURA 22.16
Reset da placa Arduino.

Fonte: Acervo dos autores.

Na Figura 22.17, podemos visualizar o circuito eletrônico do reset. Quando pressionamos o botão reset, enviamos nível lógico baixo para o microcontrolador, dessa forma, ele reseta a placa. Esse pino sempre está com nível lógico alto, através do resistor de pull-up RN1D de 10KΩ, conforme o esquemático.

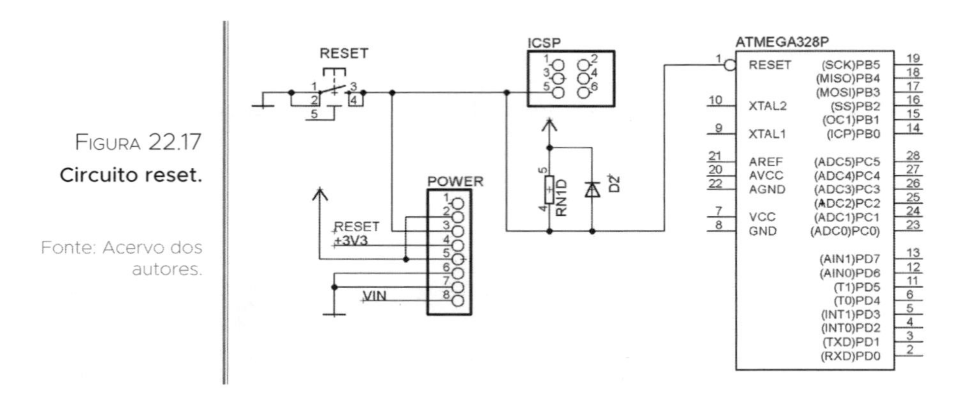

FIGURA 22.17
Circuito reset.

Fonte: Acervo dos autores.

Caso seja necessário, podemos também aplicar GND diretamente no pino reset. Esse procedimento exige um pulso rápido para nível lógico baixo.

É importante entender que muitos microcontroladores possuem uma proteção de alimentação, sendo que se a alimentação do CI for comprometida, chegando a valores baixos críticos, ele será resetado automaticamente.

PINO DIGITAL 13

A placa Arduino Uno já possui um LED ligado diretamente ao pino digital 13, conforme mostra a Figura 22.18. Sua função é facilitar o teste da placa, sem que o usuário precise conectar qualquer componente à placa. Assim, é possível fazer uma rápida programação utilizando esse LED no código e verificar se:

- O programa está sendo enviado para a placa;
- A placa está executando normalmente o programa.

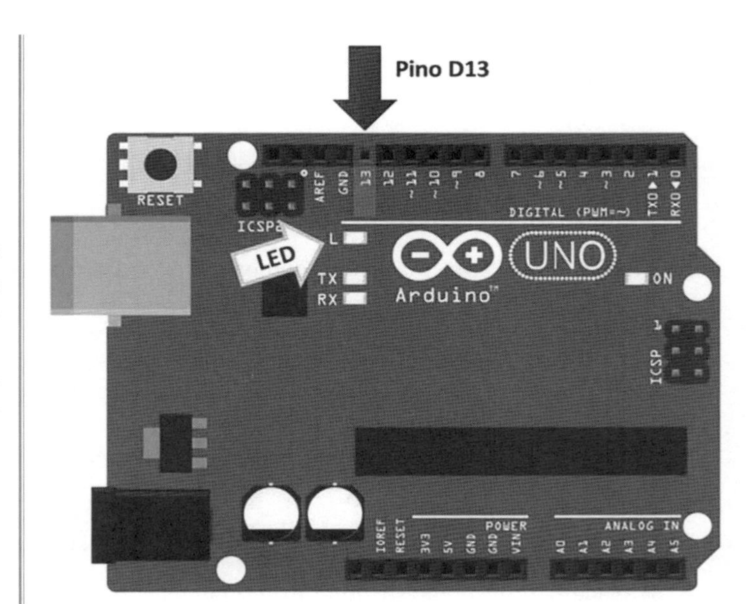

FIGURA 22.18
Reset da placa Arduino.

Fonte: Acervo dos autores.

EXERCÍCIOS PROPOSTOS

1 Quais são as formas de alimentar a placa Arduino?

2 A placa Arduino possui alguma indicação de que está ligada?

3 Qual a tensão mínima que podemos aplicar na placa Arduino utilizando o pino P4?

4 Desenhe o padrão de polaridade correto do conector P4 da placa Arduino.

5 Quantos pinos tem o CI ATmega328P-PU?

6 Quais são os pinos de alimentação do CI ATmega328P-PU que devem ser ligados ao GND?

7 O pino 18 do CI ATmega328P-PU faz parte de qual port?

8 A placa Arduino Uno disponibiliza quantas entradas analógicas?

9 Para acender o LED 13 da placa Arduino, é necessário aplicar nível lógico baixo ou alto em seu pino?

10 Quando pressionamos o botão reset, estamos enviando qual nível de tensão para o microcontrolador resetar?

IDE ARDUINO 23

A IDE Arduino (Figura 23.1) é um software no qual podemos realizar a programação do código, compilá-lo e gravá-lo na placa.

Para facilitar que o usuário rapidamente teste sua placa Arduino, a IDE de programação possibilita diversos exemplos de software e um design gráfico fácil, simplificando a integração do programador com o ambiente de desenvolvimento.

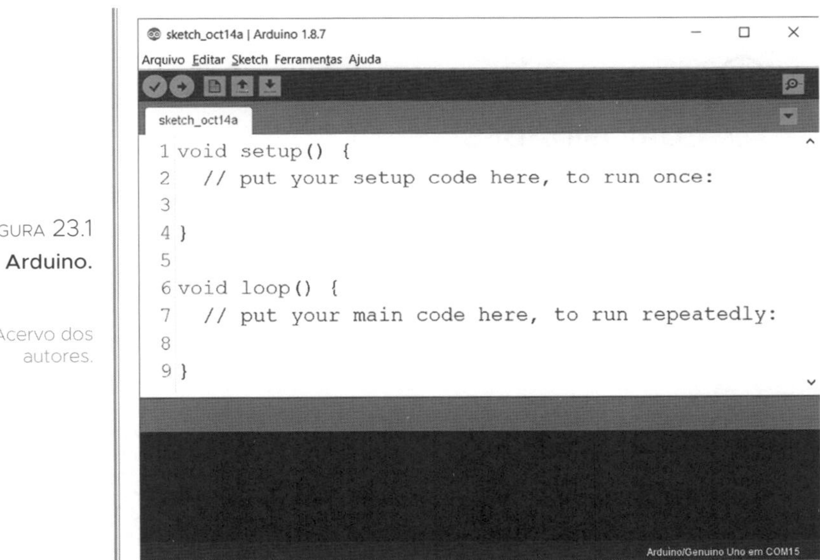

FIGURA 23.1
IDE Arduino.

Fonte: Acervo dos autores.

O software Arduino pode ser baixado através do site https://www.arduino.cc/.

Nele, é possível escolher a versão executável ou a versão com o instalador.

- **Windows Installer**: Instalador para SO Windows. Já instala os drivers durante a instalação. Caso escolha esta opção, faça o download e clique no arquivo para iniciá-la. Siga os passos até finalizá-la.
- **Windows ZIP file**: Arquivo compactado com software executável. Se escolher esta opção, basta fazer o download, descompactar a pasta e clicar diretamente no arquivo executável: arduino.exe.

Existem várias versões de atualização da IDE Arduino, com instaladores para os Sistemas Operacionais Windows, Mac OS X e Linux.

A linguagem utilizada é chamada de *Wiring*, baseada na linguagem C, que é muito utilizada na área de Sistemas Embarcados.

A IDE Arduino já pode ser utilizada online, sem necessidade de instalar o software no computador. Basta entrar no site Arduino e procurar pelo Arduino Web Editor, criar sua conta e começar a desenvolver seus projetos em qualquer local em que haja internet.

CURIOSIDADES

Um programa criado na IDE Arduino é chamado de ***sketch***.

Sketch = esboço

INICIANDO NA IDE ARDUINO

Ao abrir pela primeira vez a IDE, uma pasta com o nome "Arduino" será automaticamente criada no seu computador, geralmente na pasta "Documentos".

Na parte superior do software, temos uma barra de atalho com os comandos mais utilizados (Figura 23.2).

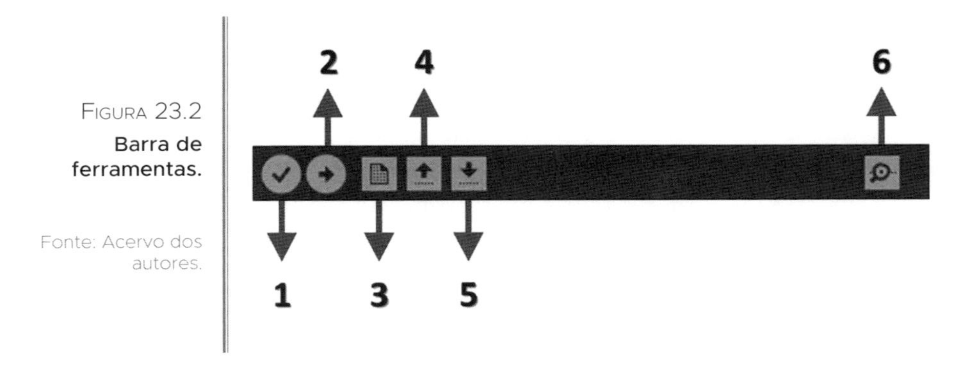

FIGURA 23.2
Barra de ferramentas.

Fonte: Acervo dos autores.

1 ***Verify***: Somente compila o código;

2 ***Upload***: Compila o código e o carrega na placa;

3 ***New***: Cria um novo *sketch;*

4 ***Open***: Apresenta um menu para abrir outros *sketches*;

5 ***Save***: Salva seu *sketch;*

6 ***Serial monitor***: Abre um terminal com a porta Serial configurada;

Também na parte superior da IDE é mostrado o nome do arquivo com o qual estamos trabalhando e a versão da IDE. Caso o arquivo ainda não tenha sido salvo, o programa fornece um nome junto com uma data, como mostra a Figura 23.3.

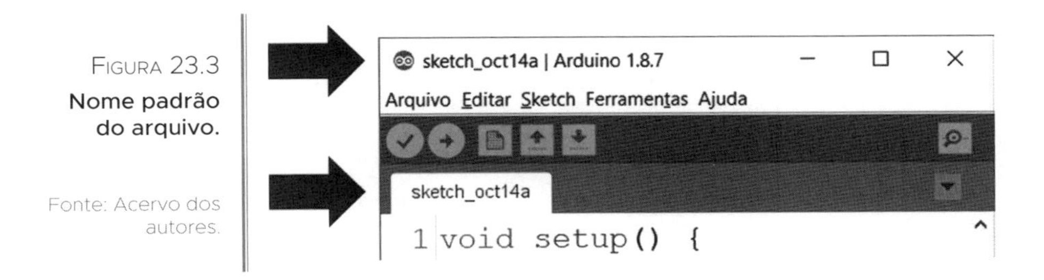

FIGURA 23.3
Nome padrão do arquivo.

Fonte: Acervo dos autores.

Podemos observar, na Figura 23.3, que o nome gerado foi **sketch_oct14a**, uma vez que essa IDE foi aberta no dia 14 de outubro, e sua versão é a 1.8.7. O mesmo nome é mostrado na aba do programa principal.

Após salvar o projeto, esse texto é atualizado para o nome que foi utilizado para salvar o arquivo. A Figura 23.4 mostra que o projeto foi salvo com o nome "Teste_01".

FIGURA 23.4
Nome do arquivo: Teste_01.

Fonte: Acervo dos autores.

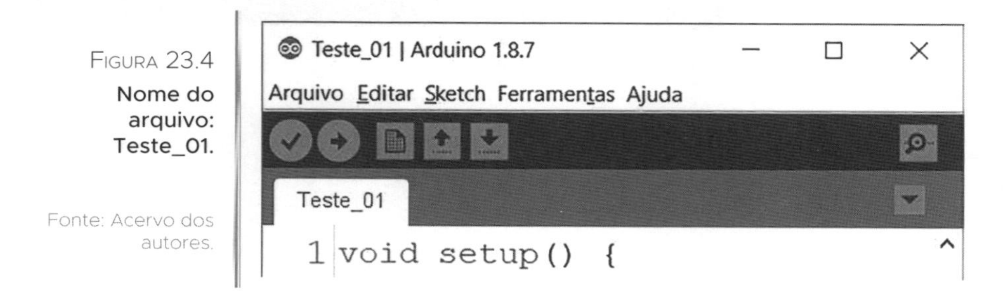

Também temos a barra de menus: Arquivo, Editar, Sketch, Ferramentas e Ajuda. O primeiro item, como mostra a Figura 23.5, é o menu Arquivo.

FIGURA 23.5
Menu: Arquivo.

Fonte: Acervo dos autores.

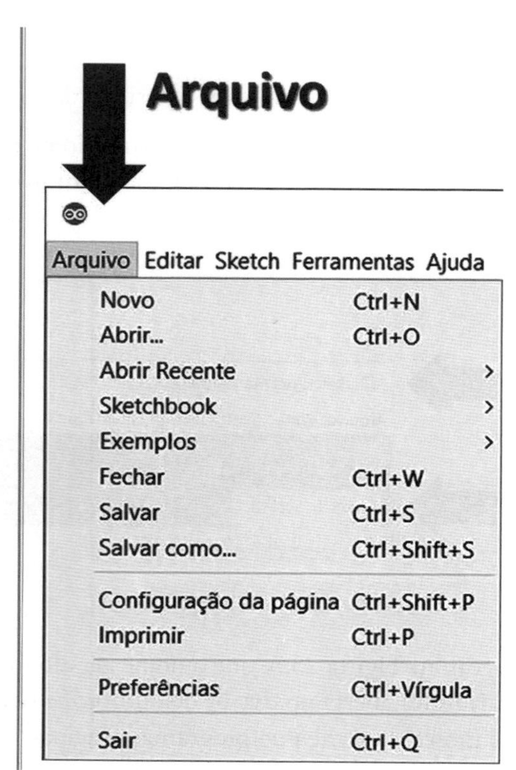

- **Novo (na barra de atalhos)**

  Cria um novo esboço, com as funções setup() e loop().

- **Abrir (na barra de atalhos)**

  Abre uma tela para o programador navegar pelas unidades e pastas do computador para procurar o arquivo *sketch* que deseja carregar.

- **Abrir Recente**

  Mostra uma pequena lista dos esboços que foram abertos recentemente.

- ***Sketchbook***

  Mostra os esboços que foram salvos dentro da pasta criada pela IDE Arduino. É possível alterar o local dessa pasta em: Arquivo → Preferências.

- **Exemplos**

  Mostra os exemplos fornecidos pelo Software Arduino (IDE) e os exemplos que estão nas pastas das bibliotecas.

- **Fechar**

  Fecha apenas a IDE do software Arduino que é clicada. É possível trabalhar com mais de uma IDE aberta simultaneamente.

- **Salvar (na barra de atalhos)**

  Salva o *sketch*. Se for a primeira vez que vai salvar o código, uma janela "Salvar como..." será aberta para inserir o nome do novo arquivo e buscar o local onde ele será salvo.

- **Salvar como...**

  Salva o *sketch* atual com um nome diferente.

- **Configuração da página**

  Abre uma nova janela de configuração da página para realizar a impressão.

- **Imprimir**

  Imprime o esboço atual utilizando as configurações definidas em Configuração da Página.

- **Preferências**

  Abre uma nova janela na qual algumas configurações da IDE podem ser alteradas.

- **Sair**

  Fecha todos os *sketches* abertos da IDE Arduino.

Já o menu Editar (Figura 23.6) tem uma lista de opções para o programador realizar a edição do código escrito.

FIGURA 23.6
Menu: Editar.

Fonte: Acervo dos autores.

- **Desfazer/Refazer**

  Volta uma ou mais etapas que você fez durante a edição. É possível também refazer alguma etapa.

- **Cortar**

  Remove o texto selecionado e o coloca na área de transferência.

- **Copiar**

  Duplica o texto selecionado e o coloca na área de transferência.

- **Copiar para Fórum**

  Copia o código do seu *sketch* para a área de transferência, com um padrão adequado para postar no fórum.

- **Copiar como HTML**

  Copia o código do seu *sketch* para a área de transferência com formato HTML, adequado para utilizar em páginas web.

- **Colar**

  Cola o conteúdo que está na área de transferência na posição atual em que se encontra o cursor.

- **Selecione tudo**

  Seleciona e destaca todo o conteúdo.

- **Vá para a linha...**

  Abre uma caixa para inserir o número da linha que deseja procurar no esboço.

- **Comentar/descomentar**

  Insere ou retira o marcador "//" de comentário das linhas selecionadas.

- **Aumentar/Diminuir indentação (recuo)**

  Adiciona ou subtrai um espaço (tecla Tab) no início de cada linha selecionada, movendo o texto para um espaço à direita ou à esquerda.

- **Aumentar/Diminuir Tamanho da Fonte**

  Aumenta ou diminui o tamanho da fonte do texto.

- **Localizar**

  Abre a janela Localizar e Substituir. Nesta janela, é possível especificar um texto ou uma palavra para ser buscada dentro do *sketch* atual.

- **Localizar próximo**

  Próximo destaque — pesquisa o próximo item configurado na janela Localizar em relação à posição do cursor.

- **Localizar anterior**

  Destaque anterior — pesquisa o item anterior configurado na janela Localizar em relação à posição do cursor.

O menu Sketch, Figura 23.8, tem como principal objetivo compilar e gravar o código na placa.

Compilar o código é o processo de pegar o código escrito pelo programador, conhecido como código-fonte, e realizar um processo de tradução da linguagem, verificando se os comandos do código são reconhecidos pela ferramenta que está realizando a compilação. Se tudo estiver correto, então é gerado o código de máquina (binário), que será utilizado para a gravação no microcontrolador, conforme a Figura 23.7.

Caso o compilador não reconheça algum comando, ele mostrará uma mensagem de erro e o processo de compilação será cancelado.

É importante ter atenção para o modelo da placa que está selecionada na IDE. Isso porque o compilador utilizará como parâmetro os comandos que podem ser utilizados com a placa selecionada. Muitas vezes codificamos para uma determinada placa e, depois, no momento da compilação, a IDE mostra uma mensagem de erro, pois a placa selecionada não aceita esses comandos.

Outro item importante é o programador entender que lógica e compilação são coisas distintas. Você pode querer desenvolver uma lógica para piscar um LED a cada segundo, mas o código foi programado para o LED ligar se alguém pressionar um botão. Se o código estiver escrito corretamente, será compilado sem erros, porém não com o resultado que você esperava pois a lógica não estava correta. Sendo assim, é necessário que o programador desenvolva uma lógica que seja compatível com seu projeto.

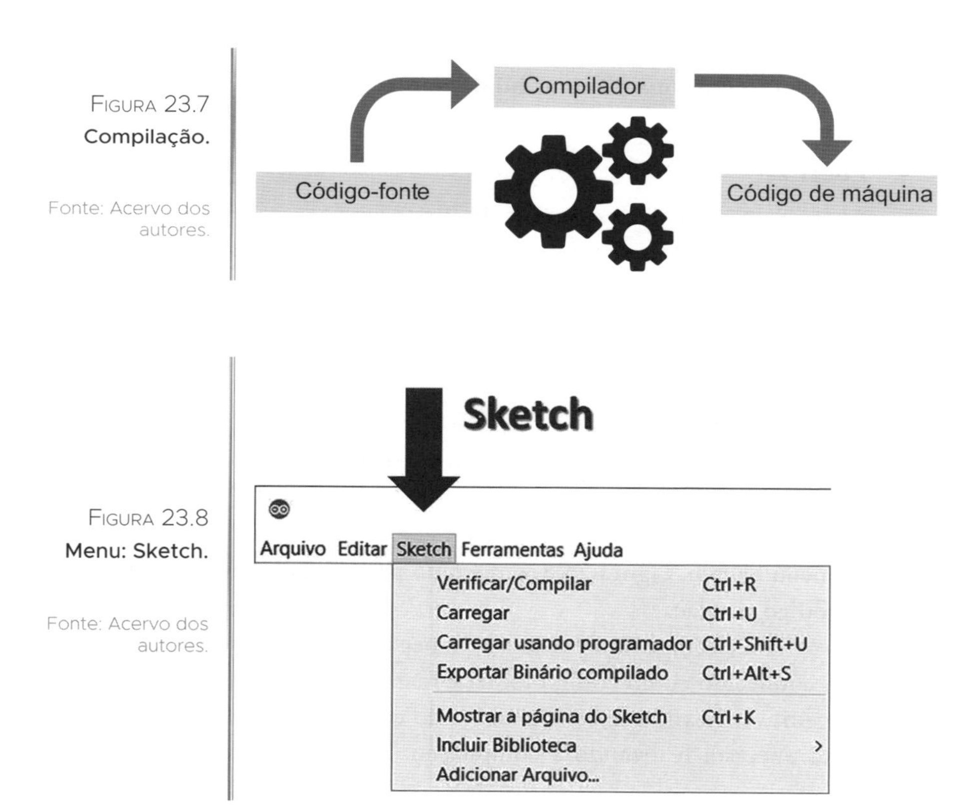

FIGURA 23.7
Compilação.

Fonte: Acervo dos autores.

FIGURA 23.8
Menu: Sketch.

Fonte: Acervo dos autores.

- **Verificar/Compilar (na barra de atalhos)**

  Compila e verifica possíveis erros no código. Com este comando, o código não é gravado na placa.

- **Carregar (na barra de atalhos)**

  Compila e carrega o arquivo binário para a placa configurada. Para que todo o processo de gravação dê certo, é necessário estar atento a outras configurações, como o modelo da placa e a porta serial à qual a placa está conectada.

- **Carregar usando programador**

  Compila e carrega o arquivo binário para a placa configurada utilizando um gravador externo.

- **Exportar Binário compilado**

  Salva um arquivo com a extensão .hex (na mesma pasta do esboço). Esse arquivo pode ser enviado para a placa usando outras ferramentas de gravação, pois o mesmo já foi compilado.

- **Mostrar a página do Sketch**

  Abre a pasta na qual o esboço atual foi salvo.

- **Incluir Biblioteca**

  Adiciona uma biblioteca em seu *sketch*, inserindo **#include** no início do seu código.

- **Adicionar Arquivo...**

  Adiciona um arquivo ao *sketch*. O novo arquivo aparece em uma nova guia na IDE.

No menu Ferramentas, o usuário escolherá qual placa vai utilizar em seu projeto e em que porta serial a placa será conectada ao computador (Figura 23.9).

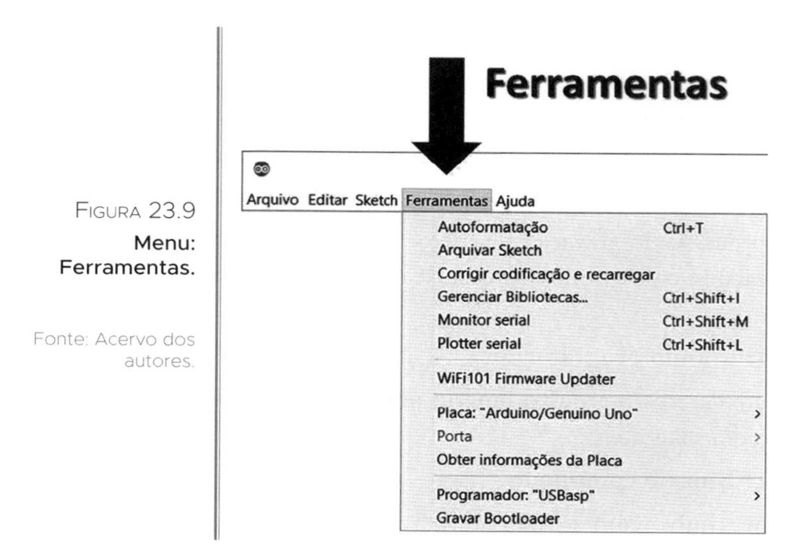

FIGURA 23.9 Menu: Ferramentas.

Fonte: Acervo dos autores.

- **Autoformatação**

  Esta opção formata o seu código inserindo recuo para que a abertura e o fechamento das chaves se alinhem. Um bom programador já utiliza essa técnica automaticamente no momento da escrita do código, facilitando sua formatação.

- **Arquivar Sketch**

  Salva uma cópia do *sketch* atual no formato .zip. O arquivo é inserido no mesmo diretório no qual está o esboço.

- **Corrigir codificação e recarregar**

  Verifica alguns erros no código e faz a correção. Corrige apenas alguns itens simples, como abertura ou fechamento de chaves.

- **Gerenciar Bibliotecas...**

  Abre uma nova janela para gerenciar as bibliotecas. É possível procurar e instalar novas bibliotecas. Caso alguma biblioteca instalada esteja desatualizada, é possível atualizá-la. Obs.: é importante estar conectado à internet.

- **Monitor Serial (na barra de atalhos)**

  Abre a janela do monitor serial e inicia a troca de dados com qualquer placa conectada à Porta Serial configurada. Normalmente a placa reinicia (reset) toda vez que o monitor serial é aberto. Isso ocorre somente se a placa suportar essa opção.

- **Plotter serial**

  Plota na serial um gráfico de acordo com os valores enviados.

- **Placa**

  O programador seleciona a placa que está utilizando. O modelo da placa selecionada é mostrado na parte inferior da direita da IDE (Figura 23.11).

- **Porta**

  Este menu contém todos os dispositivos seriais (reais ou virtuais) em sua máquina. Ele atualiza automaticamente toda vez que você abrir esta janela. Verifique qual é a porta correta que deseja selecionar. O número da porta selecionada é mostrado na parte inferior direita da IDE (Figura 23.11).

- **Obter informações da Placa**

  Uma vez conectada uma placa a seu computador, e configurada a porta de conexão, a IDE mostra as informações da placa.

- **Programador**

  Abre uma lista para selecionar um gravador/programador externo.

- **Gravar Bootloader**

  Grava o *Bootloader* da placa selecionada através do programador externo.

Por fim, o último menu é o Ajuda (Figura 23.10). Neste menu, é possível encontrar algumas soluções caso esteja com algum problema em seu código, como documentos, guias de introdução e referências.

Neste menu, temos alguns itens de ajuda direcionados para as placas Galileo e Edison, como mostra a seleção com a letra "A" na Figura 23.10.

Quase todos os itens deste menu são páginas em HTML que serão abertas em seu navegador padrão.

O último item, "Sobre Arduino", abre uma nova janela mostrando as informações da IDE que você está utilizando.

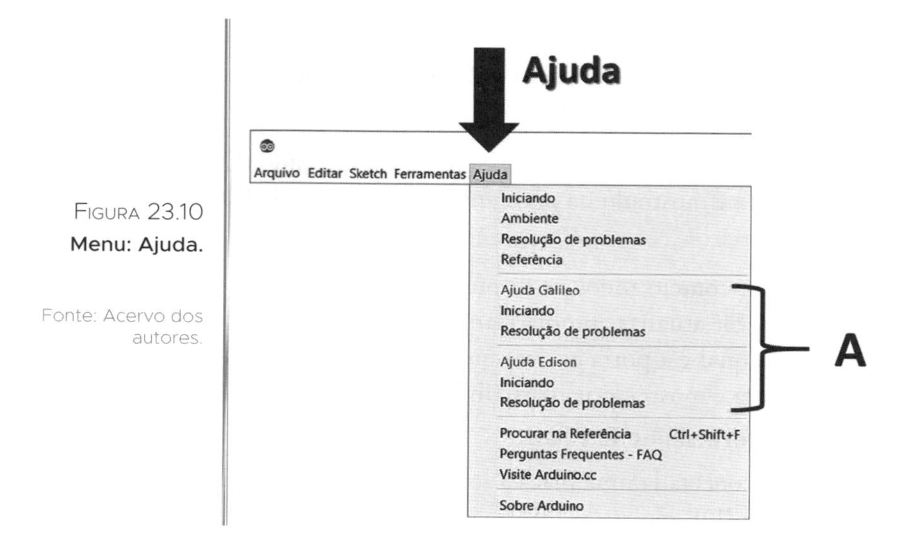

Figura 23.10
Menu: Ajuda.

Fonte: Acervo dos autores.

A Figura 23.11 mostra que, na parte inferior esquerda da IDE Arduino, é possível visualizar o número da linha em que está o cursor do mouse.

Também é possível ver, na parte inferior direita, o modelo da placa que está selecionado e o número da porta serial configurada.

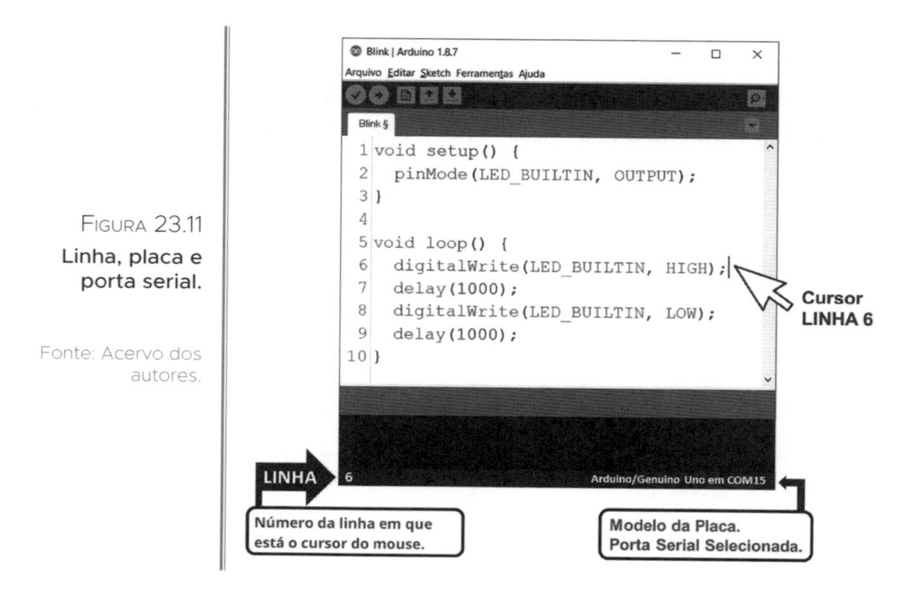

Figura 23.11
Linha, placa e porta serial.

Fonte: Acervo dos autores.

Configurações da IDE

Agora que você já conhece toda a interface principal, é importante saber como alterar algumas configurações para facilitar a interatividade do programador com a IDE.

Essas configurações são acessadas através do menu: Arquivo → Preferências, aba Configurações, conforme a Figura 23.12.

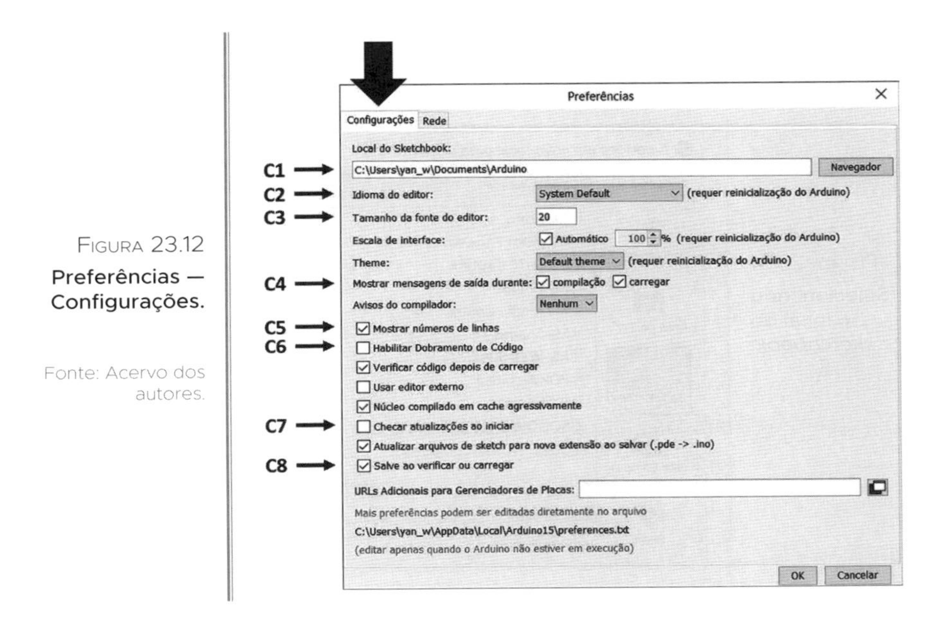

Figura 23.12
Preferências — Configurações.

Fonte: Acervo dos autores.

- **C1 — Local do Sketchbook**: Nesta configuração, o usuário pode alterar o local do diretório onde deseja salvar seus projetos. Sempre que clicar em "Salvar", a pasta escolhida será aberta para que o programador possa salvar seu código. Além disso, sempre que quiser abrir um arquivo desse diretório padrão, basta clicar em Arquivo → Sketchbook, e essa pasta será aberta.

Para alterar a pasta, clique em "Navegador", conforme a Figura 23.13.

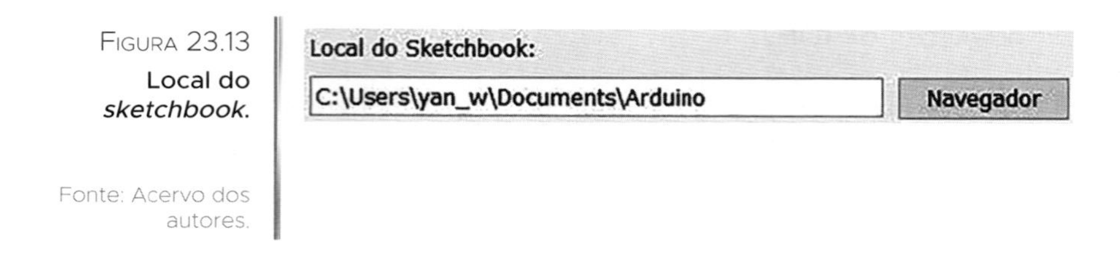

FIGURA 23.13
Local do *sketchbook*.

Fonte: Acervo dos autores.

Na janela que será aberta, selecione a pasta padrão que deixará configurada, conforme a Figura 23.14. Após escolher, clique em "Abrir".

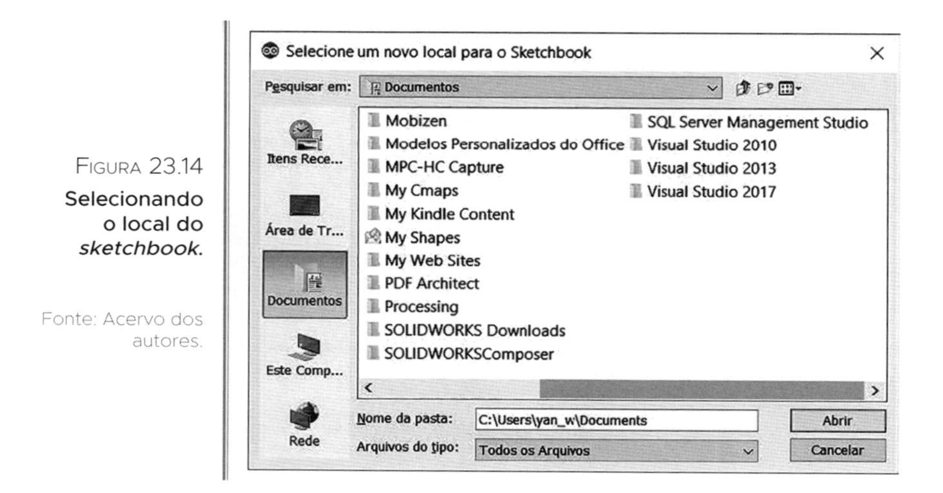

FIGURA 23.14
Selecionando o local do *sketchbook*.

Fonte: Acervo dos autores.

- **C2 — Idioma do editor**: Nesta configuração, o usuário pode alterar o idioma da IDE Arduino (Figura 23.15).

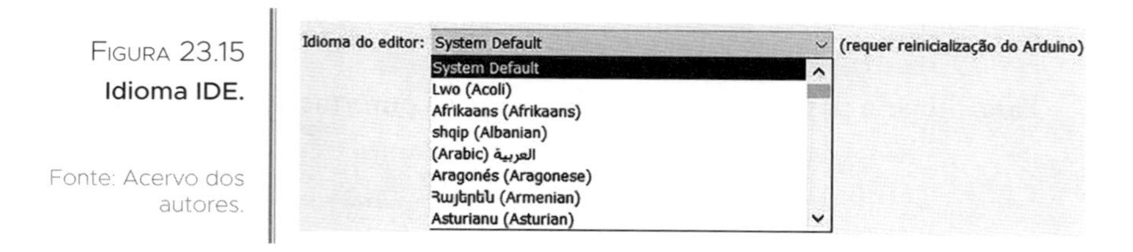

FIGURA 23.15
Idioma IDE.

Fonte: Acervo dos autores.

Na opção "System Default", a IDE Arduino utiliza a mesma configuração de idioma de seu sistema operacional. Porém é possível escolher outro idioma.

- **C3 — Tamanho da fonte do editor**: Altera o tamanho da fonte do texto na IDE Arduino.
- **C4 — Mostrar mensagens de saída durante**: Nesta configuração, é possível habilitar ou desabilitar as mensagens de saída que a IDE Arduino mostra. Podemos escolher mostrar durante a compilação ou no momento de carregar o software.

Nessas mensagens, são exibidas todas as informações geradas durante o processo de compilação e de gravação. As mensagens são exibidas na parte inferior da IDE Arduino, conforme mostra a Figura 23.16.

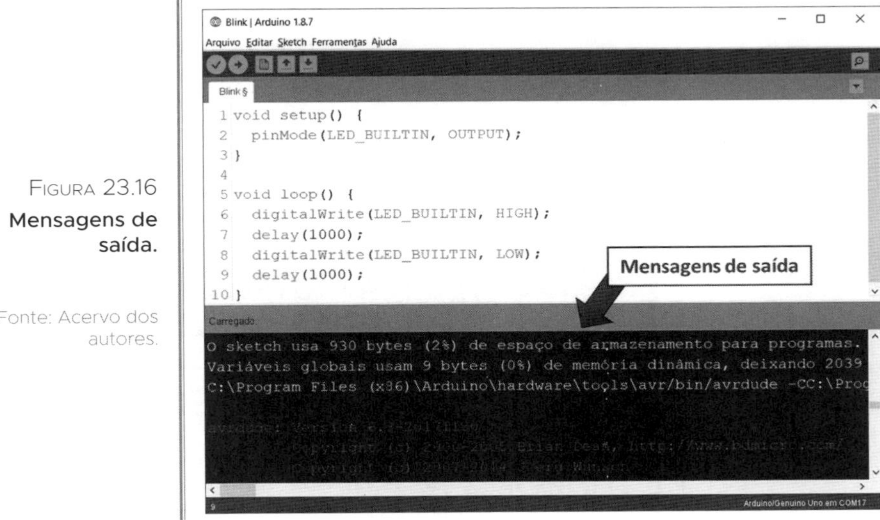

Figura 23.16 **Mensagens de saída.**

Fonte: Acervo dos autores.

- **C5 — Mostrar números de linhas**: Nesta opção, podemos exibir ou ocultar os números das linhas. Geralmente, deixamos esta opção habilitada pois facilita a orientação quando o código é muito grande, por exemplo.
- **C6 — Habilitar dobramento do código**: Habilita a opção para abrir ou fechar uma função (mostrar +/esconder –).

Com a opção habilitada, um símbolo de + ou – aparece na frente da declaração de cada função. A Figura 23.17 mostra as duas funções abertas.

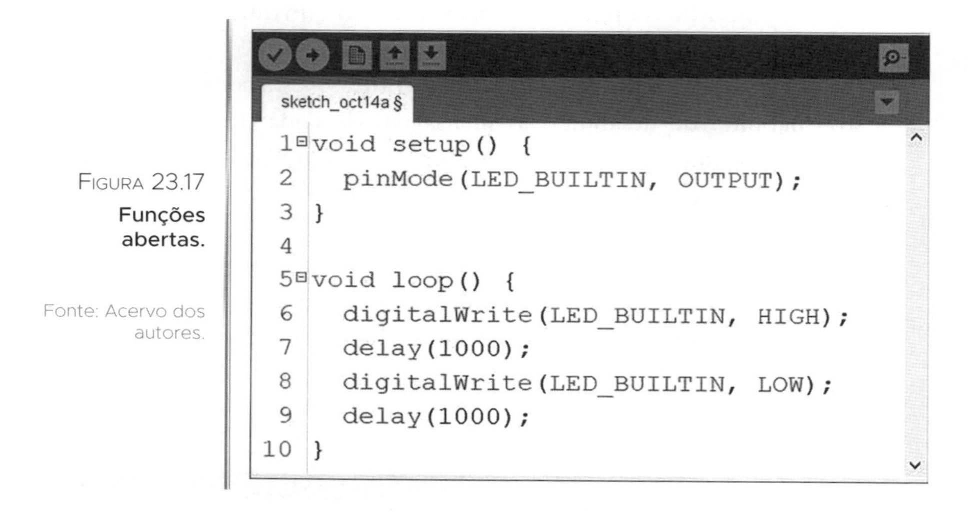

FIGURA 23.17
Funções abertas.

Fonte: Acervo dos autores.

Já a Figura 23.18 mostra a função void loop fechada.

```
sketch_oct14a §
1 void setup() {
2   pinMode(LED_BUILTIN, OUTPUT);
3 }
4
5 void loop() {
```

FIGURA 23.18
Função aberta e fechada.

Fonte: Acervo dos autores.

- **C7 — Checar atualizações ao iniciar**: Se o computador estiver conectado à internet ao abrir o software, ele verificará se existem atualizações. A mensagem da Figura 23.19 será exibida.

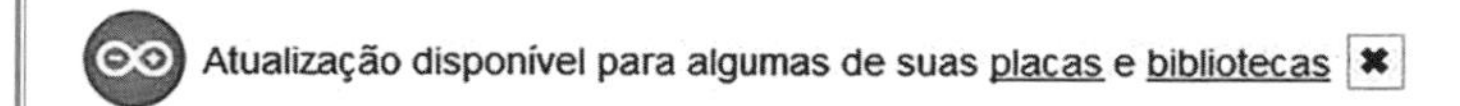

Figura 23.19
Atualização.

Fonte: Acervo dos autores.

- **C8 — Salve ao verificar ou carregar**: Sempre salvar quando pressionar o botão "Verificar" ou "Carregar".

Agora que você já conhece o hardware da placa Arduino e seu software de programação, chegou o momento mais esperado desta parte do livro: o de gravarmos nosso primeiro programa e realizarmos os testes. Bons estudos!

EXERCÍCIOS PROPOSTOS

1. Qual é a diferença entre os botões Verify e Upload?
2. Em quais sistemas operacionais podemos instalar a IDE Arduino?
3. Em qual menu podemos encontrar a opção para configurar a porta de comunicação (COM)?
4. Qual é o procedimento para ativar ou desativar o número das linhas na IDE?
5. Qual é o local em que a IDE Arduino cria uma pasta quando o programa é executado pela vez?
6. Como é chamado um programa criado na IDE Arduino?
7. Como funciona o processo de compilação?
8. Como podemos ativar/desativar as mensagens de saída que a IDE mostra?

GRAVANDO SEU PRIMEIRO PROJETO 24

Neste capítulo, vamos mostrar como gravar um projeto realizado na IDE Arduino e quais os possíveis erros que podem ocorrer.

Para gravar seus projetos na placa Arduino, precisamos de uma placa Arduino Uno, um cabo USB e um computador com o software Arduino instalado. Também será necessário um código para gravarmos. Como ainda não aprendemos a programar, sendo esse o assunto de nossos próximos capítulos, iremos utilizar um projeto exemplo da IDE.

A primeira etapa é conectar sua placa Arduino à porta USB de seu computador, conforme a Figura 24.1.

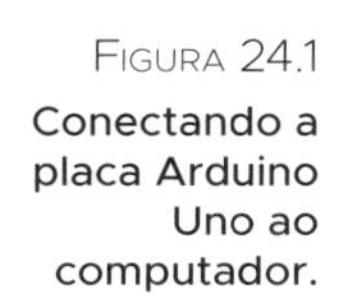

FIGURA 24.1
Conectando a placa Arduino Uno ao computador.

Fonte: Acervo dos autores.

Em seguida, certifique-se de que sua placa Arduino está conectada a seu PC e que seu sistema reconheceu o driver. Para isso, entre no Gerenciador de Dispositivos do computador e procure por Portas (COM e LPT), como mostra a Figura 24.2.

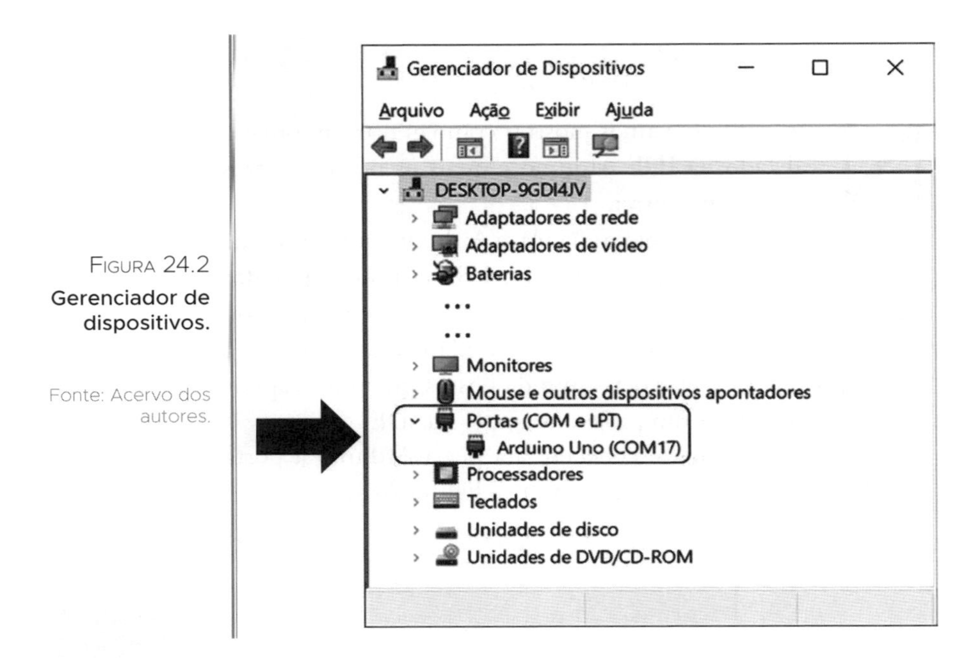

FIGURA 24.2
Gerenciador de dispositivos.

Fonte: Acervo dos autores.

Na figura, é possível observar que foi encontrada a placa Arduino na porta COM17.

Caso não apareça a porta, verifique se o driver foi instalado corretamente.

NOTA

Dependendo do CI USB-SERIAL de sua placa, pode ser que não apareça o nome Arduino Uno, como mostra a Figura 24.2, mostrando outro nome para o dispositivo.

Abra a IDE Arduino e, no Menu Arquivo, navegue para: Exemplos → 01.Basics → Blink (Figura 24.3).

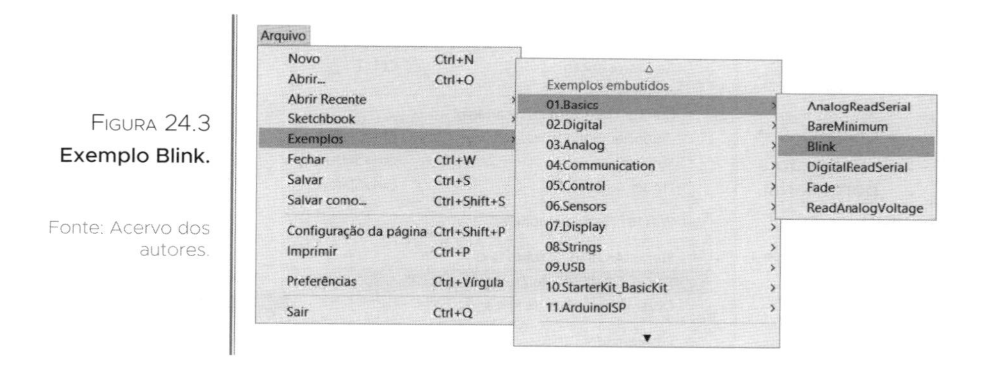

FIGURA 24.3
Exemplo Blink.

Fonte: Acervo dos autores.

Neste momento, o código será aberto na tela. Esse exemplo pisca o LED que está conectado ao pino 13 da placa na frequência de 1 segundo. Mais à frente, entenderemos o código.

A próxima etapa é selecionar o modelo da placa que utilizaremos.

Para isso, acesse o menu ferramentas e entre no item "Placa". Selecione a placa "Arduino/Genuino Uno" (Figura 24.4).

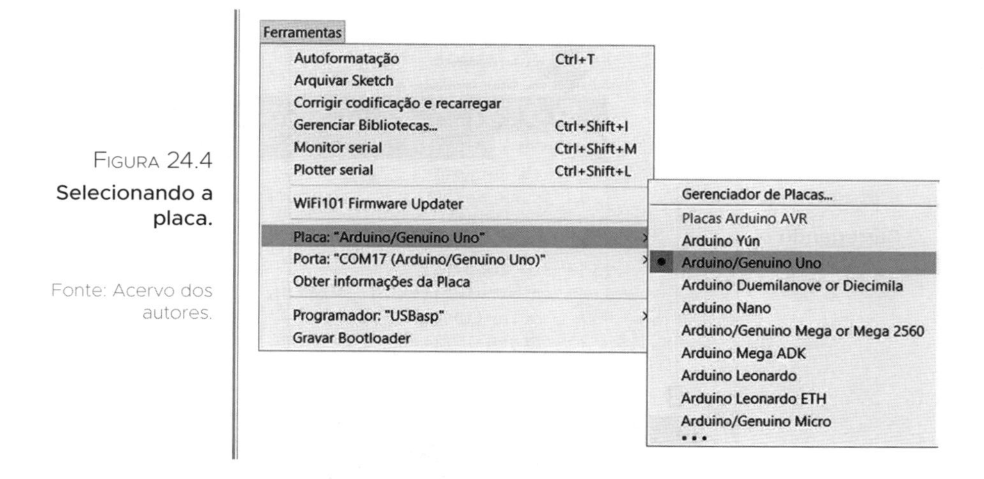

FIGURA 24.4
Selecionando a placa.

Fonte: Acervo dos autores.

A última configuração importante é selecionar a porta à qual a placa está conectada (Figura 24.5).

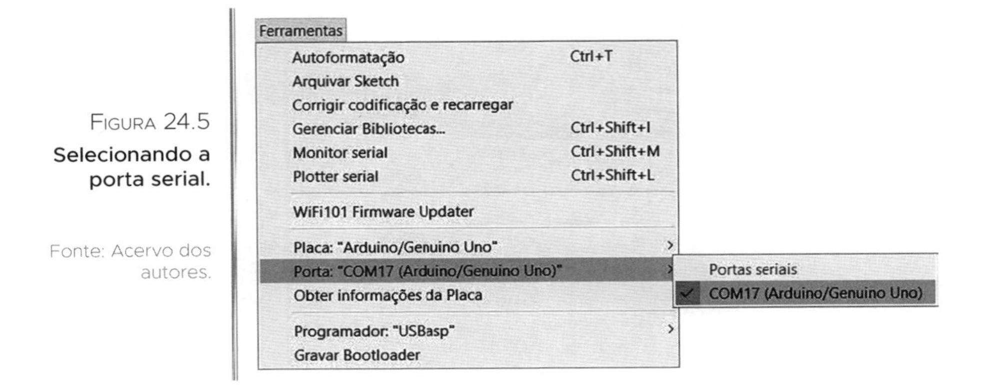

FIGURA 24.5
Selecionando a porta serial.

Fonte: Acervo dos autores.

Agora que estamos com tudo configurado, na tela inicial vamos clicar em Carregar, item “A” da Figura 24.6.

Se o programa ainda não foi salvo, uma janela será aberta para salvar o *sketch*. Você pode escolher salvar ou clicar em cancelar para não salvar.

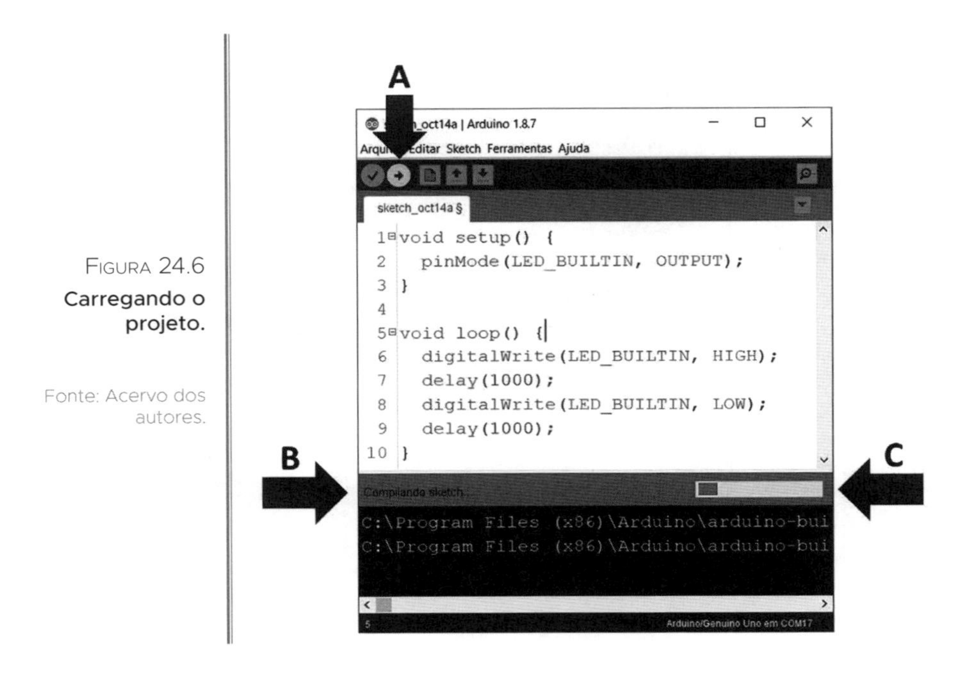

FIGURA 24.6
Carregando o projeto.

Fonte: Acervo dos autores.

Neste momento, o projeto será compilado, e se não tiver erros de compilação, será carregado em sua placa. O item B da Figura 24.6 mostra a mensagem de que o *sketch* está sendo compilado. A barra de status (item "C") mostra a evolução do processo. Após terminar de compilar a IDE, a mensagem do item "B" mudará. Se tudo estiver configurado corretamente, as mensagens que vão aparecer serão:

1 Compilando *sketch*...

2 Carregando...

3 Carregado.

Aguarde aparecer a terceira mensagem, "Carregado", para garantir que seu código foi gravado na placa.

NOTA

Garanta que a mensagem Carregado apareceu na IDE. Fique atento para não confundir Carregando com Carregado.

Muitas vezes, vamos nos deparar com uma mensagem de erro, caso a compilação ou a gravação não tenham ocorrido com sucesso.

A Figura 24.7 mostra uma tarja laranja na IDE, indicando que existe algum erro e que não foi possível seguir com o processo de carregamento do projeto.

Nesse exemplo de erro, foi retirado um ponto e vírgula (;) no final da linha 7, gerando um erro no momento da compilação.

FIGURA 24.7
Erro de compilação.

Fonte: Acervo dos autores.

É possível notar nas mensagens de saída que a IDE tenta mostrar que existe um erro de ";" entre a linha 7 e a linha 8 que foi destacada. É muito importante ler as mensagens que a IDE mostra, pois facilita no momento de achar o erro.

CURIOSIDADES

Para cada computador, o número da porta serial pode ser diferente. Esse número, COM1, ou qualquer outra COM, pode ser alterado de acordo com a porta USB conectada. Fique sempre atento ao número da porta que está sendo utilizada.

INSTALANDO MANUALMENTE O DRIVER DA PLACA

É comum encontrar computadores que não reconhecem diretamente o driver da placa Arduino. Para isso, é necessário instalar manualmente o driver. Entre no gerenciador de aplicativos. Com a placa conectada ao computador, é possível verificar, na Figura 24.8, que o driver não foi encontrado, com a mensagem "Dispositivo desconhecido".

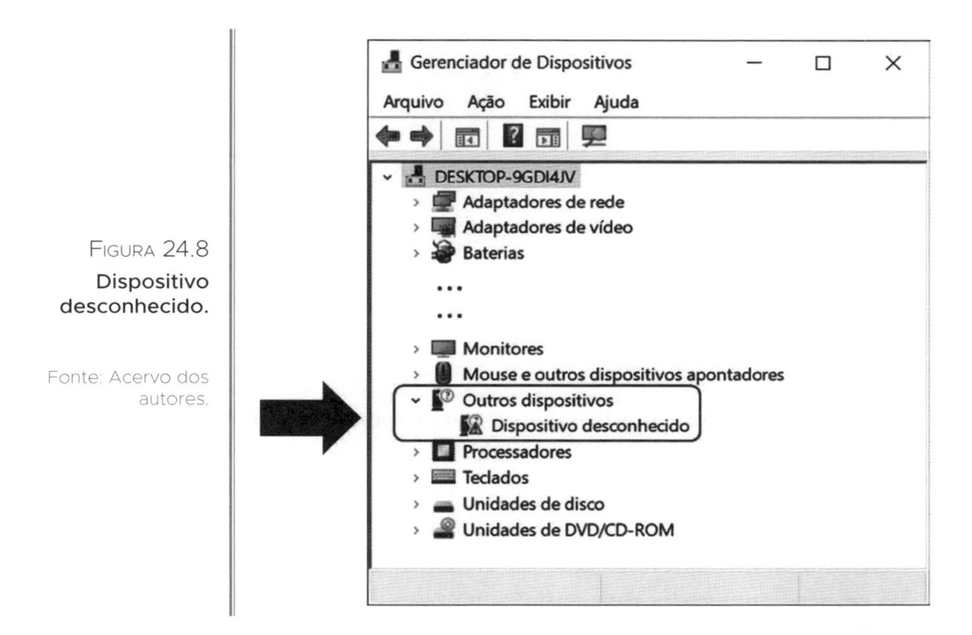

FIGURA 24.8 Dispositivo desconhecido.

Fonte: Acervo dos autores.

NOTA

Para a instalação dos drivers, é necessário garantir que o perfil de usuário do computador seja de administrador.

Para instalar o driver corretamente, verifique qual é o CI USB-Serial que está em sua placa.

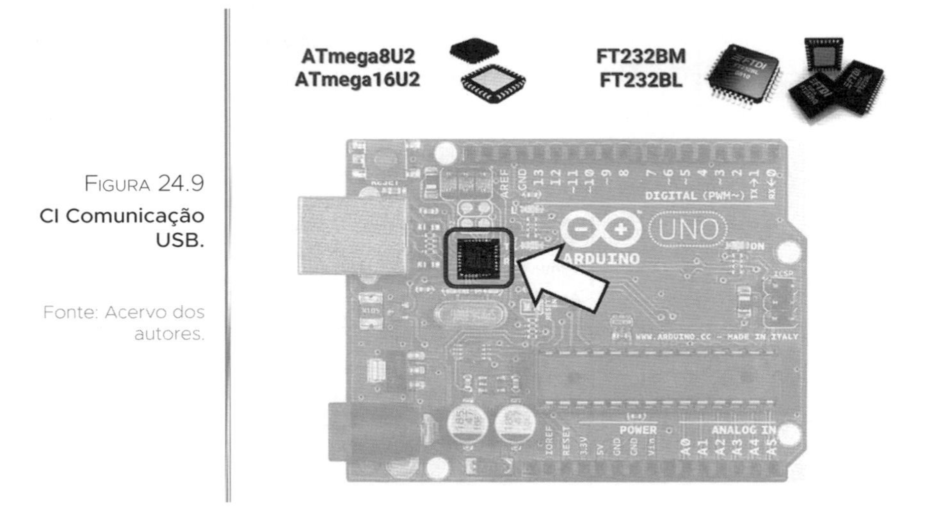

Figura 24.9
CI Comunicação USB.

Fonte: Acervo dos autores.

O driver que devemos instalar deve ser compatível com o CI (Figura 24.9) que realiza a comunicação entre o microcontrolador e o computador.

Os passos para instalar qualquer modelo de driver são os mesmos. Apenas o que muda é o local da pasta de cada driver.

Antes de iniciar a instalação do driver manualmente, certifique-se de que há em seu computador uma pasta com os arquivos do driver.

Dentro da pasta do software Arduino existe uma subpasta chamada "drivers", contendo os drivers mais comuns utilizados pela placa Arduino. Caso ainda não tenha o driver, faça o download da versão Windows ZIP file no site **https://www.arduino.cc/**. Dentro dessa pasta de arquivos, podemos encontrar a pasta "drivers".

O próximo passo é clicar com o botão direito do mouse em cima do dispositivo desconhecido e selecionar a opção "Atualizar Driver" (Figura 24.10).

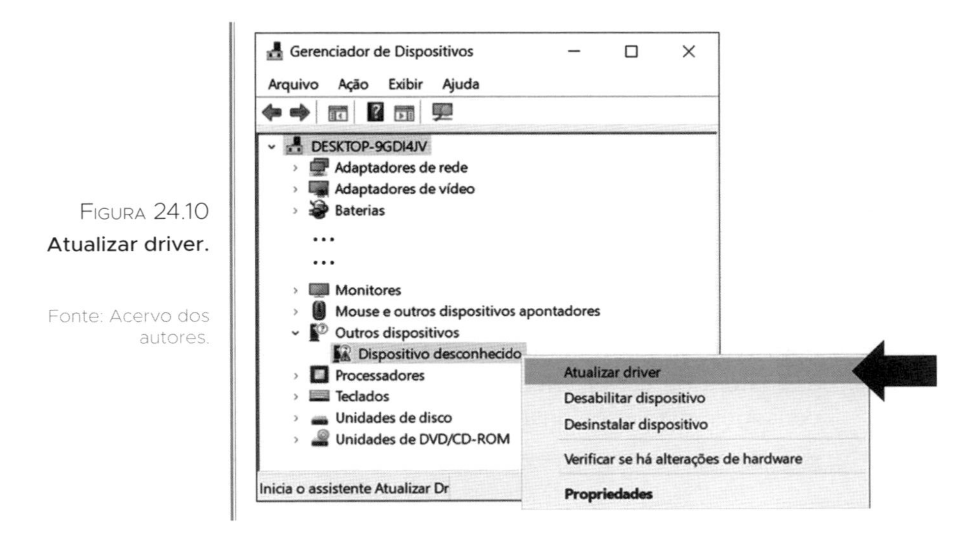

FIGURA 24.10
Atualizar driver.

Fonte: Acervo dos autores.

Na nova janela que será aberta, selecione a opção "Procurar software de driver no computador" (Figura 24.11).

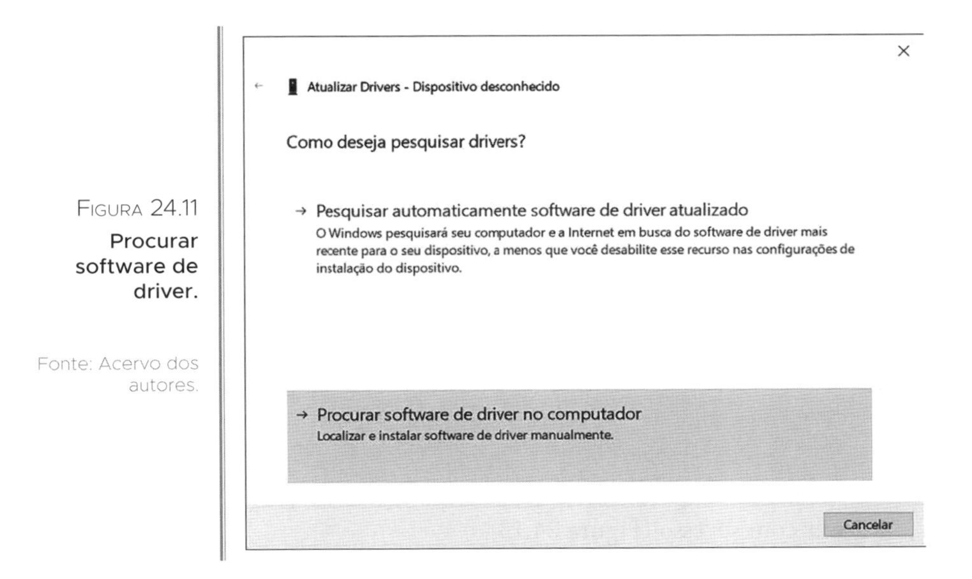

FIGURA 24.11
Procurar software de driver.

Fonte: Acervo dos autores.

Por fim, na nova janela que será aberta (Figura 24.12), clique em "Procurar..." e selecione o local onde se encontra a pasta com os drivers de instalação no seu computador.

Garanta que os drivers não estejam compactados dentro da pasta.

NOTA

Para Windows 8, 8.1 e 10, talvez seja necessário desabilitar a assinatura de driver (em Configurações de Inicialização) para conseguir instalar os drivers.

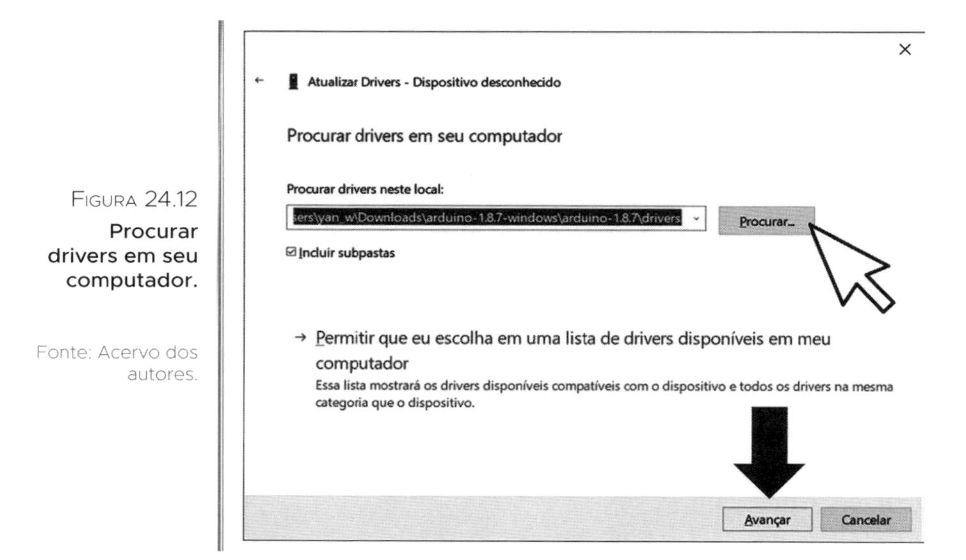

FIGURA 24.12 Procurar drivers em seu computador.

Fonte: Acervo dos autores.

Aguarde o tempo de instalação e a mensagem de que o Windows atualizou o driver com sucesso (Figura 24.13).

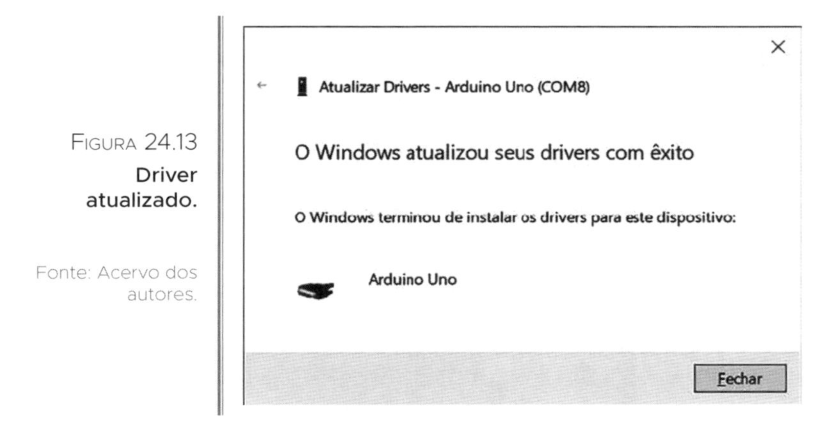

FIGURA 24.13 Driver atualizado.

Fonte: Acervo dos autores.

Lembre-se:

- Fique atento se seu antivírus não bloqueou ou excluiu alguma pasta;
- Dependendo da versão de seu Windows, será necessário desabilitar a imposição de assinatura de driver.

Seguindo esses passos, você conseguirá instalar seus drivers com sucesso.

UTILIZANDO O GRAVADOR EXTERNO

Outra forma de realizar a gravação do código é utilizando o gravador AVR USBasp.

Esse gravador (Figura 24.14) é utilizado para controladores ATmel AVR. O gravador possui conexão USB, sendo necessário instalar seu driver USB para que se comunique com o computador.

FIGURA 24.14 Gravador AVR.

Fonte: Acervo dos autores.

Alguns modelos possuem um jumper para seleção da tensão de alimentação do CI que será gravado, podendo escolher entre 3,3V ou 5V de acordo com o hardware. É necessário ter o gravador e seu adaptador para facilitar a conexão com a placa Arduino.

Na placa Arduino Uno, temos um conector com o nome ICSP — *In Circuit Serial Programming* (Programação Serial no Circuito), conforme a Figura 24.15.

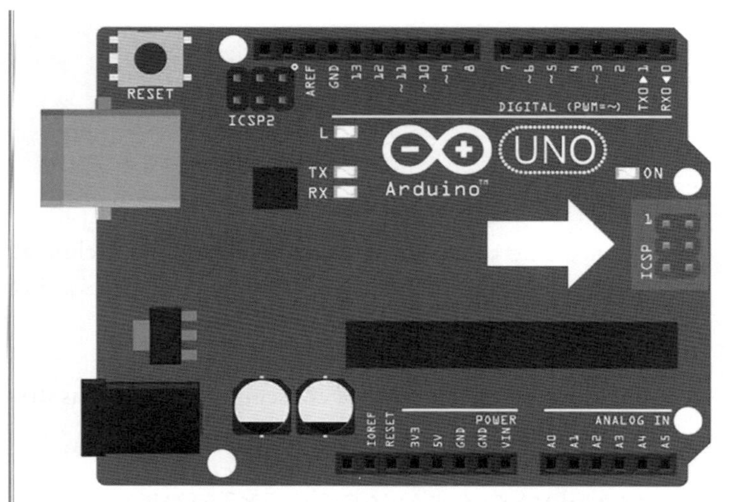

ICSP	Função	ICSP	Função
1	MISO	2	VCC
3	CLOCK	4	MOSI
5	RESET	6	GND

Figura 24.15
Comunicação ICSP.

Fonte: Acervo dos autores.

O conector possui seis pinos. É importante ter atenção para a posição correta dos pinos do gravador (Figura 24.16).

FIGURA 24.16
Gravador USBasp.

Fonte: Acervo dos autores.

Os pinos miso, clock (SCK), mosi e reset estão conectados diretamente ao CI do microcontrolador (Figura 24.17).

FIGURA 24.17
Pinos ICSP.

Fonte: Acervo dos autores.

1	
MISO - PINO 18 - D12	5V
SCK - PINO 19 - D13	MOSI - PINO 17 - D11
RESET - PINO 1	GND

MOSI — **M**aster **O**utput **S**lave **I**nput.

MISO — **M**aster **I**nput **S**lave **O**utput.

SCK — **S**erial **C**loc**k**.

Uma vez conectado com a placa Arduino, conecte o gravador à porta USB de seu computador. Os passos da seção 24.1 podem ser seguidos novamente para a instalação do driver do gravador. Apenas altere o arquivo do driver que deve ser baixado na internet. A Figura 24.18 mostra o driver do gravador instalado e reconhecido pelo sistema operacional.

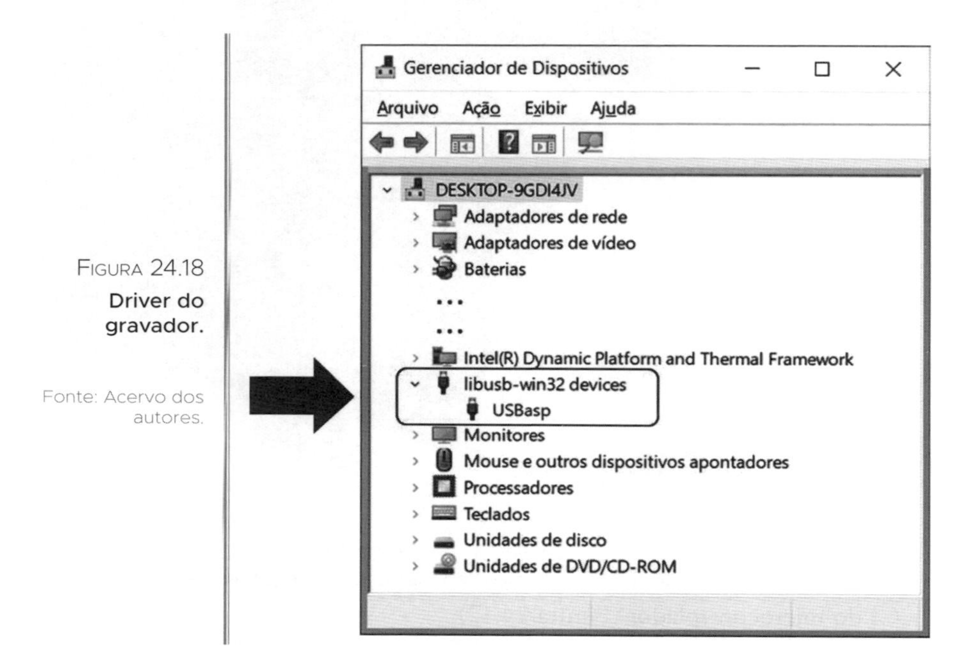

FIGURA 24.18
Driver do gravador.

Fonte: Acervo dos autores.

Selecione o modelo da placa que deseja gravar. Para isso, acesse o menu Ferramentas e entre no item "Placa". Em seguida, selecione o gravador no mesmo menu, conforme a Figura 24.19.

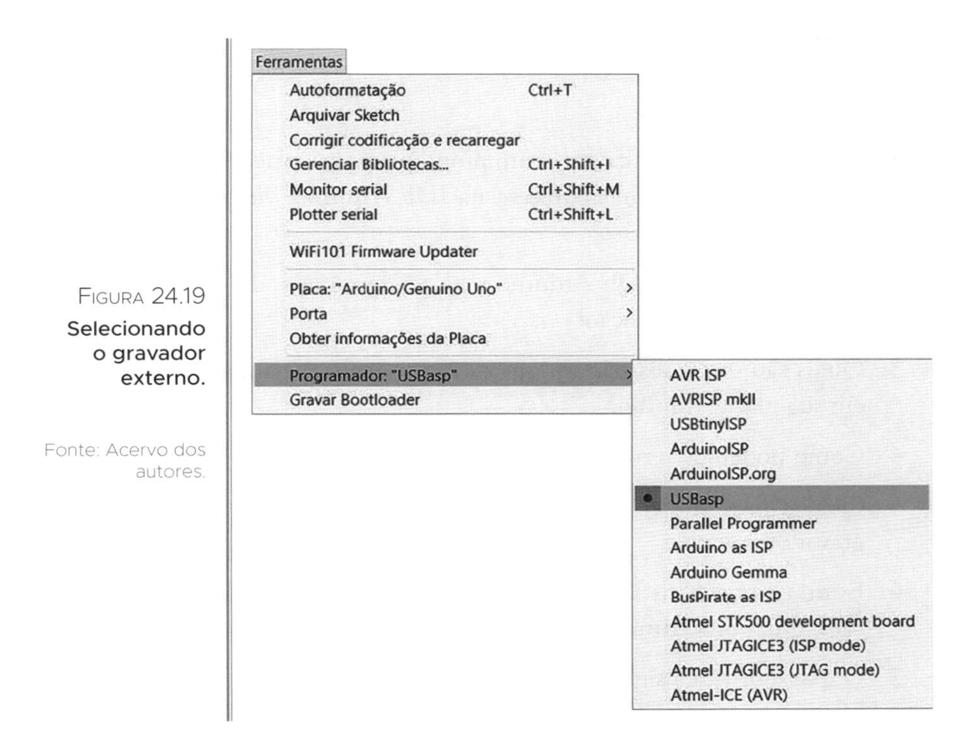

FIGURA 24.19
Selecionando o gravador externo.

Fonte: Acervo dos autores.

Para gravar, basta acessar o menu Sketch e clicar em "Carregar usando o programador" (Figura 24.20). Aguarde o processo de gravação ser concluído.

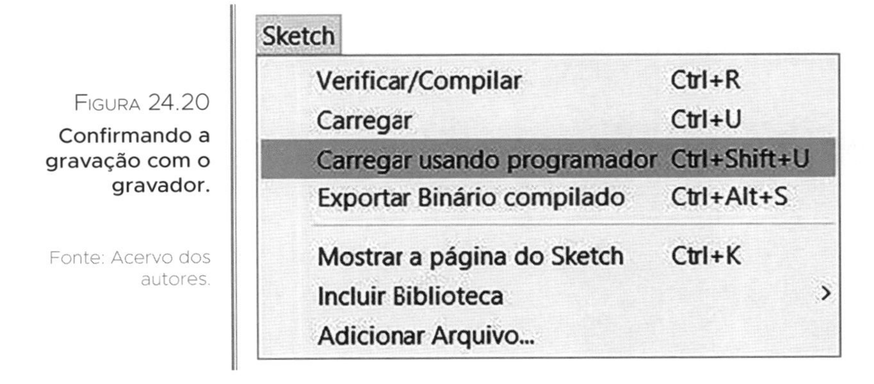

FIGURA 24.20
Confirmando a gravação com o gravador.

Fonte: Acervo dos autores.

EXERCÍCIOS PROPOSTOS

1 Quando solicitamos carregar um programa para a placa Arduino, quais são as três mensagens que aparecem na IDE Arduino, visto que não teremos erro durante o processo?

2 Com qual a cor a IDE Arduino realça o texto quando encontra erros no momento da compilação?

3 Quais são os passos básicos que devemos realizar para gravar um projeto em sua placa Arduino?

4 Como podemos verificar se o driver da placa Arduino está instalado?

5 Qual o procedimento para gravar o código no microcontrolador com o gravador externo?

6 Estou tentando instalar o driver no Windows 8, 8.1 ou 10, mas sempre dá erro. Qual procedimento posso tentar realizar?

7 O que significa a sigla ICSP?

8 Quanto pinos temos no conector ICSP da placa Arduino Uno?

SENSORES, ATUADORES E PERIFÉRICOS 25

Cada vez mais o mercado tecnológico lança novos sensores, atuadores e placas periféricas para serem utilizadas com a plataforma Arduino.

Sensores são dispositivos que coletam dados do mundo externo e os convertem em sinais. Esses sinais podem ser enviados para a placa Arduino.

Os sensores podem ser do tipo mecânico ou eletrônico. A Figura 25.1 mostra, do lado esquerdo, um sensor mecânico que é utilizado como fim e curso. Do lado direito, temos um sensor eletrônico para medir temperatura. Os sensores eletrônicos geram sinais eletrônicos que podem ser por nível de tensão elétrica, nível de corrente elétrica, ou mesmo por algum protocolo de comunicação.

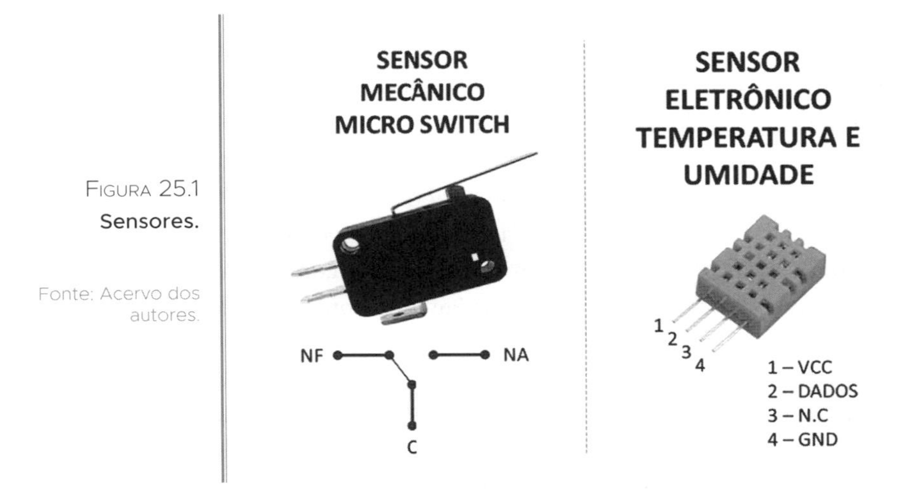

FIGURA 25.1
Sensores.

Fonte: Acervo dos autores.

Para entender melhor, vamos lembrar que nosso microcontrolador é responsável pelo gerenciamento de todos os dados, podendo ser considerado o cérebro do projeto, realizando cálculos e tomando decisões. Porém, quando necessitamos verificar algum dado que seja do mundo externo, precisamos utilizar sensores para captar as informações e enviar para o microcontrolador.

Na Figura 25.2, podemos observar que temos sensores que captam o som, as cores, a temperatura e alguns tipos de gases.

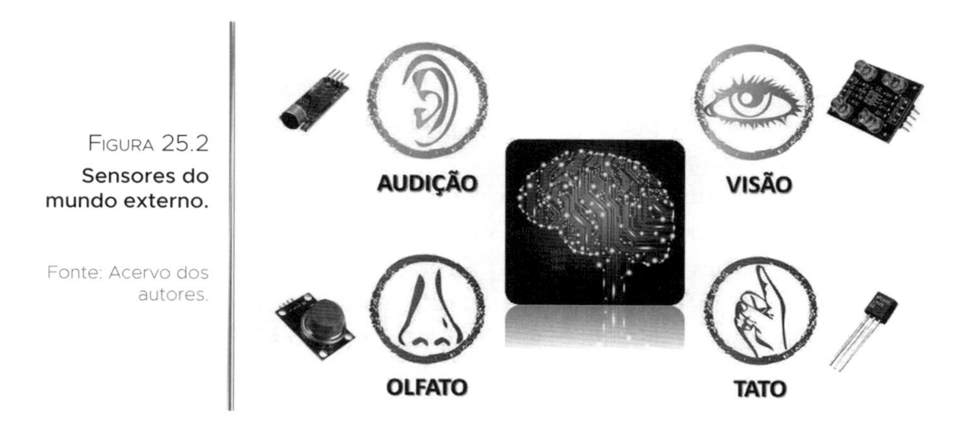

FIGURA 25.2
Sensores do mundo externo.

Fonte: Acervo dos autores.

O mercado tecnológico nos oferece sensores de baixa e de alta precisão, variando seu preço. Dessa forma, é possível entender a importância de saber qual sensor precisamos utilizar para cada projeto, evitando que ele se torne inviável devido ao seu alto custo.

A placa Arduino Uno pode receber sinais analógicos, sinais digitais ou sinais em protocolos de comunicação. Os valores de tensão abaixo são referentes ao microcontrolador **ATmega328P-PU**:

- Sinal de entrada analógico: O sinal pode variar entre 0V e 5V.
- Sinal de entrada digital: O sinal pode ser nível lógico baixo ou alto. De -0.5V até 1,5V, o microcontrolador entende como nível lógico baixo; de 3V até 5,5V, o microcontrolador entende como nível lógico alto (nunca ultrapasse a tensão de 5V).
- Comunicação: A placa Arduino Uno pode trabalhar com comunicação UART, I2C *Inter-Integrated Circuit* ou SPI *Serial Peripheral Interface.* Para comunicar-se com a placa Arduino Uno, os sensores devem ter em seu circuito pelo menos uma dessas tecnologias.

Os atuadores são componentes que, ao receber algum sinal, executam uma determinada tarefa.

Por exemplo, um motor de corrente contínua (Figura 25.3). Se receber positivo no terminal T1 e negativo no terminal T2, o motor gira para um sentido (horário/anti-horário). Se a lógica dos terminais for invertida, o motor inverte seu sentido de rotação.

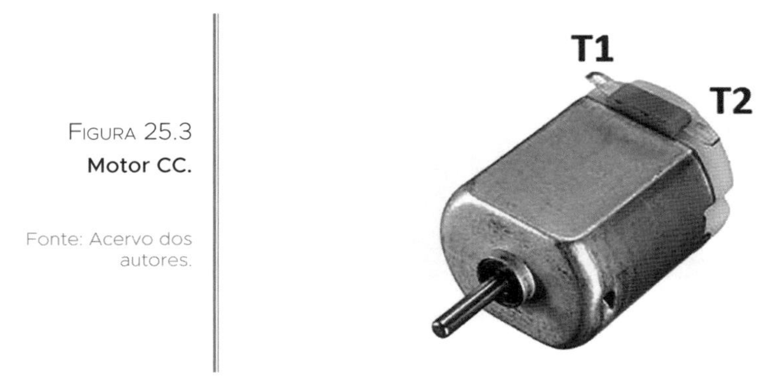

FIGURA 25.3
Motor CC.

Fonte: Acervo dos autores.

Essa lógica para acionar os atuadores pode ser realizada por um microcontrolador. A Figura 25.4 mostra mais alguns exemplos de atuadores que podem ser utilizados com a placa Arduino.

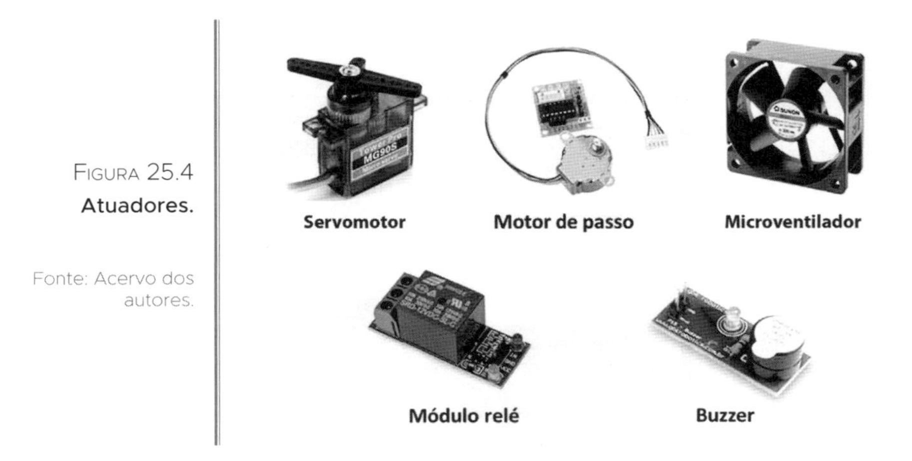

FIGURA 25.4
Atuadores.

Fonte: Acervo dos autores.

A placa Arduino Uno pode enviar sinais digitais ou PWM:

- Sinal digital: Nível lógico baixo = 0V, ou nível lógico alto = 5V.
- PWM: *Pulse Width Modulation* ou Modulação de Largura de Pulso. Os pinos com a função PWM podem ser utilizados para controle de luminosidade, gerar sinais analógicos entre 0V e 5V ou então controlar a velocidade de motores. Na placa Arduino Uno, temos apenas seis PWM. A Figura 25.5 destaca os pinos 3, 5, 6, 9, 10 e 11 que podem ser utilizados para a função PWM.

FIGURA 25.5
PWM.

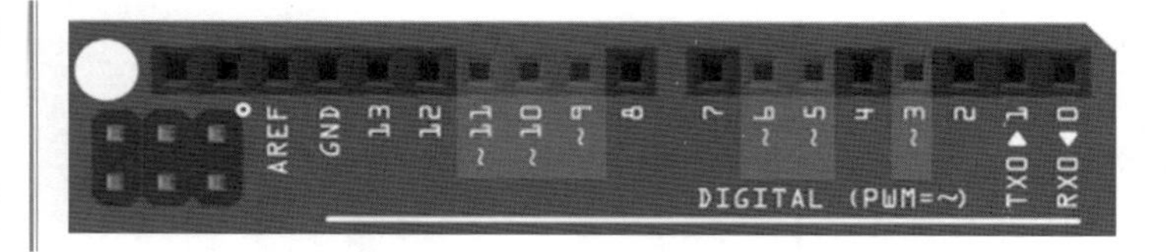

Fonte: Acervo dos autores.

É possível concluir que os sensores são dispositivos de entrada para a placa Arduino. Já os atuadores são considerados como dispositivos de saída.

Algumas placas são chamadas de *shields*, pois foram desenvolvidas para encaixar perfeitamente nos pinos da Arduino, sem a necessidade de cabos para a conexão.

A Figura 25.6 mostra o shield de um display LCD 16x2. O shield é facilmente encaixado na placa Arduino.

FIGURA 25.6
Shield LCD 16x2.

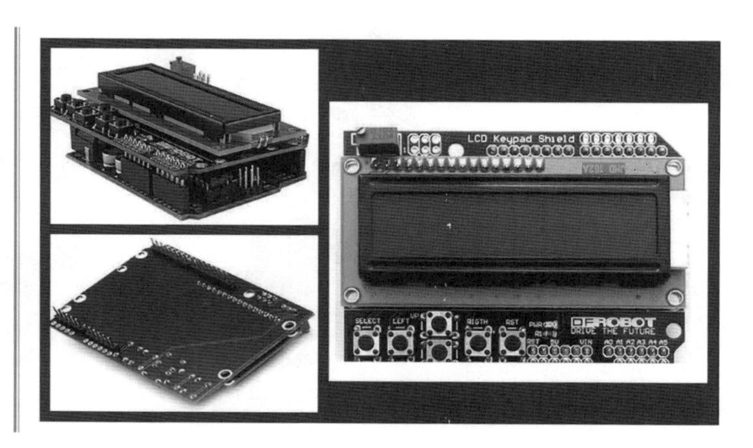

Fonte: Acervo dos autores.

Também temos as placas de periféricos que são responsáveis por adicionar uma funcionalidade para a placa Arduino, como é possível ver na Figura 25.7:

- A — Shield para comunicação wi-fi
- B — Shield ZigBee
- C — Shield Ethernet

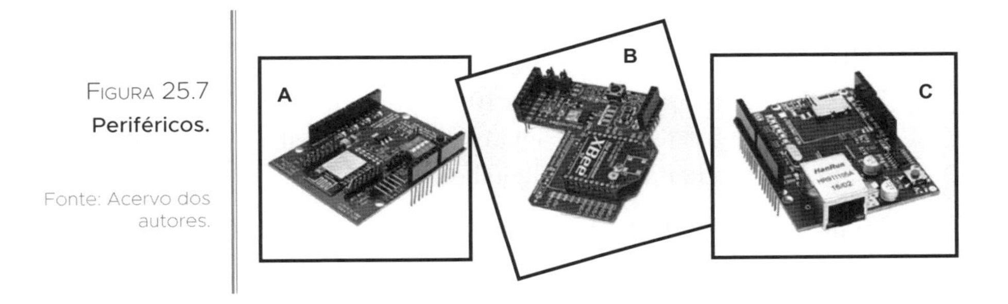

FIGURA 25.7
Periféricos.

Fonte: Acervo dos autores.

NOTA

Os shields já têm seus pinos de controle definidos pelo fabricante. Dessa forma, precisamos conhecer o hardware do shield para saber quais pinos serão utilizados para trocar informações com a placa Arduino e se sobrará algum pino para realizar outras conexões.

EXERCÍCIOS PROPOSTOS

1 Quais são as diferenças entre sensores e atuadores?

2 Quais são os tipos de comunicação que podemos utilizar na placa Arduino Uno?

3 O que significa a sigla PWM?

4 O que são shields?

5 Um sensor de temperatura de 0 a 100°C, que envia nível de tensão variando entre 1V e 5V, sendo 0°C igual a 1V, 50°C igual a 3V e 100°C igual a 5V, é considerado um sensor digital ou analógico?

6 Na placa Arduino Uno, quantos pinos têm a função PWM?

PROGRAMANDO A PLACA ARDUINO UNO 26

Neste capítulo, estudaremos como realizar a programação da placa Arduino.

Antes de começar a programar na IDE Arduino, precisamos entender um pouco de lógica.

O microcontrolador executa diretamente o programa que está gravado em sua memória. A programação que vamos abordar neste livro é a estruturada.

Esse tipo de programação é executado seguindo a sequência dos comandos que foram escritos no código. Em outras palavras: o microcontrolador executa linha a linha do código. A descrição de uma sequência de passos pode ser definida como **algoritmo**.

A forma gráfica para representar um algoritmo é utilizando o fluxograma.

Um fluxograma é desenvolvido por figuras geométricas e setas que representam o caminho da lógica e o que deve ser realizado em cada bloco. A Figura 26.1 mostra algumas simbologias que podem ser utilizadas em um fluxograma.

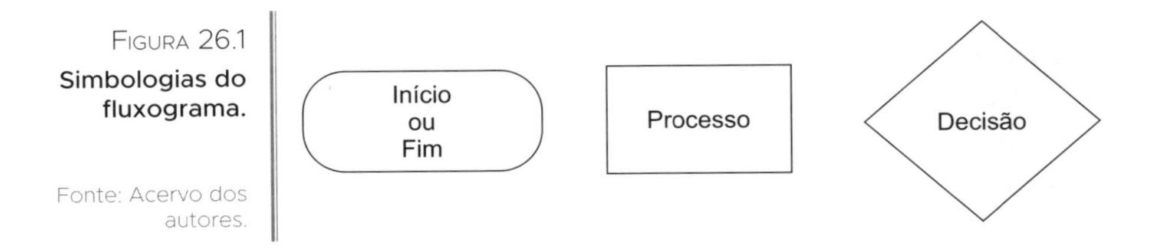

FIGURA 26.1
Simbologias do fluxograma.

Fonte: Acervo dos autores.

De acordo com o objetivo de cada símbolo, vamos tomar como exemplo o fluxograma da Figura 26.2.

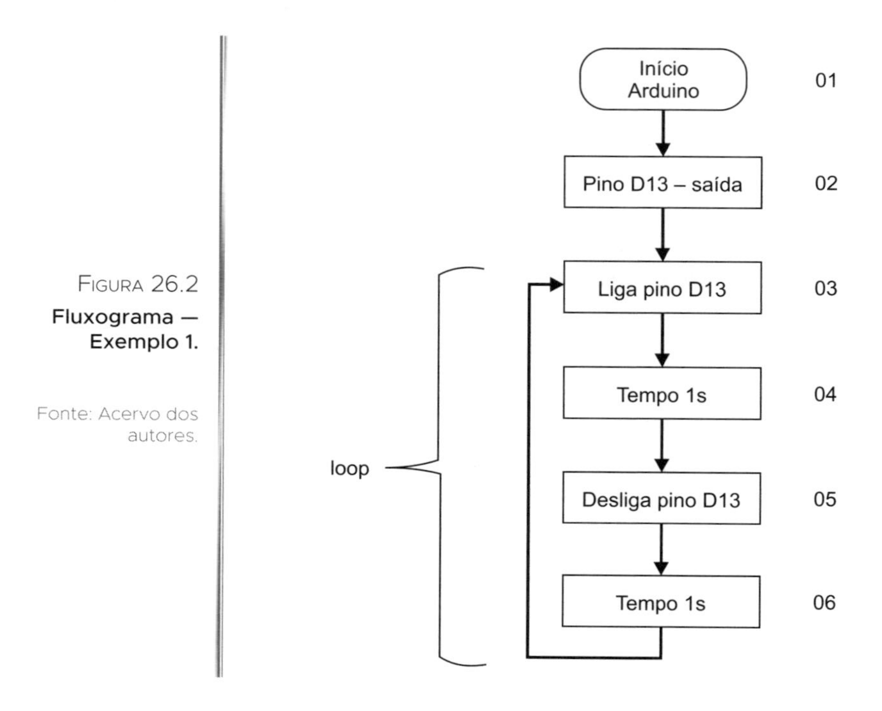

FIGURA 26.2
Fluxograma — Exemplo 1.

Fonte: Acervo dos autores.

O fluxograma inicia e define como saída o pino 13 do Arduino. Apenas recordando, temos um LED conectado ao pino 13 da placa Arduino Uno. Na sequência, liga o pino 13, aguarda 1s, desliga o pino 13, aguarda mais 1s e volta no bloco para ligar novamente o pino 13. Dessa forma, os quatro últimos comandos ficarão em um loop eterno. O efeito para nós será do LED piscando, com um intervalo igual de 1s.

Com esse fluxograma, é possível analisar o ponto que utilizamos para fazer o loop. Você deve estar se perguntando: por que não voltamos à lógica a partir do bloco 2?

O bloco 2 tem a função de definir um pino como saída. Uma vez definida a saída, não é necessário definir novamente. Assim, estaríamos apenas perdendo tempo de processo para fazer uma operação que já foi realizada.

Com o fluxograma, fica mais fácil compreender e visualizar o problema.

É importante entendermos que, com o fluxograma, estamos apenas montando a lógica de uma determinada tarefa; ainda não estamos realizando a programação.

CURIOSIDADES

Muitas empresas dividem as tarefas no momento da programação:

Funcionário A: Apenas desenvolve a lógica da programação.

Funcionário B: Utiliza a lógica pronta e transfere para a linguagem de programação.

Para garantir que estamos ficando bons em lógica, veja a seguinte situação problema:

Queremos medir a temperatura de um determinado local. Se esta for maior que 40°C, acendemos uma lâmpada. Caso seja menor que 40°C, desligamos a lâmpada.

Para iniciar, é necessário começar a entender quais dispositivos de entrada e de saída precisamos utilizar.

Para essa tarefa, precisamos de um sensor de temperatura e de um relé para acionar uma lâmpada.

O sensor de temperatura fornece um sinal analógico e o relé é acionado com um sinal digital.

Veja na Figura 26.3 como ficou nosso fluxograma.

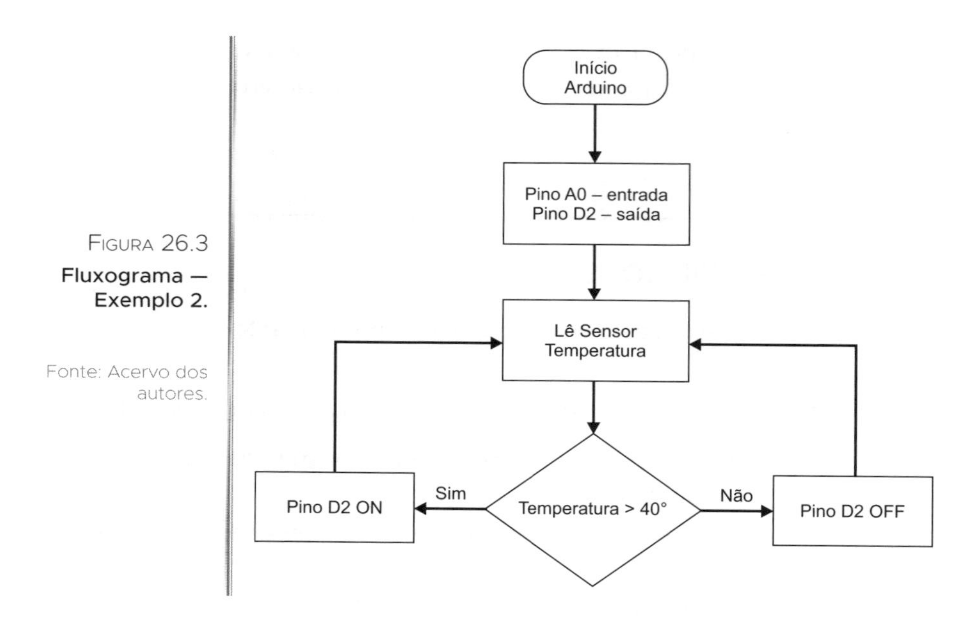

FIGURA 26.3
Fluxograma — Exemplo 2.

Fonte: Acervo dos autores.

Iniciamos o programa. Na sequência, definimos que o pino A0 da placa Arduino Uno é a entrada do sinal do sensor de temperatura. O pino D2 foi defino como saída, para acionar o relé que acionará a lâmpada. Em seguida, um loop é iniciado, com a leitura do sensor e a comparação do valor recebido.

O bloco de comparação faz a pergunta: o valor da temperatura é maior que 40°C?

Os blocos de decisões só possuem duas saídas: verdadeiro ou falso.

Se for verdadeiro, o relé é ativado, se for falso o relé é desligado.

Veja que, para montar o fluxograma, é necessário conhecer os sensores e atuadores que existem no mercado e como funcionam.

Uma vez bem definida a lógica, chega o momento de conhecer os comandos para programar a placa Arduino.

FUNÇÃO SETUP E LOOP

Sempre que abrimos a IDE Arduino ou iniciamos um novo projeto (Arquivo → Novo), as funções setup e loop já vêm definidas por padrão (Figura 26.4). Essas funções são básicas para o funcionamento do código.

Dentro de uma função, podemos colocar inúmeros comandos que podem ser reutilizados durante o programa.

Figura 26.4
Funções.

Fonte: Acervo dos autores.

```
1 void setup() {
2   // put your setup code here, to run once:
3
4 }
5
6 void loop() {
7   // put your main code here, to run repeatedly:
8
9 }
```

A primeira função que o microcontrolador executará é a função setup. Essa função é executada uma única vez, sempre que o microcontrolador for reiniciado. Utilizamos essa função para colocar todos os comandos que podem ser executados nesse momento de acordo com a lógica de cada projeto. Como exemplo, podemos utilizar para inserir as configurações dos pinos de entrada e saída e ativar a comunicação serial.

A função loop é a função principal do código. Após executar a função setup, automaticamente o sistema inicia os comandos da função loop. A maior diferença é que essa função fica em loop diretamente, sendo que todos os comandos internos a essa função são executados por um período indeterminado, até o microcontrolador ser desligado ou reiniciado.

As funções setup e loop não podem ser chamadas durante o programa, pois são funções de nível principal. É possível criar outras funções e chamá-las de acordo com a lógica do código.

Todas as funções iniciam e terminam com chaves.

Para iniciar uma função, devemos abrir as chaves: {

Para finalizar uma função, devemos fechar as chaves: }

Uma função inicia pelo seu tipo e seu nome.

Exemplo: **void** setup

- **void** significa que essa função é vazia e não retornará nenhum valor quando terminar de ser executada.
- setup é o nome da função.

Mais à frente, aprenderemos como declarar outros tipos de funções.

TIPOS DE DADOS

Em um programa, quando queremos criar uma memória para guardar um determinado valor, precisamos determinar qual será o tipo do dado que queremos armazenar.

Por exemplo: vamos guardar a quantidade de peças produzidas diariamente em uma empresa. Esse dado é composto por números inteiros. Dessa forma, o tipo de dado indicado para armazenar esses números pode ser do tipo *int*, *unsigned int*, *long* ou *unsigned long*.

A tabela da Figura 26.5 indica os tipos de dados que podemos utilizar e suas especificações.

Tipo	Especificação
boolean	Dados do tipo booliano podem possuir apenas o valor verdadeiro (TRUE) ou falso (FALSE).
byte	Um dado do tipo byte armazena um número de 8 bits sem sinal, que deve possuir um valor entre 0 e 255.
char	O tipo caractere utiliza 1 byte de memória e armazena o valor de um caractere. A representação simbólica do caractere deve ser escrita entre aspas simples (' ').
int	O tipo de dados inteiro é referente ao conjunto dos números inteiros naturais positivos e negativos, incluindo o 0 e abrangendo a faixa de -32.768 a 32.767. Necessita de 2 bytes (16 bits) da memória para armazenamento.
float	Tipo de dado que representa o conjunto de números reais positivos e negativos. Chamados de números de ponto flutuante, abrangem a faixa de 3,4028235E+38 a -3,4028235E+38. São necessários 4 bytes da memória para armazenar um valor desse tipo de dados.
String	Strings representam um conjunto ou cadeia de caracteres, como quando formamos uma palavra ou frase. Seu armazenamento é variável, dependendo da quantidade de caracteres que formam a cadeia. Um valor string deve ser delimitado por aspas duplas ("").
unsigned int	Número inteiro de 16 bits sem sinal (0 a 65535).
long	Número inteiro de 32 bits com sinal (-2147483648 a 2147483647).
unsigned long	Número inteiro de 32 bits sem sinal (0 a 4294967295).
double	No Uno e outras placas baseadas em ATMEGA, este ocupa 4 bytes. Atualmente, igual ao float.

FIGURA 26.5
Tipo de dados.

Fonte: Acervo dos autores.

Na tabela, é possível ver as diferenças entre os tipos de dados que escolhemos para guardar a quantidade de peças produzidas.

A pergunta que podemos fazer é a seguinte: vamos utilizar números negativos?

Nesse caso, apenas os números positivos são interessantes. Então podemos utilizar os dados do tipo *unsigned int* e *unsigned long*.

Mas ainda temos duas opções. Qual escolher?

Para finalizar, precisamos saber o valor máximo de peças que podemos guardar diariamente. Isso depende da capacidade de produção da empresa. Se o valor máximo for de mil peças diárias, as duas memórias podem nos satisfazer. Porém a memória *unsigned int* ocupa menos espaço e, por isso, garante uma melhor eficiência no código.

CONSTANTES E VARIÁVEIS

Constantes são valores predefinidos e que não podem ser alterados.

A linguagem Arduino apresenta três grupos básicos de constantes que podem ser utilizadas diretamente:

1 **High** e **low**: Referente à tensão nos pinos digitais.
   - High — 5V
   - Low — 0V
2 **Input** e **output**: Define o estado de uso de um pino.
   - Input — entrada
   - Output — saída
3 **True** e **false**: Valores lógicos.
   - True — verdadeiro
   - False — falso

As variáveis são referências de valores que serão armazenados em uma memória para serem manipulados (alterados).

Para declarar uma memória, precisamos:

- Definir o tipo de valor que será armazenado.
- Definir um nome (identificador).

Exemplo 01:

tipo nome;

int temperatura;

Também é possível iniciar a variável com um valor:

tipo nome = valor inicial;

int temperatura = 0;

Todas as variáveis em C devem ser declaradas antes de serem usadas. As variáveis podem ser do tipo global ou local.

Variáveis globais são memórias que podem ser utilizadas em qualquer função do código.

Veja, como exemplo, o código da Figura 26.6. Neste exemplo, a variável i está declarada fora de qualquer função e antes da função *loop*(), na qual está sendo utilizada.

Sendo assim, essa variável retém seu valor a cada execução da função *loop*().

Figura 26.6
Variável global.

Fonte: Acervo dos autores.

```
1  int i = 0;
2
3  void setup() {
4    Serial.begin(9600);
5  }
6
7  void loop() {
8    i=i+1;
9    Serial.println(i);
10   delay(500);
11 }
```

Neste próximo exemplo (Figura 26.7), a variável i está declarada depois da função *loop*(). A variável está sendo utilizada antes de ser declarada, dessa forma, o compilador não vai encontrar a declaração da variável, resultando em erro no momento da compilação.

```
 1 void setup() {
 2   Serial.begin(9600);
 3 }
 4
 5 void loop() {
 6   i=i+1;
 7   Serial.println(i);
 8   delay(500);
 9 }
10
11 int i = 0;
```

X

FIGURA 26.7
Variável global — Erro.

Fonte: Acervo dos autores.

Há também as variáveis locais. Essas variáveis chamam-se assim pois são declaradas dentro das funções. Sendo assim, essa variável somente é reconhecida na função que foi declarada. A Figura 26.8 mostra que a variável i está declarada dentro da função *loop*(). A função *setup*() não conhece essa variável. Toda vez que declaramos uma variável dentro de uma função, ela é apagada da memória quando a função é finalizada. No caso do código da Figura 26.8, a variável i é apagada (perde seu valor) a cada execução da função *loop*().

```
 1 void setup() {
 2   Serial.begin(9600);
 3 }
 4
 5 void loop() {
 6   int i;
 7   i=i+1;
 8   Serial.println(i);
 9   delay(500);
10 }
```

FIGURA 26.8
Variável local.

Fonte: Acervo dos autores.

É importante estar atento, pois a linguagem C é *case sensitive*, dessa forma, letras **maiúsculas** são diferentes de letras **minúsculas**. Isso está ligado diretamente aos nomes das variáveis que criamos em nosso código.

Veja os exemplos abaixo:

- A | a: diferente
- C | C: igual
- jok | jOk: diferente
- teste_01 | teste_01: igual

É possível analisar que qualquer alteração no tamanho ou no nome da variável resulta em uma nova declaração.

No código, podemos ter uma variável que se chama **Temp** e outra com nome **temp**. Apenas pelo fato de uma começar com letra maiúscula e outra minúscula, para a linguagem, já são consideradas diferentes.

No momento de definir o nome de uma variável, devemos seguir as orientações:

- Obrigatoriamente, ela deve iniciar com uma letra ou um *underscore*.
- Pode conter números a partir do segundo caractere.
- Deve utilizar nomes significativos, dentro do contexto do programa.
- Deve ter, no máximo, 32 caracteres. Alguns compiladores podem não aceitar.
- O nome da variável não pode ser igual a uma palavra reservada da linguagem.

Aqui, temos alguns exemplos:

- tempo_agora: correto
- 1agora: errado, não podemos iniciar com números
- teste_01: correto
- int: errado, essa palavra faz parte da linguagem
- x1_temp: correto

Agora que você já sabe como definir corretamente uma variável no código, lembre-se de que as variáveis ocupam espaço na memória SRAM do nosso microcontrolador. A Figura 26.9 ilustra as variáveis declaradas a seguir:

- float temperatura = 1.117;
- int dia = 4;
- char letra_01 = 'd';
- int teste;

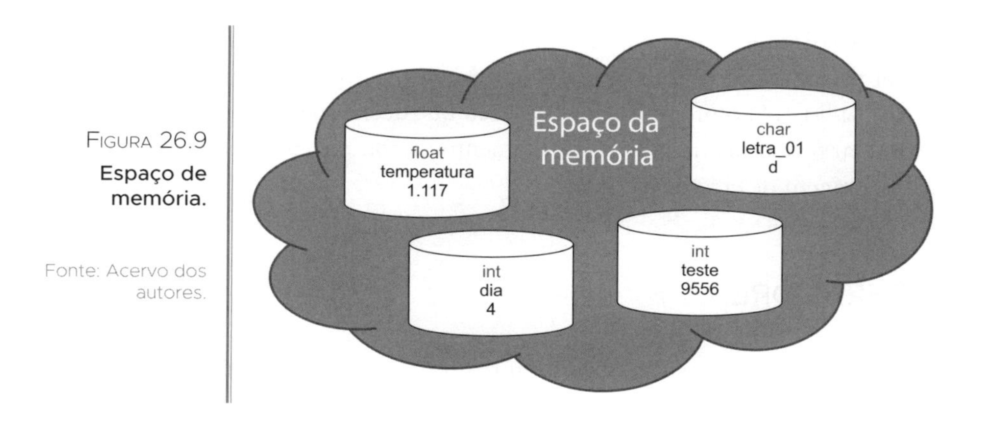

FIGURA 26.9
Espaço de memória.

Fonte: Acervo dos autores.

Vamos dar uma atenção especial para a variável **teste**. Ela foi declarada sem valor inicial. Se no código realizarmos a leitura direta dessa variável, pode acontecer de encontramos um valor que não conhecemos. Para isso, damos o nome de "lixo" de memória. Esse valor genérico apareceu no momento da criação da memória. Sendo assim, por boa prática, é importante atribuir um valor para a memória antes de utilizá-la.

Também é possível utilizar uma palavra reservada **const** na declaração das memórias com valor constante. Essa palavra deve ser inserida antes do tipo da variável.

Isso faz com que essa variável não seja alterada durante o código e tenha sempre seu valor constante (Figura 26.10).

FIGURA 26.10
Declaração de constante.

Fonte: Acervo dos autores.

```
1  const int teste = 6;
2
3  void setup() {
4    Serial.begin(9600);
5  }
6
7  void loop() {
8    Serial.println(teste);
9    teste = 10; <-----
10   delay(500);
11 }
```

Analisando o código da Figura 26.10 podemos concluir que, na linha 1 foi declarada uma constante do tipo inteiro, com nome **teste** e valor igual a **6**. Na linha 9, o programador esqueceu que declarou como constante e tentou alterar o valor da memória. No momento da compilação, a IDE mostrará uma mensagem de erro nessa linha.

OPERADORES

Durante a programação, é comum realizar operações matemáticas. Para isso, temos os operadores aritméticos para realizar os cálculos (Figura 26.11).

FIGURA 26.11
Operadores aritméticos.

Fonte: Acervo dos autores.

Operadores Aritméticos	
Símbolo	Operação
+	Adição
-	Subtração
*	Multiplicação
/	Divisão
++	Incremento; dessa forma, a++ significa o mesmo que a = a + 1
--	Decremento; dessa forma, a-- representa o mesmo que a = a - 1
+=	Operação composta de adição; assim, a + = b significa o mesmo que a = a + b
-=	Operação composta de subtração; assim, a -= b tem o mesmo significado que a = a - b
*=	Operação composta de multiplicação; assim, a *= b representa o mesmo que a = a * b
/=	Operação composta de divisão; assim, a /= b tem o mesmo efeito que a = a / b

Já os operadores relacionais (Figura 26.12) são utilizados para realizar a comparação entre valores. Veja alguns exemplos abaixo:

- A>B — A é maior que B.
- A != B — A é diferente de B.
- A<B — A é menor que B.

Quando utilizados os operadores aritméticos, temos um retorno de verdadeiro ou falso para a expressão que estamos comparando. Vamos supor que a variável A seja igual a 12 (A = 12) e B igual a 6 (B = 6).

Se compararmos: A == B (A é igual a B?).

O retorno que teremos será falso, pois 6 não é igual a 12.

Figura 26.12
Operadores relacionais.

Fonte: Acervo dos autores.

Operadores Relacionais	
Símbolo	Operação
==	Igual
!=	Diferente
>	Maior
<	Menor
>=	Maior ou igual
<=	Menor ou igual

CURIOSIDADES

Um sinal de igual significa atribuição. Veja o exemplo:

Resultado = 2 + 3

Nesse exemplo, o valor da soma de 2 + 3 é atribuída à memória resultado. Então resultado recebe o valor 5.

Quando temos dois sinais de igual, estamos realizando uma comparação.

Exemplo: 2 == 3

Nesse outro exemplo, estamos verificando se o número 2 é igual ao número 3, tendo como retorno o valor falso.

Por fim, temos os operadores lógicos, conforme a Figura 26.13.

Figura 26.13
Operadores lógicos.

Fonte: Acervo dos autores.

Operadores Lógicos	
Símbolo	Operação
&&	E (AND)
||	OU (OR)
!	NÃO (NOT)

Para utilizar esses operadores, precisamos conhecer a tabela de cada lógica. Essas tabelas são as mesmas utilizadas na eletrônica digital.

A tabela somente trabalha com os valores verdadeiro ou falso:

- Verdadeiro — 1
- Falso — 0

A Figura 26.14 mostra a tabela da lógica E.

AND		
A	B	Y
0	0	0
0	1	0
1	0	0
1	1	1

FIGURA 26.14
Lógica E.

Fonte: Acervo dos autores.

A tabela possui dois valores de entrada: A e B. Para cada comparação, temos uma saída Y. Na lógica E, a saída somente é verdadeira quando todas as suas entradas forem verdadeiras. É possível verificar na última linha da tabela que A e B possuem valores verdadeiros, assim, a saída Y também será verdadeira.

Na sequência, temos a tabela da lógica OU (Figura 26.15).

OR		
A	B	Y
0	0	0
0	1	1
1	0	1
1	1	1

FIGURA 26.15
Lógica OU.

Fonte: Acervo dos autores.

A lógica OU necessita apenas de uma entrada verdadeira para sua saída Y ser verdadeira.

Para finalizar, temos a tabela da lógica INVERSORA (Figura 26.16).

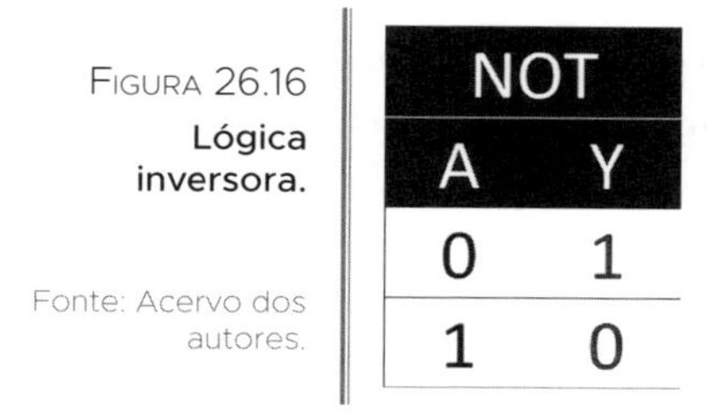

NOT	
A	Y
0	1
1	0

FIGURA 26.16 **Lógica inversora.**

Fonte: Acervo dos autores.

Nessa tabela, a lógica é simples. Para cada valor de entrada, sua saída é invertida. Se a entrada é verdadeira, a saída será falsa.

Sendo assim, vamos analisar os seguintes dados:

- A = 6
- B = 6
- C = 2
- D = 3

Veja a expressão: (A == B) && (C < D)

Essa expressão é verdadeira ou falsa?

Vamos resolver por etapas.

1° — (A == B) é o mesmo que: 6 == 6 → verdadeiro

2° — (C < D) é o mesmo que: 2 < 3 → verdadeiro

3° — Como os dois valores foram verdadeiros, ficamos com a seguinte lógica:

(verdadeiro)&&(verdadeiro)

Analisando a tabela da lógica E (Figura 26.13), 1 E 1 = 1, o valor final da expressão é verdadeiro.

COMENTAR O CÓDIGO

Muitas vezes, queremos que algumas linhas do código fiquem desativadas, sendo que elas continuam escritas, porém não serão compiladas nem gravadas no microcontrolador.

Utilizamos esse recurso para que o programador documente e insira informações que são importantes sobre o código, facilitando sua análise e entendimento.

Para isso, temos duas formas de realizar o comentário.

Para comentar apenas uma linha:

- // — duas barras consecutivas indicam apenas uma linha de comentário.

Para demarcar mais de uma linha, utilizamos:

- /* para iniciar o comentário.
- */ para finalizar.

A Figura 26.17 mostra um código utilizando os dois tipos de comentários.

```
 1 /*
 2   Programa Blink
 3   Desenvolvido por Yan Freitas
 4   Data: 10/09/2018
 5 */
 6
 7 void setup() { //início da função setup
 8   pinMode(13, OUTPUT); // Pino D13 é configurado como saída
 9 } //fim da função setup
10
11 void loop() { //início da função loop
12   digitalWrite(13, HIGH);    // Liga saída D13 - 5V
13   delay(1000);               // Aguarda 1 segundo
14
15   /*
16     digitalWrite(13, HIGH);    // Liga saída D13 - 5V
17     delay(1000);               // aguarda 1 segundo
18     digitalWrite(13, LOW);     // Desliga saída D13 - 0V
19     delay(1000);               // aguarda 1 segundo
20   */
21
22   //digitalWrite(13, HIGH);    // Liga saída D13 - 5V
23   //delay(1000);               // Aguarda 1 segundo
24
25   digitalWrite(13, LOW);     // Desliga saída D13 - 0V
26   delay(1000);               // Aguarda 1 segundo
27 } //fim da função loop
```

FIGURA 26.17 **Código com comentários.**

Fonte: Acervo dos autores.

É possível verificar no código que, da linha 1 até a linha 5, comentamos um trecho do programa. O mesmo ocorre da linha 15 até a linha 20.

Já as linhas 22 e 23 foram comentadas individualmente, sendo opção do programador a forma de comentar.

SISTEMA DE NUMERAÇÃO

No código, podemos utilizar números em formato decimal, binário, octal ou hexadecimal.

O número 12, em decimal por exemplo, pode ser escrito nas bases:

- Decimal: 12_{10}
- Binário: 1100_{2}
- Octal: 14_{8}
- Hexadecimal: C_{16}

Para facilitar a conversão entre essas unidades, podemos utilizar a calculadora do Windows na função "Programador".

Na Figura 26.18, selecionamos a base decimal, como indica a seta, e entramos com o número 12.

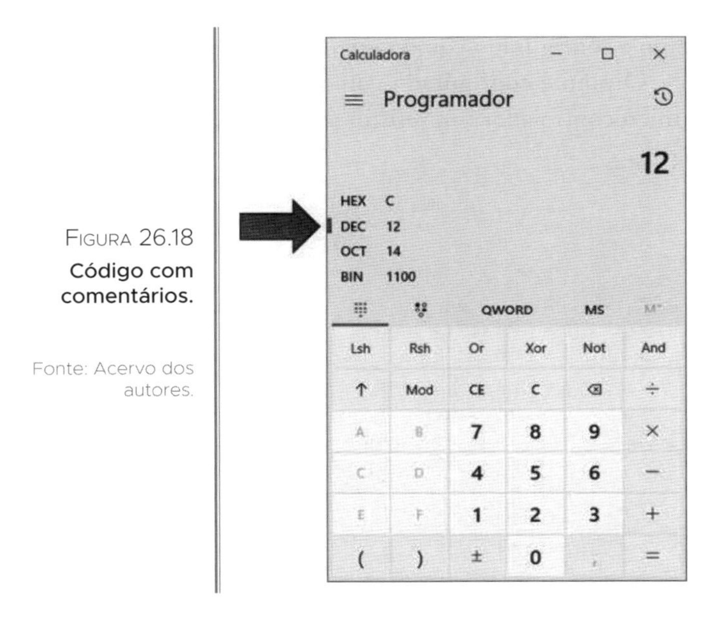

FIGURA 26.18
Código com comentários.

Fonte: Acervo dos autores.

A tabela da Figura 27.19 mostra como podemos utilizar essas bases no código.

Figura 26.19
Bases numéricas.

Base	Formato	Exemplo	Comentário
10 (decimal)	comum	1239	
2 (binário)	"B"	B11101101	Funciona com 8 bits (0 a 255) Caracteres válidos: 0 e 1
8 (octal)	"0" (zero)	173	Caracteres válidos: 0 a 7
16 (hexadecimal)	"0x" (zero + letra "x")	0x7B	Caracteres válidos: 0 a 9 - A B C D E F (a b c d e f)

Fonte: Acervo dos autores.

Para utilizar o número 12 (decimal) no código, é necessário digitar na base hexadecimal: **0x**C. Sendo assim, quando encontramos uma letra '**B**' seguida de alguns números (**B**1100), podemos dizer que encontramos um número binário.

MODO DO PINO

Quando conectamos um sensor ou um atuador a uma porta da Arduino Uno, é necessário informar para o código o modo em que essa porta deve atuar.

Temos três modos de operação:

- Input — O pino é configurado como entrada.
- Output — O pino é configurado como saída.
- Input_Pullup — O pino é configurado como entrada, e habilitamos internamente ao microcontrolador um resistor de pull-up, conforme mostra a Figura 26.20.

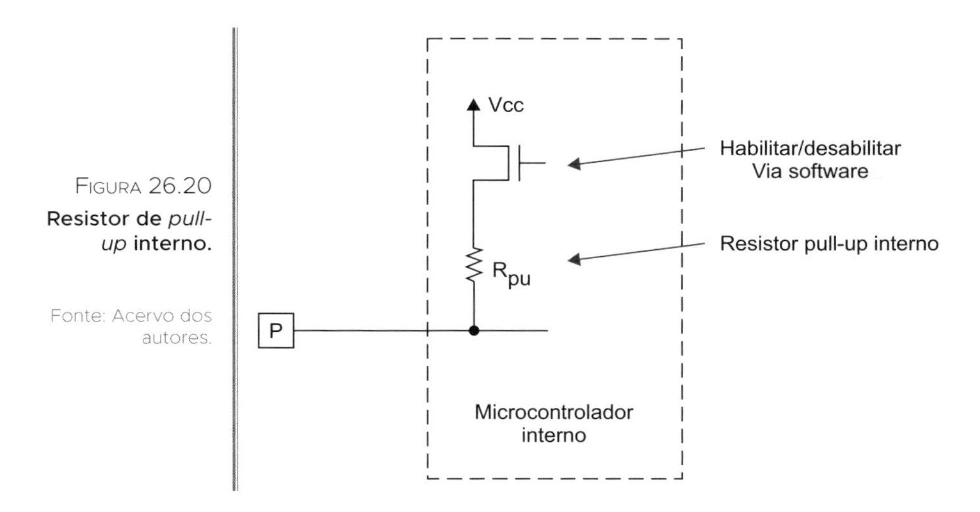

FIGURA 26.20
Resistor de *pull-up* interno.

Fonte: Acervo dos autores.

CURIOSIDADES

É comum encontramos circuitos com resistores de pull-up e pull-down:

pull — puxe

up — cima

down — baixo

É importante entendermos que, quando configuramos um pino como entrada digital, esse pino precisa ter como referência nível lógico alto (5V) ou nível lógico baixo (0V).

Veja um exemplo prático:

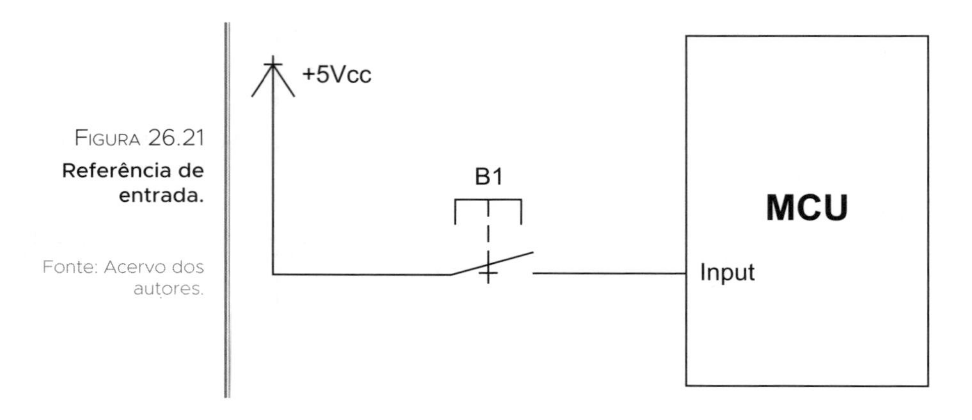

FIGURA 26.21
Referência de entrada.

Fonte: Acervo dos autores.

Se você configurar um pino da Arduino como input e montar o circuito da Figura 26.21, quando o botão B1 for pressionado, será enviado o nível lógico alto para o microcontrolador. Porém, quando o botão estiver solto, que nível de referência vai para o microcontrolador?

A resposta é nenhum, podendo a entrada ficar flutuante. Dessa forma, precisamos garantir nível lógico alto ou baixo na entrada do pino. Para isso, precisamos conhecer o hardware que iremos ligar nas entradas da Arduino.

Para resolver esse problema, podemos utilizar um resistor de pull-down externo ao microcontrolador, como mostra a Figura 26.22.

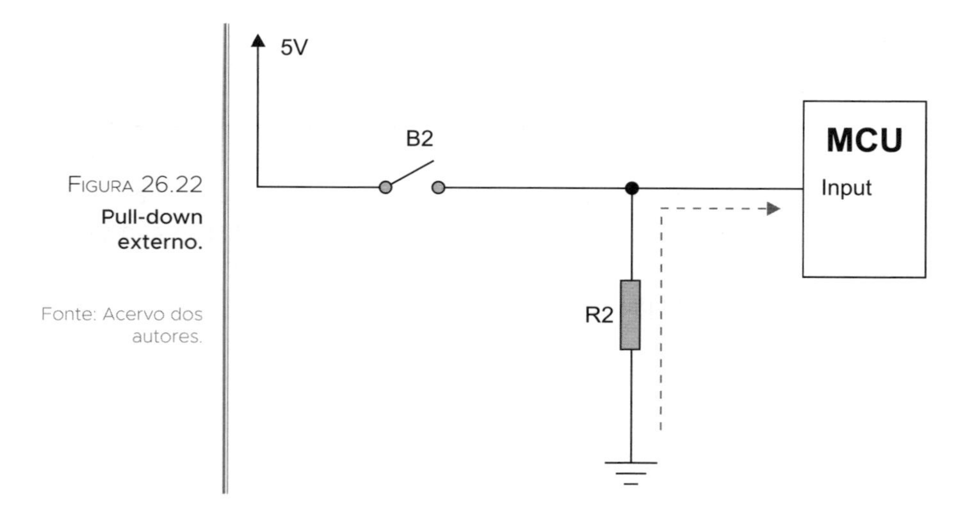

FIGURA 26.22
Pull-down externo.

Fonte: Acervo dos autores.

O circuito acima mostra que, quando o botão B2 é pressionado, o pino de entrada do microcontrolador é levado para o nível lógico alto. Quando o botão B2 não está pressionado, o pino de entrada do microcontrolador é levado para o nível lógico baixo, sendo R2 o resistor de pull-down.

Dependendo do seu hardware, também é possível acionar um pino com nível lógico baixo.

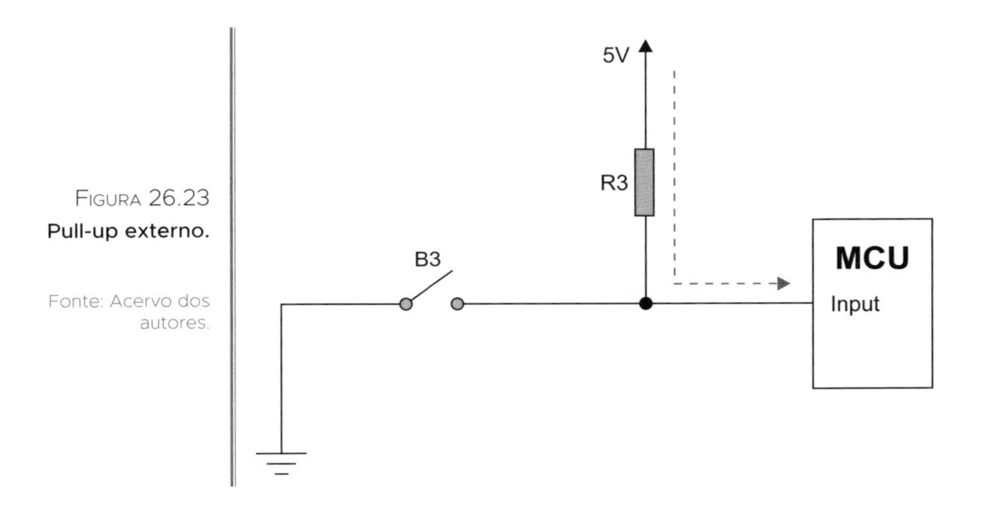

FIGURA 26.23
Pull-up externo.

Fonte: Acervo dos autores.

A Figura 26.23 mostra que, quando o botão B3 é pressionado, o pino de entrada do microcontrolador é levado para o nível lógico baixo. Quando o botão B3 não está pressionado, o pino de entrada do microcontrolador é levado para o nível lógico alto.

Para circuitos com tensão elétrica de 5Vcc, é comum utilizar resistores de pull-up e pull-down entre 1kΩ e 10kΩ.

Mas lembre-se de que os circuitos das Figuras 26.21 e 26.22 são utilizados apenas quando só temos um sinal de referência, sendo nível lógico alto ou baixo. Alguns sensores já possuem esses níveis de tensão em seus pinos, podendo ser ligados diretamente na entrada do Arduino e configurados somente como input.

Internamente ao nosso microcontrolador, temos disponível apenas a opção input pull-up (Figura 26.20), economizando e evitando ter que ligar um resistor externo quando o sinal de entrada for apenas nível lógico baixo.

Agora vamos conhecer como programar o modo do pino.

- **Sintaxe do comando:**

  pinMode (pin, mode);

- **Parâmetros:**

  pin: número do pino — Pinos digitais: 0 a 13

  Pinos analógicos: A0 a A5

  mode: input, output ou input_pullup

A Figura 26.24 mostra, na linha 2 do código, a configuração do pino 13 como saída.

Podemos analisar que o comando foi incluído dentro da função setup.

```
1 void setup() {
2   pinMode(13, OUTPUT);
3 }
4
5
6 void loop() {
7   ...
8   ...
9   ...
10  ...
11 }
```

FIGURA 26.24 Definindo um pino como saída.

Fonte: Acervo dos autores.

NOTA

É muito importante estar atento aos comandos, lembrando de inserir os pontos e vírgulas (;) e verificar as letras maiúsculas e minúsculas.

SAÍDA DIGITAL

A saída digital na placa Arduino Uno pode ter os valores de 0V ou 5V. Temos vários dispositivos e atuadores que podem ser acionados com nível lógico alto ou baixo. Dessa forma, precisamos saber qual o sinal que precisamos enviar para a saída da nossa placa de acordo com a lógica que queremos desenvolver.

Um exemplo prático é o acionamento de um LED (Figura 26.25).

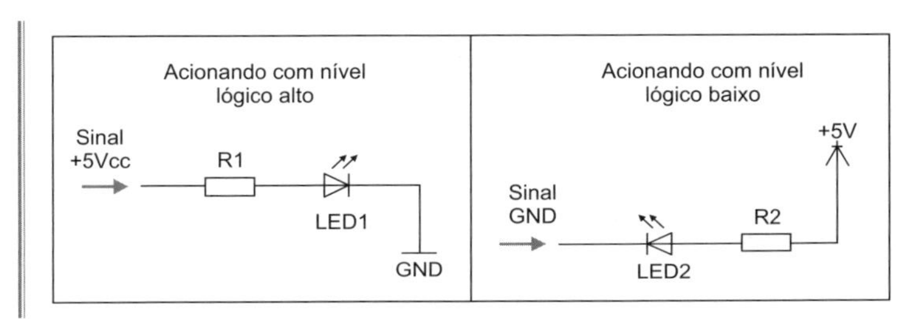

FIGURA 26.25 **Nível lógico para acionamentos.**

Fonte: Acervo dos autores.

No circuito do lado esquerdo, o LED é acionado com nível lógico alto (+5V); já no circuito do lado direito, o mesmo LED pode ser acionado com nível lógico baixo (GND). Isso comprova a importância de conhecermos o funcionamento do hardware que estamos utilizando.

- **Sintaxe do comando:**

  digitalWrite(pin, value);

- **Parâmetros:**

  pin: número do pino (*int*)

  value: HIGH — 1

  LOW — 0

Vamos comparar as próximas três figuras que mostram diferentes formas de utilizarmos o comando digitalWrite.

```
 1 void setup() {
 2   pinMode(13, OUTPUT);
 3 }
 4
 5
 6 void loop() {
 7   digitalWrite(13, HIGH);
 8   delay(1000);
 9   digitalWrite(13, LOW);
10   delay(1000);
11 }
```

FIGURA 26.26
digitalWrite — Exemplo 1.

Fonte: Acervo dos autores.

A Figura 26.26 mostra um código que utiliza duas vezes o comando digitalWrite. Na linha 7 do código, o programa envia nível lógico alto para o pino 13. Já na linha 9, envia nível lógico baixo para o mesmo pino.

A Figura 26.27 mostra o mesmo código, diferenciando apenas que no local das escritas *high* e *low* foram utilizados o número 1, o mesmo que *high*, e o número 0, o mesmo que *low*. Cabe ao programador decidir como prefere utilizar.

```
 1 void setup() {
 2   pinMode(13, OUTPUT);
 3 }
 4
 5
 6 void loop() {
 7   digitalWrite(13, 1);
 8   delay(1000);
 9   digitalWrite(13, 0);
10   delay(1000);
11 }
```

FIGURA 26.27
digitalWrite — Exemplo 2.

Fonte: Acervo dos autores.

No terceiro exemplo (Figura 26.28), utilizamos o valor de uma memória para definir o número do pino.

```
 1 int led = 13;
 2
 3 void setup() {
 4   pinMode(led, OUTPUT);
 5 }
 6
 7
 8 void loop() {
 9   digitalWrite(led, HIGH);
10   delay(1000);
11   digitalWrite(led, LOW);
12   delay(1000);
13 }
```

FIGURA 26.28
digitalWrite — Exemplo 3.

Fonte: Acervo dos autores.

Para isso, a memória deve ser do tipo int, como programado na linha 1. No exemplo acima, a memória "led" foi iniciada com o valor 13 e é global, sendo assim, qualquer função abaixo dela tem acesso às suas informações. Nesse código, chamar a memória "led" é o mesmo que utilizar o número 13.

Esse procedimento é muito útil quando estamos utilizando vários pinos e não lembramos sua função no circuito. Dessa forma, damos um nome "apelido" para esse pino.

COMANDOS DE TEMPO

O comando mais simples utilizado para gerar tempo na placa Arduino é o "delay", realizando uma parada no código por um tempo pré-programado.

- **Sintaxe do comando:**
  delay(ms);
- **Parâmetro:**
  ms: número em milissegundos (*unsigned long* — número inteiro de 16 bits sem sinal: 0 a 4294967295)

Figura 26.29
delay.

Fonte: Acervo dos autores.

```
1 void setup() {
2   pinMode(13, OUTPUT);
3 }
4
5 void loop() {
6   digitalWrite(13, HIGH);
7   delay(1000);
8   digitalWrite(13, LOW);
9   delay(1000);
10 }
```

A Figura 26.29 mostra o comando delay sendo utilizado nas linhas 7 e 9.

Sabendo que 1000ms é igual a 1s, se quisermos realizar uma parada de 5s no código, basta digitar o comando:

```
delay(5000); // parada de 5s.
```

Também temos o comando "delayMicroseconds", utilizado para gerar a parada do código com tempos mais rápidos.

- **Sintaxe do comando:**

  delayMicroseconds (us);

- **Parâmetro:**

  us: número em microssegundos (*unsigned int* — número inteiro de 16 bits sem sinal: 0 a 65.535)

  Atualmente, o maior valor que produzirá um atraso preciso é **16.383**. Para atrasos maiores, devemos utilizar o comando "delay".

Veja as conversões de unidades:

- 1.000μs = 1ms.
- 1.000ms = 1s.
- 1.000.000μs = 1s.

Devemos ter atenção quando utilizarmos os comandos de tempo, evitando interferir na sua lógica.

Exemplo: você quer fazer um programa para piscar o LED 13 continuamente a cada 2s, mas, nesse mesmo programa, você também está verificando se uma entrada foi acionada por um sinal de 200ms. Dependendo do programa, no instante que o sinal da entrada for gerado, o código pode executar a função delay que, nesse caso, demora 2s, garantindo uma grande chance de perder o evento do sinal.

EXEMPLO BLINK

Agora que conhecemos alguns comandos da IDE Arduino, podemos detalhar o funcionamento do exemplo blink, que tem como objetivo piscar o LED que está ligado ao pino 13 da placa.

Mas, antes, precisamos conhecer o funcionamento do hardware.

De acordo com o esquemático da última versão da placa Arduino Uno (revisão 3), a Figura 26.30 mostra que ,se enviarmos nível lógico alto no pino 13, o LED será acesso. Quando aplicamos nível lógico baixo, o LED se apaga.

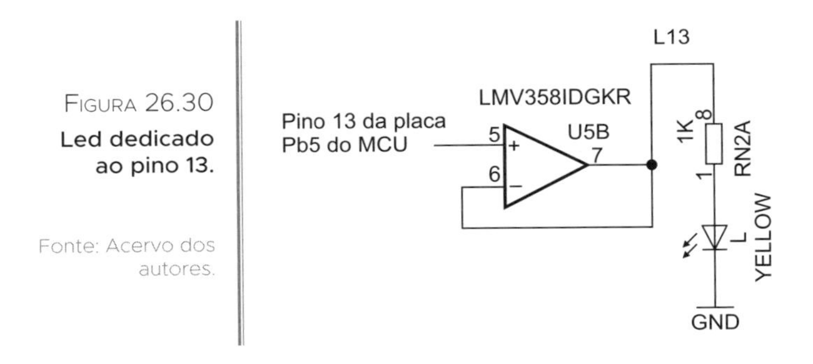

FIGURA 26.30 **Led dedicado ao pino 13.**

Fonte: Acervo dos autores.

Veja o código na Figura 26.31.

FIGURA 26.31 **Exemplo Blink.**

```
 1 void setup() {
 2   pinMode(LED_BUILTIN, OUTPUT);
 3 }
 4
 5 void loop() {
 6   digitalWrite(LED_BUILTIN, HIGH);
 7   delay(1000);
 8   digitalWrite(LED_BUILTIN, LOW);
 9   delay(1000);
10 }
```

Fonte: Acervo dos autores.

Linha 1: Início da função setup.

Linha 2: O LED_BUILTIN foi definido como saída. A palavra LED_BUILTIN é própria da IDE Arduino, sendo um nome para o LED 13, que está dedicado na placa.

Linha 3: Fim da função setup.

Linha 4: Linha vazia.

Linha 5: Início da função loop.

Linha 6: A saída 13 LED_BUILTIN é levada para o nível lógico alto, ligando o LED.

Linha 7: O programa para por 1s.

Linha 8: A saída 13 LED_BUILTIN é levada para o nível lógico baixo, desligando o LED.

Linha 9: O programa para por 1s.

Linha 10: Fim da função loop.

Nesse momento, o programa inicia seu ciclo de loop, entre as linhas 6 e 9, parando apenas se a energia da placa for desligada.

Lembre-se: estamos utilizando a programação estruturada, então siga a lógica de cada linha para entender o funcionamento do programa.

MONITOR SERIAL

A IDE Arduino possui um terminal que mostra os dados que estão sendo enviados e recebidos pela porta serial.

Para abrir o terminal, podemos acessar o menu Ferramentas e clicar em Monitor Serial. Também podemos acessar pelo seu botão de atalho (seção 23.1).

O terminal estabelece uma conexão serial com a placa Arduino, que está conectada à porta USB. Para isso, é necessário configurar corretamente a porta COM, que será utilizada (Ferramentas → Porta).

Para entender mais sobre seu funcionamento, veja a Figura 26.32.

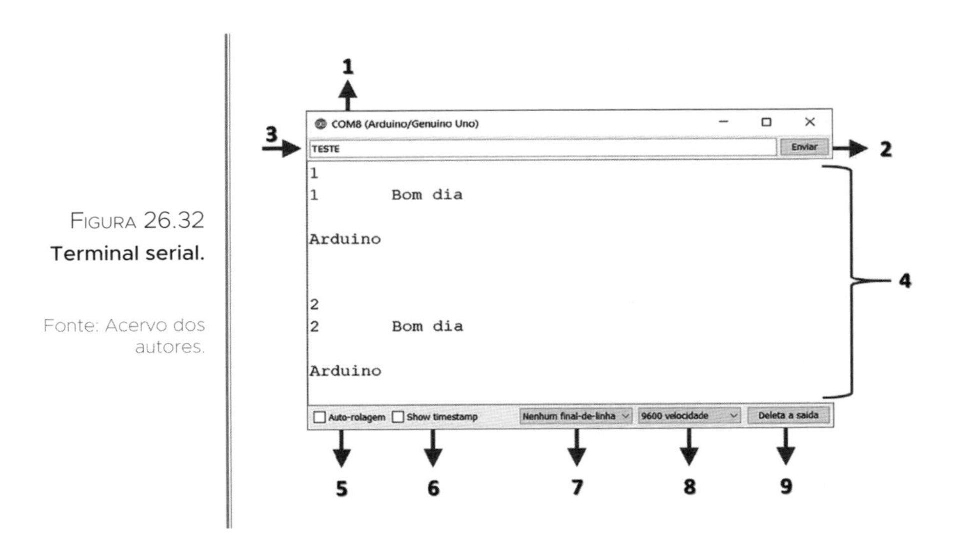

FIGURA 26.32
Terminal serial.

Fonte: Acervo dos autores.

1 Número da porta serial que foi aberta. Na figura, temos a porta serial COM8.

2 Botão Enviar: envia do computador para a placa Arduino os dados que foram inseridos no item 3.

3 Campo para inserir os dados que serão enviados para a porta COM.

4 Dados recebidos da placa Arduino para o computador.

5 Habilita ou desabilita a autorrolagem. Conforme os dados vão chegando no item 4, a tela do terminal vai rolando automaticamente.

6 Habilita ou desabilita a hora que cada pacote de dados foi recebido.

7 Configuração de como os dados serão enviados no item 3:

- Nenhum final de linha: o dado será enviado como foi escrito no campo 3.
- Nova linha: adiciona ao dado que será enviado (item 3) o caractere de nova linha, conforme a tabela ASCII.
- Retorno de carro: adiciona ao dado que será enviado (item 3) um caractere de retorno de carro, conforme a tabela ASCII.
- A ambos, NL e CR, será adicionado um caractere de nova linha e um de retorno de carro.

8 Configuração do *baud rate* (taxa de transmissão). Os dois dispositivos que estão conectados devem estar com a mesma taxa de transmissão, para que os dados possam ser recebidos sem erros. Na Figura 26.31, o *baud rate* está configurado para 9.600.

9 Limpa os dados do terminal.

De acordo com a Figura 26.33, na placa Arduino Uno, temos os pinos (seta A):

- Pino 0: RX — recebe os dados.
- Pino 1: TX — transmite os dados.

Esses dois pinos estão ligados diretamente com o CI, que é responsável pela comunicação USB da placa. Sendo assim, se for utilizar a comunicação serial, é importante evitar a utilização desses pinos como entrada ou saída, deixando os mesmos livres para não gerar interferência no sinal de dados.

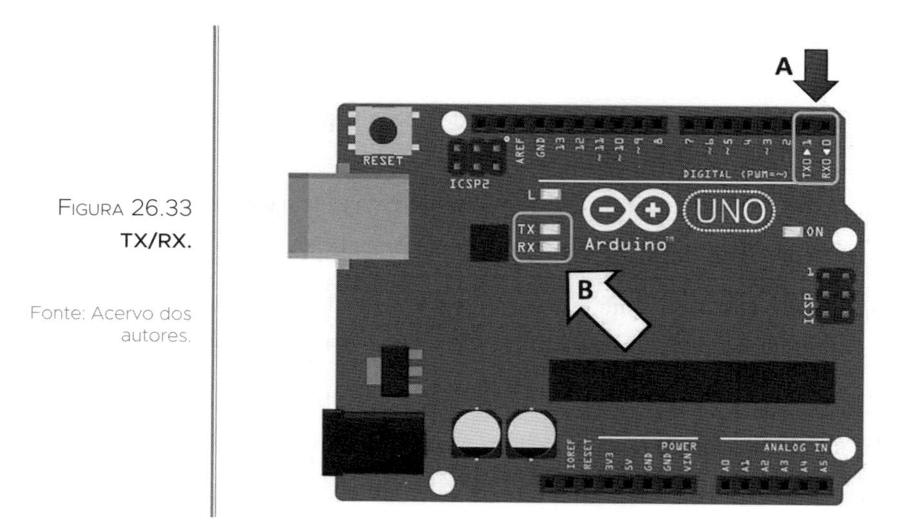

Figura 26.33
TX/RX.

Fonte: Acervo dos autores.

A placa também possui dois LEDs (seta B), que "piscam" de acordo com a transmissão dos dados seriais. Exemplo: para cada dado serial transmitido pela placa Arduino, o LED TX piscará. O mesmo ocorre com o LED RX, quando a porta serial recebe um dado externo.

- **Sintaxe do comando:**

  Serial.begin(speed);

- **Parâmetro:**

  speed: *baud rate* — taxa de transmissão. As opções da taxa de transmissão podem variar entre algumas versões da IDE Arduino, podendo não ter todas as opções (por exemplo, a versão 1.8.7).

  - 300, 1.200, 2.400, 4.800, **9.600**, 19.200, 38.400, 57.600, 74.880, 115.200, 230.400, 250.000, 500.000, 1.000.000, 2.000.000.

O valor comum que encontramos entre as taxas de transmissão é de 9.600. Valores altos de transmissão podem gerar a perda de alguns pacotes de dados. A Figura 26.34 mostra a configuração da porta serial para 9.600.

FIGURA 26.34 **Configuração serial.**

```
1 void setup() {
2   Serial.begin(9600);
3 }
```

Fonte: Acervo dos autores.

Como é uma configuração apenas para ativar a porta serial, ela pode ser escrita dentro da função setup.

CURIOSIDADES

Lembre-se sempre de que abrir o terminal é o mesmo que resetar a placa Arduino, gerando um autoreset.

ENVIANDO DADOS NA PORTA SERIAL

Para enviar dados para a porta serial, utilizamos o comando "Serial.print" ou "Serial.println".

- **Sintaxe dos comandos:**

  Serial.print(val);

  Serial.println(val);

  O comando “Serial.print” apenas envia os dados solicitados. Já o comando “Serial.println”, além de enviar os dados solicitados, acrescenta os caracteres ASCII ao final da transmissão:

  - *Carriage Return* — CR (retorno do carro)
  - *Line Feed* — LF (nova linha)

- **Parâmetro:**

  val: valor que será enviado para a porta serial. De acordo com o tipo e o formato do valor que queremos enviar, devemos seguir algumas regras (Figura 26.35).

FIGURA 26.35
Enviando dados seriais 1.

Fonte: Acervo dos autores.

```
1 void setup() {
2   Serial.begin(9600);
3 }
4 void loop() {
5   Serial.print(78); //mostra "78"
6   Serial.print(1.23456); //mostra "1.23"
7   Serial.print('N'); //mostra "N"
8   Serial.print("Hello world."); //mostra "Hello world."
9 }
```

Linha 5: Apenas estamos enviando um número no formato decimal.

Linha 6: Envia para a serial um número com seis casas depois da vírgula. Por padrão, será enviado o número com apenas duas casas decimais depois da vírgula.

Linha 7: Envia o caractere ‘N’. Por ser um caractere, está entre aspas simples.

Linha 8: Envia uma string (conjunto de caracteres), sendo possível enviar um texto dentro das aspas duplas.

Outra configuração para o envio de dados pode ser na sua formatação, podendo alterar a precisão e a base numérica. Veja a Figura 26.36.

- **Sintaxe dos comandos:**

  Serial.print(val, format);

  Serial.println(val, format);

FIGURA 26.36
Enviando dados seriais 2.

Fonte: Acervo dos autores.

```
 1 void setup() {
 2   Serial.begin(9600);
 3 }
 4 void loop() {
 5   Serial.print(78, BIN); //mostra "1001110"
 6   Serial.print(78, OCT); //mostra "116"
 7   Serial.print(78, DEC); //mostra "78"
 8   Serial.print(78, HEX); //mostra "4E"
 9   Serial.println(1.23456, 0); //mostra "1"
10   Serial.println(1.23456, 2); //mostra "1.23"
11   Serial.println(1.23456, 4); //mostra "1.2346"
12 }
```

As linhas 5, 6, 7 e 8 mostram que é possível ter um dado em uma determinada base numérica e enviar o mesmo valor já convertido em outra base para a serial.

Linha 5: Converte o número 78 de decimal para binário. Será enviado: 1001110.

Linha 6: Converte o número 78 de decimal para octal. Será enviado: 116.

Linha 7: Converte o número 78 de decimal para decimal, mantendo o mesmo valor. Será enviado: 78.

Linha 8: Converte o número 78 de decimal para hexadecimal. Será enviado: 4E.

Já as linhas 9, 10 e 11 são responsáveis por alterar a precisão do valor numérico que será enviado. Muitas vezes, estamos realizando um cálculo no programa e queremos garantir que somente seja enviado um número com 'x' casas decimais, sendo 'x' um valor escolhido pelo programador.

Linha 9: Não mostra nenhuma casa depois da vírgula.

Linha 10: Mostra o número com a precisão de duas casas depois da vírgula.

Linha 11: Mostra o número com a precisão de quatro casas depois da vírgula.

Existem também outros padrões para formatação. Por exemplo, dentro das aspas duplas, podemos inserir alguns comandos:

- **\n**: cada \n inserido indica o mesmo que enviar o comando nova linha e retorno do carro, gerando o efeito de pular uma linha.
- **\t**: tabulação horizontal.

Na Figura 26.37, temos um código que envia em vários formatos alguns dados para a porta serial. Já a Figura 26.38 mostra esses dados sendo recebidos pelo terminal serial.

FIGURA 26.37
Enviando dados seriais 3.

Fonte: Acervo dos autores.

```
 1 int i = 0;
 2 void setup() {
 3   Serial.begin(9600);
 4 }
 5 void loop() {
 6   i=i+1;
 7   Serial.println(i);
 8   Serial.print(i);
 9   Serial.print("   ");
10   Serial.print("Bom dia");
11   Serial.print("\n");
12   Serial.print(i);
13   Serial.print("\t");
14   Serial.print("Joao\n");
15   Serial.print("\n\n");
16   Serial.print("ARDUINO");
17   Serial.println("\tPROJETOS\n");
18 }
```

Linha 1: Declara a variável i como inteiro e inicia seu valor igual a 0.

Linha 2: Início da função setup.

Linha 3: Configuração da porta serial para 9.600.

Linha 4: Fim da função setup.

Linha 5: Início da função loop.

Linha 6: Busca o valor da variável i e soma mais 1. O novo valor é armazenado na própria variável i.

Exemplo: nesse código, a variável i inicia em 0. Então 0 + 1 = 1. O valor 1 é atualizado na variável i. Quando essa linha for executada novamente, o valor de i = 1. Sendo assim, 1 + 1 = 2. O novo valor de i será igual a 2. Nesse código, a sequência lógica será executada enquanto a placa Arduino estiver energizada. Como não existe um limite definido no código, em um determinado momento, a variável i pode chegar ao valor máximo positivo que o tipo int suporta (32.767), voltando para seu valor negativo -32.768.

Linha 7: Envia para a serial o valor da variável i, e em seguida pula uma linha devido ao comando println.

Linha 8: Envia para a serial o valor da variável i.

Linha 9: Envia para a serial dois espaços em branco.

Linha 10: Envia para a serial o texto "Bom dia".

Linha 11: Apenas pula uma linha devido ao comando \n.

Linha 12: Envia para a serial o valor da variável i.

Linha 13: Espaço (tab) comando \t.

Linha 14: Envia para a serial o texto "Joao", e em seguida pula uma linha devido ao comando \n.

Linha 15: Pula duas linhas com os comandos \n.

Linha 16: Envia para a serial o texto "ARDUINO".

Linha 17: Primeiro envia um espaço (tab) com o comando \t, na sequência, envia o texto "PROJETOS" e, por fim, pula duas linhas, uma devido ao comando \n, e outra através do comando println.

Linha 18: Fim da função loop.

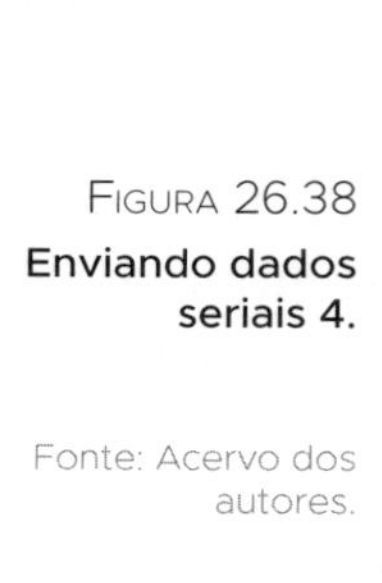

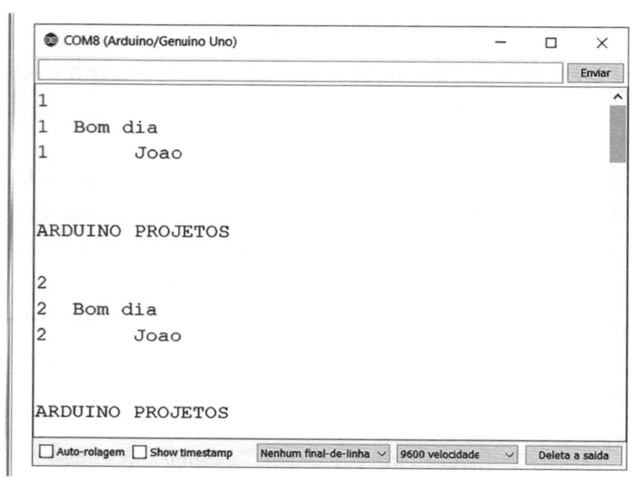

FIGURA 26.38
Enviando dados seriais 4.

Fonte: Acervo dos autores.

Na figura anterior, vemos o resultado do terminal serial, mostrando que a função loop foi executada pelo menos duas vezes.

DEFININDO UM PINO

No código, podemos utilizar #define para dar um nome para um valor constante.

Constantes definidas no Arduino não ocupam espaço de memória de programa no chip. No momento da compilação, o compilador substituirá as referências pelo seu valor definido.

- **Sintaxe:**

  #define constatName value

  Atenção para incluir o #.
  Não utilizamos ponto e vírgula nesse comando.
  A Figura 26.39 mostra que definimos o pino 13 como led_pin.

FIGURA 26.39
Utilizando #define.

Fonte: Acervo dos autores.

```
 1 #define led_pin 13
 2
 3 void setup() {
 4   pinMode(led_pin, OUTPUT);
 5 }
 6
 7 void loop() {
 8   digitalWrite(led_pin, HIGH);
 9   delay(1000);
10   digitalWrite(led_pin, LOW);
11   delay(1000);
12 }
```

No lugar de: #define led_pin 13

Poderíamos utilizar: int led_pin = 13;

Dessa forma, utilizaremos espaço na memória, e a função no final será a mesma. Em um programa pequeno, não veremos diferença, mas quando temos um programa grande, com várias linhas de código, utilizando muitas variáveis, é importante economizar o espaço de memória. Dessa forma, para definir valores de constantes, vamos utilizar o comando #define.

ENTRADA DIGITAL

As entradas digitais da placa Arduino Uno podem receber valores em nível lógico alto ou nível lógico baixo. É muito importante garantir algum valor na entrada dos pinos, evitando que ele fique flutuando (sem nenhum sinal de entrada). A Figura 26.40 mostra uma tabela com os dados de entrada para o CI do microcontrolador ATmega328P, sendo os dados obtidos a partir do datasheet do CI.

FIGURA 26.40
Características de entrada.

Fonte: Acervo dos autores.

	Symbol	Parameter	Condition	Min.	Max.	Units
1	V_{IL}	Input Low Voltage, except XTAL1 and RESET pin	V_{CC} = 1.8V - 2.4V V_{CC} = 2.4V - 5.5V	-0.5 -0.5	$0.2V_{CC}$ $0.3V_{CC}$	V
2	V_{IH}	Input High Voltage, except XTAL1 and RESET pins	V_{CC} = 1.8V - 2.4V V_{CC} = 2.4V - 5.5V	$0.7V_{CC}$ $0.6V_{CC}$	V_{CC} + 0.5 V_{CC} + 0.5	V
3	V_{IL1}	Input Low Voltage, XTAL1 pin	V_{CC} = 1.8V - 5.5V	-0.5	$0.1V_{CC}$	V
4	V_{IH1}	Input High Voltage, XTAL1 pin	V_{CC} = 1.8V - 2.4V V_{CC} = 2.4V - 5.5V	$0.8V_{CC}$ $0.7V_{CC}$	V_{CC} + 0.5 V_{CC} + 0.5	V
5	V_{IL2}	Input Low Voltage, RESET pin	V_{CC} = 1.8V - 5.5V	-0.5	$0.1V_{CC}$	V
6	V_{IH2}	Input High Voltage, RESET pin	V_{CC} = 1.8V - 5.5V	$0.9V_{CC}$	V_{CC} + 0.5	V
7	V_{IL3}	Input Low Voltage, RESET pin as I/O	V_{CC} = 1.8V - 2.4V V_{CC} = 2.4V - 5.5V	-0.5 -0.5	$0.2V_{CC}$ $0.3V_{CC}$	V
8	V_{IH3}	Input High Voltage, RESET pin as I/O	V_{CC} = 1.8V - 2.4V V_{CC} = 2.4V - 5.5V	$0.7V_{CC}$ $0.6V_{CC}$	V_{CC} + 0.5 V_{CC} + 0.5	V

1 V_{IL}: Entrada de baixa tensão, exceto XTAL1 e pino de reset.

2 V_{IH}: Entrada de alta tensão, exceto XTAL1 e pinos de reset.

3 V_{IL1}: Entrada de baixa tensão, pino XTAL1.

4 V_{IH1}: Entrada de alta tensão, pino XTAL1.

5 V_{IL2}: Entrada de baixa tensão, pino de reset.

6 V_{IH2}: Entrada de alta tensão, pino de reset.

7 V_{IL3}: Entrada de baixa tensão, pino de reset como I/O.

8 V_{IH3}: Entrada de alta tensão, pino de reset como I/O.

Vamos destacar os itens 1 e 2, que mostram as características do nível de tensão para as entradas digitais.

A tabela mostra que, se alimentamos o microcontrolador entre 2.4V e 5.5V:

- 1 — V_{IL} nível lógico baixo:
  - Mínimo = -0,5V
  - Máximo = 0,3 × Vcc
- 2 – V_{IH} nível lógico alto:
  - Mínimo = 0,6 × Vcc
  - Máximo = Vcc + 0,5

Se o microcontrolador for alimentado com 5V, então teremos os seguintes valores:

- **Nível lógico baixo (Vcc = 5V):**
  - Mínimo = -0,5V
  - Máximo = 0,3 × 5 = 1,5V
- **Nível lógico alto (Vcc = 5V):**
  - Mínimo = 0,6 × Vcc = 0,6 × 5 = 3V
  - Máximo = Vcc + 0,5 = 5 + 0,5 = 5,5V

A seguir temos o comando utilizado para a leitura de um pino digital.

- **Sintaxe do comando:**
  digitalRead(pin);
- **Parâmetro:**
  pin: número do pino.
- **Retorno:**
  high ou low

A Figura 26.43 mostra um código que realiza a leitura do pino digital 2 e verifica:

- Se o pino digital está com nível lógico alto. Caso esteja, ele liga o LED 13 da placa.
- Caso não esteja, ele desliga o LED 13 da placa.

Para isso, montamos o hardware da Figura 26.41.
O hardware montado tem uma chave táctil e um resistor de pull-down.

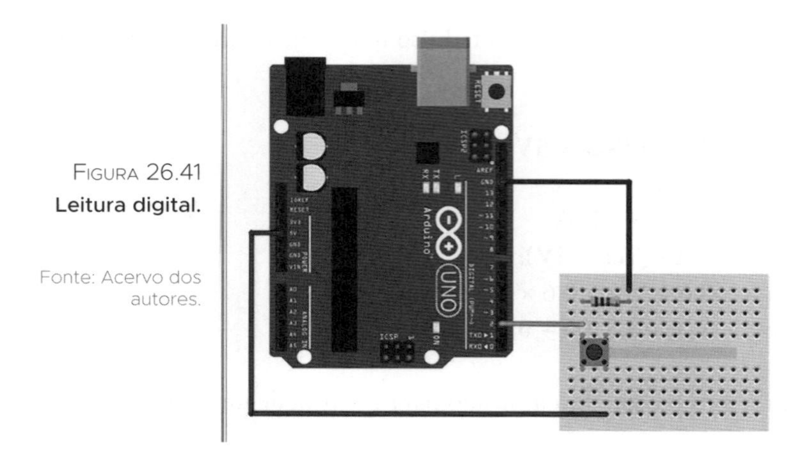

FIGURA 26.41
Leitura digital.

Fonte: Acervo dos autores.

Sempre que pressionamos a chave táctil, enviamos 5Vcc para o pino 2 da placa. Esse nível de tensão para o CI ATmega328P é conhecido como nível lógico alto. Quando soltamos o botão, é enviado nível lógico baixo através do resistor de pull-down.

Muita atenção para a posição da chave táctil (Figura 26.42).

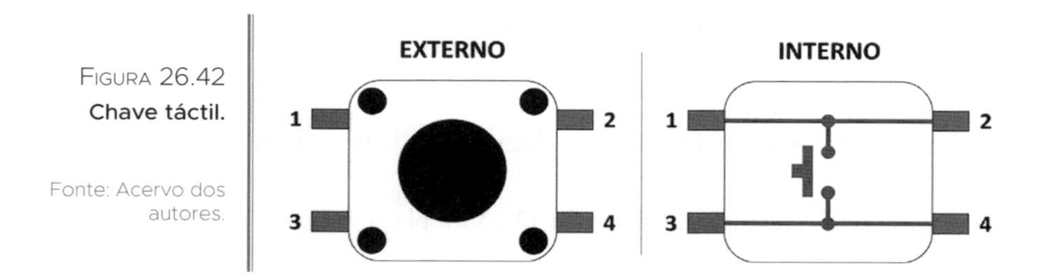

FIGURA 26.42
Chave táctil.

Fonte: Acervo dos autores.

Os pinos 1 e 2 da chave táctil são conectados internamente. O mesmo ocorre com os pinos 3 e 4.

```
1 const int buttonPin = 2;
2 const int ledPin =  13;
3 int buttonState = 0;
4
5 void setup() {
6   pinMode(ledPin, OUTPUT);
7   pinMode(buttonPin, INPUT);
8 }
9
10 void loop() {
11   buttonState = digitalRead(buttonPin);
12   if (buttonState == HIGH) {
13     digitalWrite(ledPin, HIGH);
14   }
15   else {
16     digitalWrite(ledPin, LOW);
17   }
18 }
```

FIGURA 26.43
Leitura digital.

Fonte: Acervo dos autores.

Na linha 11 do código, realizamos a leitura do pino 2 da placa Arduino, que foi definido como entrada com o nome de buttonPin. O valor lido é armazenado na variável buttonState.

Já na linha 12, verificamos se a variável buttonState é igual a nível lógico alto. Se for verdadeiro, o LED 13 é ligado.

É importante entender que o valor da leitura de um pino pode ser armazenado ou, então, utilizado em alguma comparação.

ESTRUTURA CONDICIONAL

Na linguagem da plataforma Arduino, temos comandos que realizam comparações entre valores. Para isso, utilizamos a estrutura condicional que pode ser simples, composta ou aninhada.

- **Estrutura condicional simples** (Figura 26.44): Verifica se a expressão é verdadeira. Se sim, o bloco de comandos internos da estrutura é executado. Se for falsa, o bloco não é executado, pulando para a próxima linha do código.

FIGURA 26.44
Estrutura condicional simples.

Fonte: Acervo dos autores.

```
if (expressão) {
  [bloco de comandos]
  ...
  ...
  ...
}
```


As estruturas condicionais começam com **abre chaves**, e terminam com **fecha chaves**.

Veja o exemplo:

```
x = 3;
if (x > 2) {
}
```

A expressão é lida da seguinte forma: se x for maior que 2. Para realizar as comparações, utilizamos os operadores relacionais que aprendemos na seção 26.4.

Também podemos utilizar os operadores lógicos de acordo com a lógica desenvolvida (Figura 26.45).

FIGURA 26.45
Estrutura condicional simples com operador lógico.

Fonte: Acervo dos autores.

```
if (expressão A && expressão B) {
  [bloco de comandos]
  ...
  ...
}

if (expressão A || expressão B) {
  [bloco de comandos]
  ...
  ...
}
```

Muitas vezes, queremos comparar mais de um valor ao mesmo tempo. Por exemplo, um alarme residencial com três sensores. Se algum sensor for acionado, queremos ligar uma saída do Arduino.

No exemplo abaixo, S1, S2 e S3 são variáveis que têm os valores das leituras dos sensores.

```
if (S1 == HIGH || S2 == HIGH || S3 == HIGH) {
        digitalWrite(sirene, HIGH);
}
```

A leitura da expressão fica: se S1 for igual a nível lógico alto OU S2 for igual a nível lógico alto OU S3 for igual a nível lógico alto.

Como estamos utilizando a lógica OU, se algum dos sensores for atuado e enviar nível lógico alto, a condição será verdadeira.

- **Estrutura condicional composta** (Figura 26.46): A estrutura condicional composta apresenta um bloco de comandos se a expressão for verdadeira, e outro bloco se a expressão for falsa. Dessa forma, podemos atribuir uma lógica para os dois efeitos da comparação. Utilizamos o if (se) e o else (se não). No momento de cada comparação, apenas um bloco será executado, o bloco "se a expressão é verdadeira" ou o bloco "se a expressão é falsa".

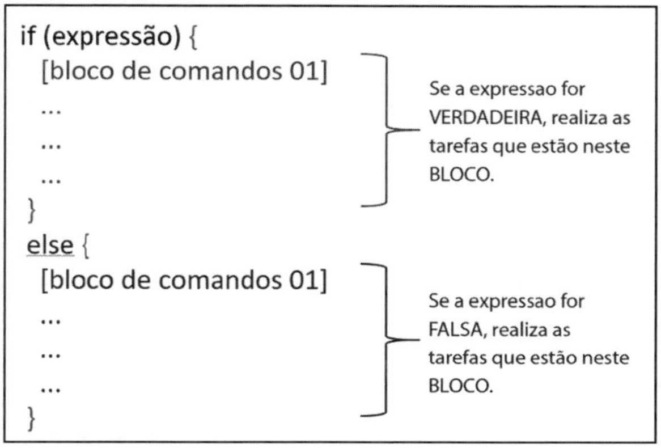

FIGURA 26.46 Estrutura condicional composta.

```
if (expressão) {
  [bloco de comandos 01]      Se a expressao for
  ...                         VERDADEIRA, realiza as
  ...                         tarefas que estão neste
  ...                         BLOCO.
}
else {
  [bloco de comandos 01]      Se a expressao for
  ...                         FALSA, realiza as
  ...                         tarefas que estão neste
  ...                         BLOCO.
}
```

Fonte: Acervo dos autores.

Veja o exemplo:

```
if (x == 10) {
  digitalWrite(13, HIGH);
}
else {
  digitalWrite(13, LOW);
}
```

Nesse exemplo, verificamos se o valor de x é igual a 10. Se for verdadeiro, o código entra no primeiro bloco e liga o LED 13 da placa Arduino Uno. O bloco else será pulado e não será executado.

Se a condição for falsa, o primeiro bloco é pulado e o programa entra na função else, executando o comando para desligar o LED 13 da placa.

- **Estrutura condicional aninhada** (Figura 26.47): Quando precisamos realizar várias comparações e somente uma delas é verdadeira, utilizamos o modo aninhado.

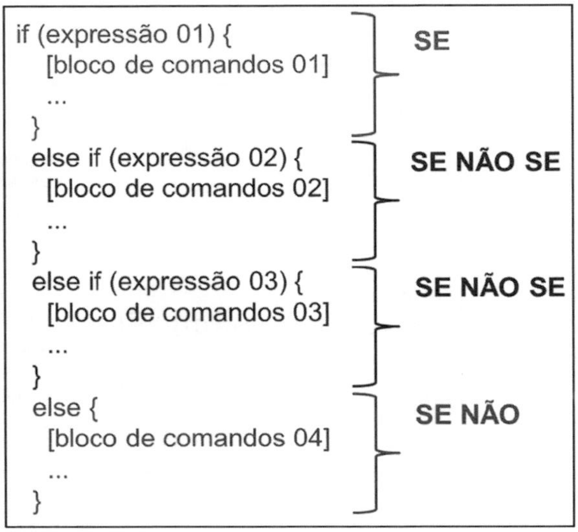

```
if (expressão 01) {          SE
  [bloco de comandos 01]
  ...
}
else if (expressão 02) {     SE NÃO SE
  [bloco de comandos 02]
  ...
}
else if (expressão 03) {     SE NÃO SE
  [bloco de comandos 03]
  ...
}
else {                       SE NÃO
  [bloco de comandos 04]
  ...
}
```

FIGURA 26.47 Estrutura condicional aninhada.

Fonte: Acervo dos autores.

- Na estrutura aninhada, só deve existir um **if**. Esse **if** inicial **é obrigatório**, e sempre é o primeiro comando da estrutura aninhada.
- Nessa estrutura, podem existir diversos **else if**, de acordo com a necessidade da lógica.
- Deve existir, no mínimo, um **else if**.
- Na estrutura aninhada, o último comando else **não é obrigatório**.
- O comando **else** pode existir de acordo com a necessidade da lógica e sempre é o último comando da estrutura aninhada.

Analise o exemplo:

```
if (x == 1) {
  digitalWrite(2, HIGH);
 }
 else if (x == 2) {
 digitalWrite(3, HIGH);
 }
 else if (x == 3) {
 digitalWrite(4, HIGH);
 }
 else {
  digitalWrite(2, LOW);
  digitalWrite(3, LOW);
  digitalWrite(4, LOW);
 }
```

No exemplo acima, se x == 1 for verdadeiro, o primeiro bloco será executado, a saída 2 será enviada para o nível lógico alto, e todos os demais blocos da estrutura aninhada serão pulados.

Agora, se x for igual a 10, o programa entrará no else, enviando as saídas 2, 3 e 4 para o nível lógico baixo.

SWITCH CASE

O comando switch case verifica o valor de uma variável e entra no bloco específico do valor recebido. Na Figura 26.48, temos um exemplo de como utilizar a estrutura do comando.

```
switch (valor) {
  case valor1:
        [bloco de comandos A]
        ...
        break;
  case valor2:
        [bloco de comandos B]
        ...
        break;
  default:
        [bloco de comandos C]
        ...
        break;
}
```

FIGURA 26.48
Switch case.

Fonte: Acervo dos autores.

Caso nenhum dos cases seja verdadeiro, o bloco default será executado. O bloco default não é obrigatório.

No final de cada bloco de comandos, utilizamos o comando **break**, que faz com que a estrutura seja encerrada. O exemplo abaixo mostra o funcionamento da estrutura switch case.

```
switch (contador) {
  case 1:
   Serial.println("Valor recebido igual a 1");
   break;
  case 2:
   Serial.println("Valor recebido igual a 2");
   break;
```

```
    case 3:
      Serial.println("Valor recebido igual a 3");
      break;
    default:
      Serial.println("Valor incorreto...");
      break;
}
```

De acordo com a estrutura, no exemplo acima, se a variável "contador" for igual a 2, o segundo bloco de comandos será executado → case 2, enviando "Valor recebido igual a 2" para a porta serial.

No comando switch case é permitido utilizar dados do tipo int e char.

ESTRUTURA DE REPETIÇÃO

Muitas vezes, durante a execução do código, é necessário repetir algum bloco de comandos. Algumas vezes sabemos o quanto é necessário repetir, outras vezes não temos essa informação, e o bloco precisa ser repetido enquanto algum evento estiver ocorrendo. Dessa forma, na linguagem de programação, temos comandos que realizam repetições no código.

- **Comando while — enquanto** (Figura 26.49): Enquanto a expressão for verdadeira, o bloco de comandos será repetido.

Figura 26.49
Estrutura de repetição: while

```
while (expressão 01) {
   [bloco de comandos]
   ...
}
```

Veja o exemplo:

```
while (digitalRead(4) == HIGH) {
  x++;
  y = x + 10;
  Serial.println(x);
  Serial.println(y);
}
```

Enquanto o pino 4 da placa Arduino Uno estiver recebendo nível lógico alto, os comandos internos do bloco while estarão sendo repetidos. Se o programa passar por esse comando e verificar que a expressão é falsa, o bloco será pulado.

- **Comando do-while — faça enquanto** (Figura 26.50): A diferença entre este comando e o anterior está no momento em que a expressão será verificada.

Neste caso, a expressão será verificada no final de cada ciclo de repetição. Dessa forma, podemos afirmar que o bloco será sempre executado ao menos uma vez antes de a expressão ser verificada.

FIGURA 26.50 **Estrutura de repetição: do while.**

```
do{
   [bloco de comandos]
   ...
} while (expressão 01) ;
```

Fonte: Acervo dos autores.

No exemplo, utilizamos o mesmo código anterior, porém alteramos a estrutura. A única diferença, como vimos, é que mesmo se a condição for falsa, o bloco será executado uma única vez.

```
do {
   x++;
   y = x + 10;
   Serial.println(x);
   Serial.println(y);
 } while (digitalRead(4) == HIGH);
```

- **Comando for — para** (Figura 26.51): Por fim, temos o comando de repetição for. Neste comando, podemos adicionar a quantidade de vezes que queremos repetir um determinado bloco de comandos.

Figura 26.51
Estrutura de repetição: for.

```
for (valor_inicial; condição_final; incremento_decremento) {
        [bloco de comandos]
        ...
}
```

Fonte: Acervo dos autores.

Entendendo seu funcionamento:

1 Verifica o valor_inicial.

2 Testa a condição_final.

3 Se a condição_final for **falsa**, encerra o bloco for e dá sequência à estrutura do programa. Se a condição_final for **verdadeira**, executa os comandos que estão dentro da estrutura **for**.

4 Executa o comando de incremento OU decremento, atualizando o valor da memória inicial.

5 Volta para o passo 2.

Vamos analisar o exemplo abaixo:

```
for (x = 0; x < 5; x++){
Serial.println(x);
}
```

No exemplo acima:

1 x inicia com o valor 0.

2 $x < 5$, como $x = 0$, é o mesmo que $0 < 5$ (zero é menor que cinco).

3 A condição é verdadeira, então entra para executar o bloco de comandos.

4 Ao terminar de executar os comandos, incrementa o valor de x. Neste caso, $x = 1$.

5 Voltando para o passo 2, testa novamente a condição: $x < 5$, como $x = 1$, é o mesmo que $1 < 5$ (um é menor que cinco).

6 Por ser verdadeiro, executa novamente o bloco de comandos.

Esse ciclo se repete até o teste da condição ser falso.
Veja, $x<5$, sendo que x inicia em 0:

- $0 < 5 \rightarrow$ verdadeiro (entra no bloco pela primeira vez).
- $1 < 5 \rightarrow$ verdadeiro (entra no bloco pela segunda vez).
- $2 < 5 \rightarrow$ verdadeiro (entra no bloco pela terceira vez).
- $3 < 5 \rightarrow$ verdadeiro (entra no bloco pela quarta vez).
- $4 < 5 \rightarrow$ verdadeiro (entra no bloco pela quinta vez).
- $5 < 5 \rightarrow$ falso. Pula a estrutura e continua o programa.

Concluímos que, nesse exemplo, os comandos serão repetidos cinco vezes.

ENTRADA ANALÓGICA

Os pinos de entrada analógica da placa Arduino Uno possuem um conversor A/D (analógico para digital) com resolução de 10 bits.

Dessa forma, 2^{10}= 1.024, significando que o sinal de entrada será convertido para valores de 0 a 1.023.

Esse valor é convertido em números inteiros, mas se o microcontrolador estiver sendo alimentando com 5V, podemos garantir que um sinal de entrada de 5V corresponde a uma resolução máxima de 1.023 (Figura 26.52).

Podemos calcular o valor de acordo com a tensão de entrada:

$$ADC = \frac{V_{IN} \text{ x } 1023}{V_{REF}}$$

ADC → Analog to Digital Converter

V_{IN} → Tensão de entrada pino analógico (entre 0 e 5V)

V_{REF} → Tensão de Referência do microcontrolador → 5V

FIGURA 26.52
Conversor A/D.

Fonte: Acervo dos autores.

Tensão de entrada no pino analógico	Resolução conversor A/D
0V	0
2,5	~511
5V	1023

- **Sintaxe do comando:**
  analogRead(pin);
- **Parâmetro:**
  pin: número do pino.
- **Retorno:**
  int (0 a 1023).

O programa da Figura 26.54 mostra a leitura analógica do pino A0. O valor lido é utilizado para ajustar o tempo de parada no comando delay. Para testar esse programa, montamos o circuito da Figura 26.53 com um potenciômetro de 10kΩ. Dessa forma, é possível variar o valor da tensão de 0 a 5V e realizar a leitura entre 0 e 1.023 no Arduino Uno.

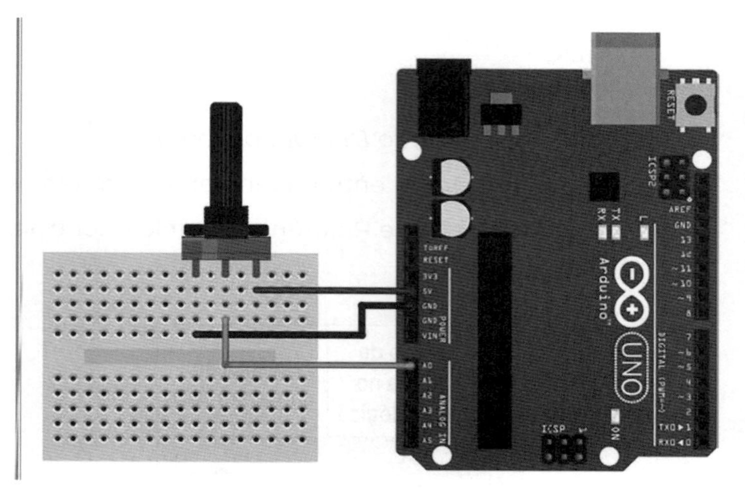

Figura 26.53
Entrada A0 do potenciômetro.

Fonte: Acervo dos autores.

Figura 26.54
Leitura do pino A0.

Fonte: Acervo dos autores.

```
 1 #define sensorPin A0
 2 #define ledPin 13
 3
 4 int sensorValue = 0;
 5
 6 void setup() {
 7   pinMode(sensorPin, INPUT);
 8   pinMode(ledPin, OUTPUT);
 9 }
10
11 void loop() {
12   sensorValue = analogRead(sensorPin);
13   digitalWrite(ledPin, HIGH);
14   delay(sensorValue);
15   digitalWrite(ledPin, LOW);
16   delay(sensorValue);
17 }
```

Linha 1: Define sensorPin igual a A0.

Linha 2: Define ledPin igual a 13.

Linha 4: Declara a variável sensorValue como inteiro e inicia seu valor igual a 0.

Linha 6: Início da função setup.

Linha 7: Define sensorPin como entrada.

Linha 8: Define ledPin como saída.

Linha 9: Fim da função setup.

Linha 11: Início da função loop.

Linha 12: Realiza a leitura analógica do pino A0 e armazena o valor na variável sensorValue.

Linha 13: Envia nível lógico alto para o pino 13, ligando o LED da placa Arduino.

Linha 14: Aguarda um tempo devido ao comando delay. O tempo é o valor lido no potenciômetro (0 a 1.023).

Linha 15: Envia nível lógico baixo para o pino 13, desligando o LED da placa Arduino.

Linha 16: Aguarda um tempo devido ao comando delay. O tempo é o valor lido no potenciômetro (0 a 1.023).

Linha 17: Fim da função loop.

Temos vários sensores que possuem saída analógica de 0 a 5V, mas se o sensor tiver uma saída com tensão maior, é possível utilizar um circuito divisor de tensão para rebaixar a tensão, evitando queimar a entrada da placa.

COMANDO MAP

Muitas vezes, queremos limitar um valor de entrada dentro de uma faixa de operação. Para isso, o comando map veio para nos ajudar. Podemos entrar com um valor e configurar seu range mínimo e máximo. Depois, definimos as novas faixas mínima e máxima para as quais queremos converter esse valor.

- **Sintaxe:**

  map(value, fromLow, fromHigh, toLow, toHigh);

- **Parâmetros:**

  value: Número para mapear

  fromLow: Limite inferior da faixa corrente (valor de entrada mínimo)

  fromHigh: Limite superior da faixa corrente (valor de entrada máximo)

  toLow: Limite inferior do intervalo da meta do valor (converter para valor mínimo)

  toHigh: Limite superior da meta do valor (converter para valor máximo)

No código da Figura 26.55, temos a leitura de um pino analógico. O valor lido entre 0 e 1.023 é convertido de 0 a 255. Na sequência, enviamos esse valor para a porta serial.

FIGURA 26.55
Map.

Fonte: Acervo dos autores.

```
 1 void setup() {
 2   Serial.begin(9600);
 3   pinMode(A0, INPUT);
 4 }
 5
 6 void loop() {
 7   int val = analogRead(A0);
 8   val = map(val, 0, 1023, 0, 255);
 9   Serial.println(val);
10   delay(200);
11 }
```

SAÍDA PWM

Como já vimos, a placa Arduino possui seis pinos PWM. A resolução desses pinos (Figura 26.56) é de 8 bits, sendo $2^8 = 256$ (0 a 255).

FIGURA 26.56
Resolução PWM.

Fonte: Acervo dos autores.

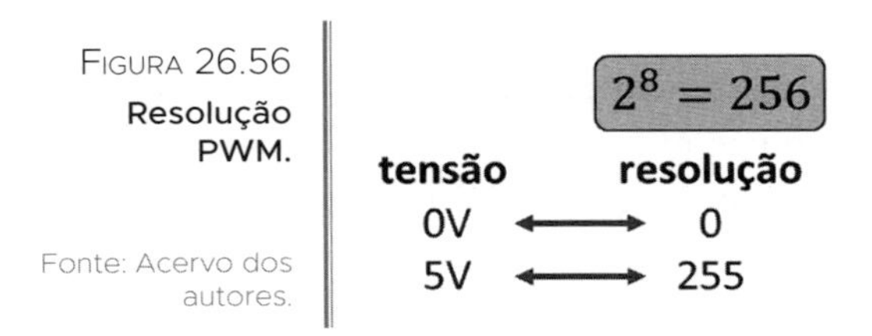

- **Sintaxe:**

  analogWrite(pin, value);

- **Parâmetros:**

  pin: Número do pino.

  value: Entre 0 (desligado) e 255.

A Figura 26.57 mostra o *duty cycle* de acordo com o valor de PWM que enviamos para os pinos.

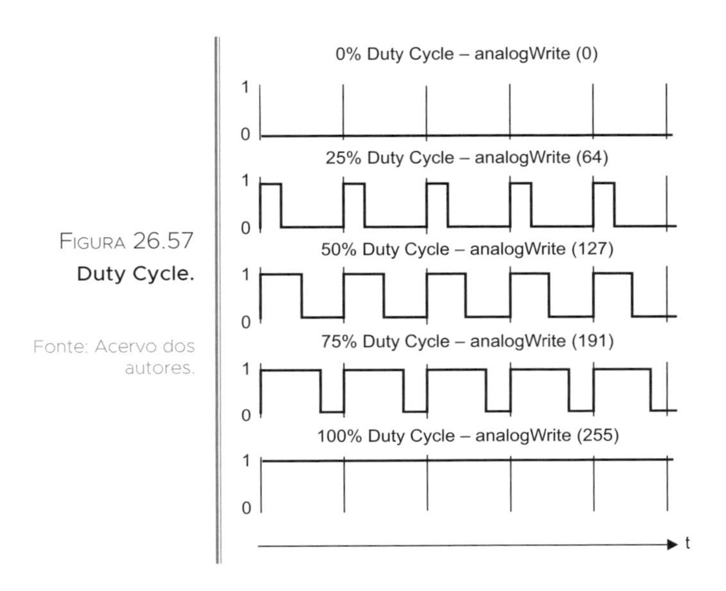

FIGURA 26.57
Duty Cycle.

Fonte: Acervo dos autores.

Podemos definir duty cycle (ciclo de trabalho) como a relação do tempo (t) que o sinal fica em nível lógico alto (1) e baixo (0).

No código da Figura 26.58, estamos realizando a leitura de um potenciômetro, convertendo seu valor de entrada para a faixa de 0 a 255. Esse valor está sendo enviado para o LED que está no pino PWM 9.

FIGURA 26.58
DigitalWrite.

Fonte: Acervo dos autores.

```
 1 #define pot A0
 2 #define led 9
 3
 4 int val = 0;
 5
 6 void setup() {
 7   pinMode(pot, INPUT);
 8   pinMode(led, OUTPUT);
 9 }
10
11 void loop() {
12   val = map(analogRead(pot), 0, 1023, 0, 255);
13   analogWrite(led, val);
14 }
```

Linha 1: Define pot igual a A0.

Linha 2: Define led igual a 9.

Linha 4: Declara a variável val como inteiro e inicia seu valor igual a 0.

Linha 6: Início da função setup.

Linha 7: Define pot como entrada.

Linha 8: Define led como saída.

Linha 9: Fim da função setup.

Linha 11: Início da função loop.

Linha 12: Realiza a leitura analógica do pino A0, converte o valor de entrada de 0 a 1.023 para 0 a 255 de acordo com o valor lido, armazena o valor na variável val.

Linha 13: Envia o pulso PWM para a saída 9.

Linha 14: Fim da função loop.

Veja na Figura 26.59 o circuito utilizado para esse programa.

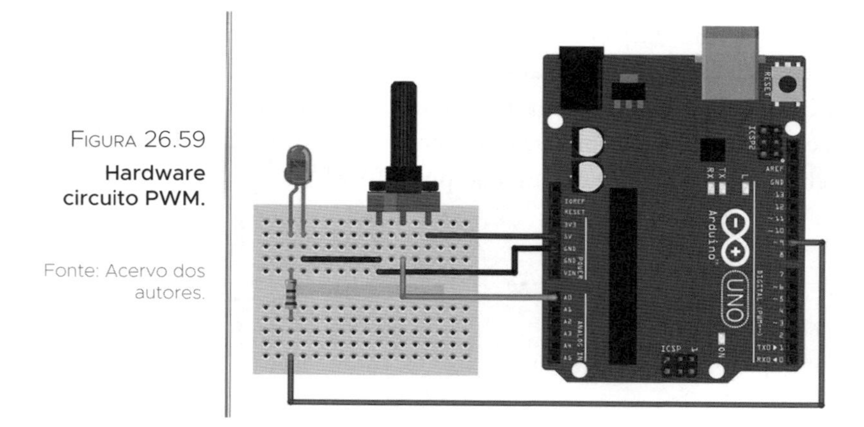

FIGURA 26.59
Hardware circuito PWM.

Fonte: Acervo dos autores.

O circuito utiliza um potenciômetro entre 1kΩ e 10kΩ, um LED de 5mm vermelho difuso e um resistor de 150Ω.

FUNÇÕES VAZIAS

Já conhecemos as duas principais funções, loop e setup, mas podemos declarar outras funções em nosso código obtendo as seguintes vantagens:

- Permitir o reaproveitamento de código já construído (por você ou por outros programadores).
- Permitir a alteração de um trecho de código de forma mais rápida. Com o uso de uma função, é preciso alterar apenas dentro da função o que deseja.
- Evitar que os blocos do programa fiquem grandes demais e, por consequência, mais difíceis de entender.
- Facilitar a leitura do programa-fonte de uma forma mais fácil.
- Separar o programa em partes (blocos).

Na Figura 26.60 foi declarada a função F1(). Ela é chamada pela função loop.

FIGURA 26.60
Função F1().

```
void F1(){ //Função F1
  ...
  ...
  ...
  ...
}

void setup(){

}

void loop(){
  F1(); //Chama a função F1
}
```

Declarando a função F1

Chamando a função F1

Fonte: Acervo dos autores.

Toda função deve ser declarada antes de ser usada.

Por boa prática, declaramos as novas funções antes das principais: setup e loop.

A função F1() também é do tipo *void*, sem retorno.

BIBLIOTECAS

As bibliotecas são arquivos com códigos desenvolvidos para executar as funções específicas de algum dispositivo. Esses códigos poderiam estar ao longo do programa principal, porém, para deixar o código mais limpo, utilizamos arquivos separados e apenas incluímos as bibliotecas no código para utilizar suas funções. Outra vantagem é que, como esses arquivos são separados, eles podem ser utilizados por diversas pessoas em outros projetos.

Vamos pegar o exemplo de um display LCD com o módulo de comunicação I2C (Figura 26.61).

FIGURA 26.61
LCD com módulo I2C.

Fonte: Acervo dos autores.

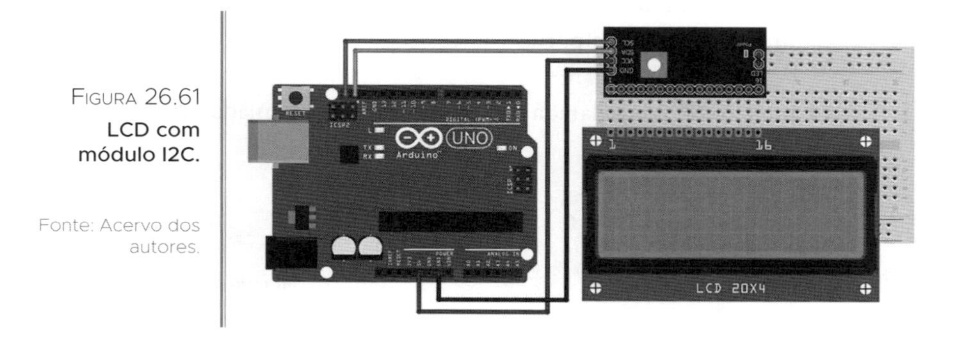

Para programar os dois dispositivos, precisamos desenvolver várias linhas de código para configurar a comunicação I2C entre o módulo e a placa Arduino. Também precisaríamos ter uma parte do código para as configurações do envio dos caracteres para o LCD. Dessa forma, para cada um desses dispositivos existe uma biblioteca já pronta, em que apenas utilizaremos os comandos que já foram predefinidos.

As bibliotecas possuem como base dois arquivos:

- Cabeçalho (header)

  A extensão desse arquivo é ".h", que contém uma lista com as declarações das variáveis e funções da biblioteca.

- Fonte (source)

  A extensão desse arquivo é ".cpp", que contém o código com a lógica das funções.

Como vimos, vamos precisar de duas bibliotecas para esse projeto, e precisamos incluí-las no código principal.

Algumas bibliotecas de comunicação já vêm instaladas na IDE Arduino. Muitas vezes, o próprio fabricante do dispositivo já fornece as bibliotecas para seu cliente. Caso seja necessário, é possível desenvolver as bibliotecas. Na internet temos vários sites com bibliotecas prontas de dispositivos para serem utilizadas com o Arduino.

A Figura 26.62 mostra como podemos incluir uma biblioteca na IDE Arduino.

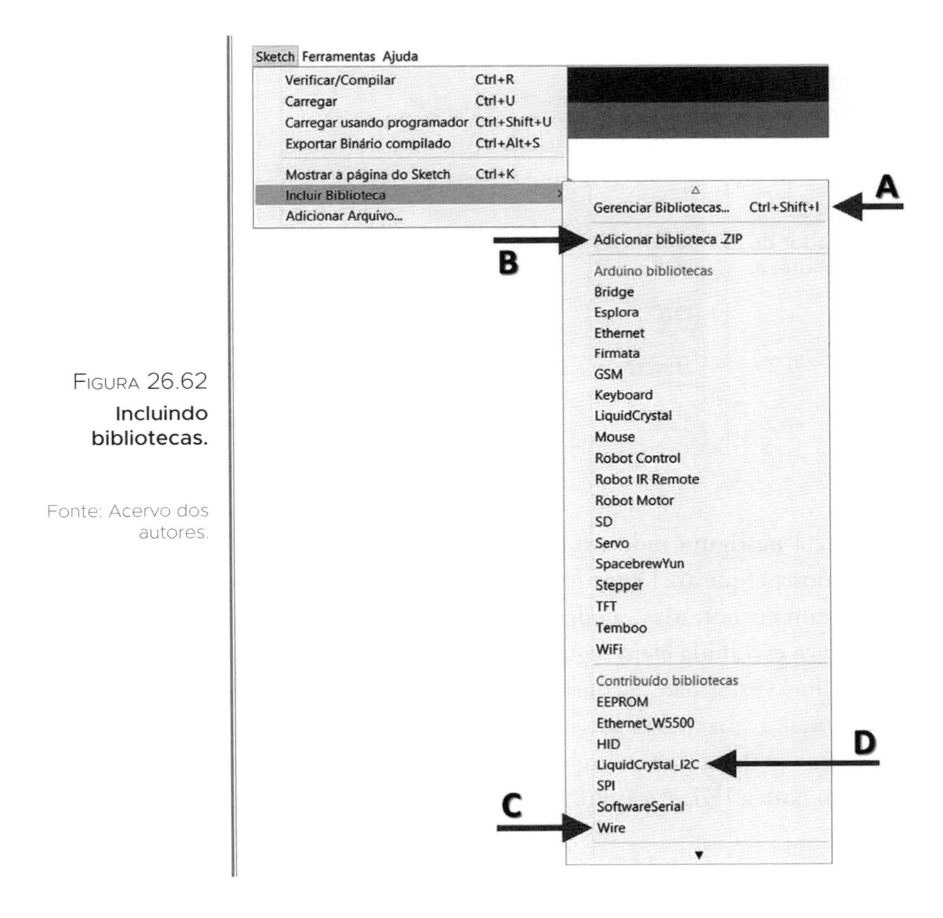

FIGURA 26.62 **Incluindo bibliotecas.**

Fonte: Acervo dos autores.

Para incluir uma biblioteca na IDE Arduino, abrimos o menu Sketch e clicamos em “Incluir Biblioteca”.

Na lista que foi aberta, temos as duas bibliotecas que iremos utilizar:

- C — Wire: Para comunicação I2C.
- D — LiquidCrystal_I2C: Para utilizar os comandos do display LCD.

Também temos a opção de baixar bibliotecas pela própria IDE Arduino, clicando em "Gerenciar Bibliotecas...", conforme o item A da Figura 26.62.

Uma nova janela será aberta mostrando o Gerenciador de Biblioteca (Figura 26.63).

Para isso, é necessário estar conectado à internet.

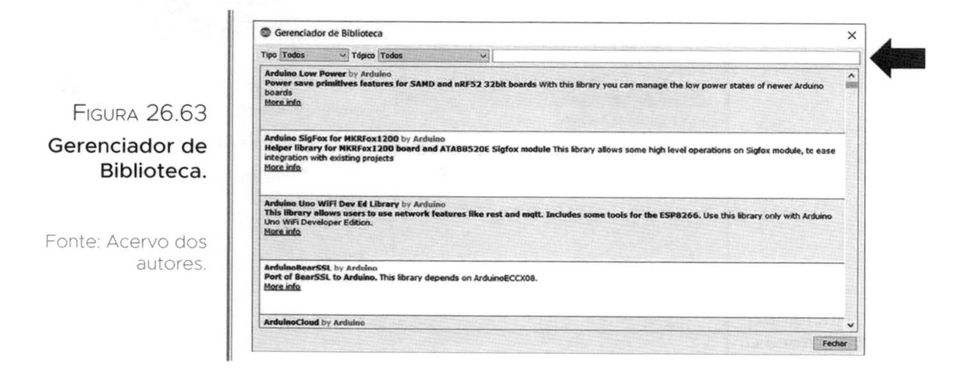

FIGURA 26.63
Gerenciador de Biblioteca.

Fonte: Acervo dos autores.

A seta na figura indica o local para inserirmos o nome da biblioteca que queremos pesquisar. Dessa forma, será exibida uma lista com as bibliotecas que foram encontradas, sendo necessário que o programador apenas clique na biblioteca escolhida e em seguida, em "Instalar".

Muitas vezes, não encontramos as bibliotecas que queremos no gerenciador. Então, realizamos a busca desses arquivos na internet.

Uma vez que temos o arquivo da biblioteca, precisamos indicar o local do arquivo para a IDE Arduino. Isso pode ser realizado de duas maneiras:

1. Ter o arquivo da biblioteca compactado na extensão .zip e clicar em: Sketch → Incluir Biblioteca → Adicionar biblioteca .ZIP (Figura 26.62, item 'B').
2. Incluir a pasta da biblioteca descompactada dentro da pasta Arduino → libraries. Essa pasta é gerada automaticamente no diretório "Documentos" do seu sistema operacional quando abrimos a IDE pela primeira vez. Ao

abrir a IDE Arduino, os arquivos de biblioteca que estão nessa pasta são carregados para lista de bibliotecas.

Para entendermos melhor, vamos ver na Figura 26.64 como ficaria o código para escrever no display LCD, utilizando o módulo de comunicação I2C. Neste exemplo, o objetivo é escrever a mensagem "Ola pessoal" na primeira linha do display e mostrar a cada segundo o valor de uma variável inteira sendo incrementada. Essa variável deve começar com o valor zero.

Figura 26.64 **Código LCD com módulo I2C.**

Fonte: Acervo dos autores.

```
1  #include <Wire.h>
2  #include <LiquidCrystal_I2C.h>
3
4  LiquidCrystal_I2C lcd(0x27, 2, 1, 0, 4, 5, 6, 7, 3, POSITIVE);
5
6  int cont=0;
7
8  void setup() {
9    lcd.begin (20, 4);
10   lcd.setCursor(0, 0);
11   lcd.print("Ola pessoal");
12 }
13
14 void loop() {
15   lcd.setCursor(0, 2);
16   lcd.print(cont);
17   delay(1000);
18   cont++;
19 }
```

Linha 1: Inclui a biblioteca Wire, utilizada para a comunicação I2C.

Linha 2: Inclui a biblioteca LiquidCrystal_I2C, utilizada para as funções do display LCD.

Linha 4: Define o endereço do módulo I2C para 0x27 e realiza a configuração dos pinos do LCD ligados ao módulo I2C.

Linha 6: Declara a variável cont como inteiro e inicia com seu valor igual a 0.

Linha 8: Início da função setup.

Linha 9: Ativa o LCD com o tamanho de 20 colunas por 4 linhas.

Linha 10: Envia o cursor do LCD para a coluna 0 e linha 0.

Linha 11: Na posição do cursor será escrito "Ola pessoal".

Linha 12: Fim da função setup.

Linha 14: Início da função loop.

Linha 15: Envia o cursor do LCD para a coluna 0 e linha 2. Obs.: o display possui quatro linhas, iniciando no código pela linha 0.

Linha 16: Na posição do cursor será escrito o valor da variável cont.

Linha 17: O programa para por 1s.

Linha 18: Incrementa o valor da variável cont.

Linha 19: Fim da função loop.

Esse código é apenas um exemplo para o uso das bibliotecas. Podemos encontrar programas com apenas uma ou diversas bibliotecas, isso vai depender diretamente da necessidade gerada pelo projeto que queremos desenvolver.

Agora que já conhecemos os comandos para programar a placa Arduino, chegou o momento de estudar como podemos montar o hardware principal da placa em um protoboard. Essa montagem recebe o nome de Arduino Standalone.

EXERCÍCIOS PROPOSTOS

1 Que tipo de memória podemos utilizar para armazenar apenas o caractere 'y'?

2 Qual o valor máximo positivo que podemos armazenar em uma memória do tipo int?

3 No trecho abaixo, podemos definir que a variável i é do tipo local ou global?

```
int i = 0;
void setup(){
  i = 7;
}
void loop(){
  i = 5+3;
}
```

4 De acordo com as regras da linguagem de programação, verifique quais dos nomes abaixo podem ser utilizados para definir uma memória na linguagem Arduino:

a) temp_1

b) 567liga

c) void

d) LeiTura

5 Sendo a = 9, b = 15, c = 2, d = 9, determine se as condições são verdadeiras ou falsas:

( ) $a > c$

( ) $c < b$

( ) b == a

( ) a == d

( ) $b < c$

( ) $c > c$

6 Realize as conversões entre as bases numéricas:

a) $255_{10} \rightarrow$ ___________$_{16}$

b) $AF_{16} \rightarrow$ ___________$_{10}$

c) $1101_{2} \rightarrow$ ___________$_{10}$

d) $1010_{2} \rightarrow$ ___________$_{16}$

7 Qual comando podemos utilizar para gerar um tempo de 8s no código do Arduino? Escreva como fica a codificação desse comando.

8 Foi aplicada uma tensão de 3,2V na porta analógica A4 do Arduino, sendo de 5V a tensão do CI. Qual será o valor convertido pelo conversor A/D?

ARDUINO STANDALONE 27

Como você já conhece os componentes eletrônicos e da plataforma Arduino, agora é possível montar seu projeto diretamente em um protoboard, sem utilizar a placa Arduino.

A Figura 27.1 mostra o diagrama do circuito.

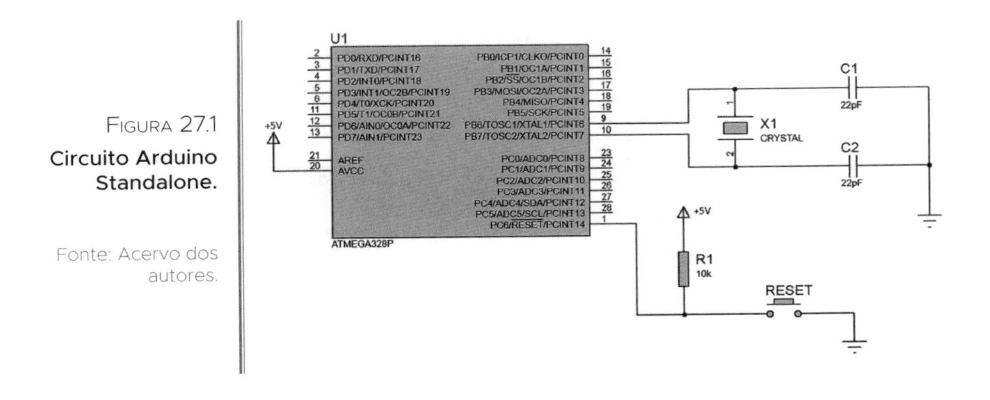

FIGURA 27.1
Circuito Arduino Standalone.
Fonte: Acervo dos autores.

No diagrama, é possível verificar que utilizamos o circuito de reset, responsável por resetar a placa Arduino. O pino 1 do microcontrolador é o pino reset, que deve estar com Vcc para o funcionamento normal do CI. Quando precisamos, o botão de reset envia GND para o pino, resetando a placa.

Também é importante conectar aos pinos 9 e 10 o cristal externo e seus capacitores. Devemos prestar atenção no modelo correto dos componentes no momento da compra.

Para isso, precisamos de alguns componentes básicos para o projeto.
Material básico:

- 1 — CI ATmega328P-PU
- 1 — Resistor de 10 KΩ
- 1 — Chave táctil
- 1 — Cristal de 16MHz
- 2 — Capacitor cerâmica 22pF
- 1 — Protoboard

Faça a montagem do projeto (Figura 27.2) e alimente o circuito com uma fonte de 5Vcc.

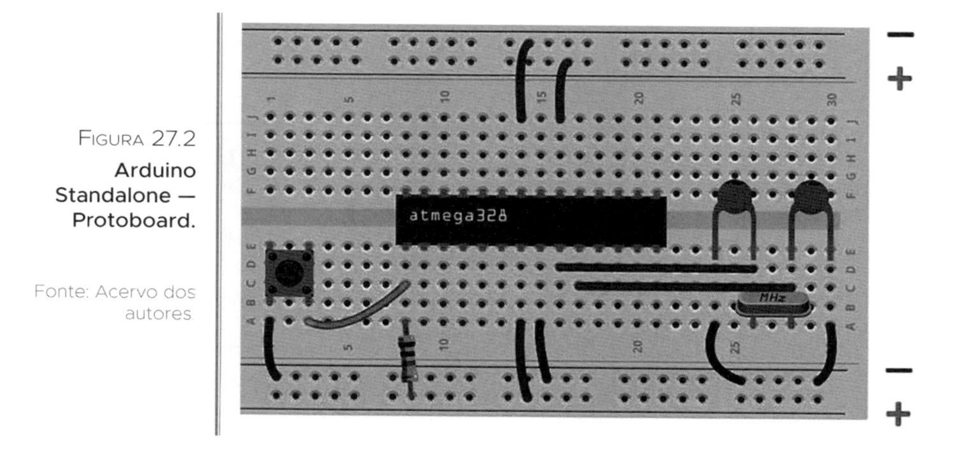

FIGURA 27.2
Arduino Standalone — Protoboard.

Fonte: Acervo dos autores

Lembre-se de que estamos utilizando um protoboard, e as conexões podem ser realizadas de outras maneiras, respeitando o diagrama.

Para realizar as conexões, é comum utilizar os fios internos do cabo de rede, ou então já comprar os jumpers prontos (Figura 27.3).

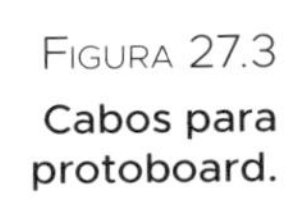

FIGURA 27.3
Cabos para protoboard.

Fonte: Acervo dos autores.

Os jumpers prontos podem ser encontrados nas lojas de eletrônica com os pinos:

- Macho x Macho
- Macho x Fêmea
- Fêmea x Fêmea

Podemos realizar a gravação do código do CI das seguintes formas:

- Utilizando o gravador USBasp: Podemos conectar os pinos do gravador diretamente aos pinos do CI microcontrolador no protoboard.
- Conectando o CI a uma placa Arduino: Se você tiver uma placa Arduino Uno, é possível retirar o CI da placa e conectar o CI que se deseja gravar. Faça a gravação e volte o CI para o protoboard. Atenção para o lado dos pinos.

Com o circuito funcionando, é possível avançar nos estudos e começar a pensar em desenvolver sua própria placa eletrônica, desenvolvendo seus projetos e confeccionando seu hardware.

CURIOSIDADES

Todo componente eletrônico possui seu *part number*, que é um conjunto de letras e números que identificam o componente. Fique sempre atento no momento de comprar algum componente, pois dependendo do modelo do CI, as características técnicas do componente podem ser diferentes.

Ex.: O CI ATmega328P-PU é diferente do CI ATmega328-PU.

No próximo capítulo, vamos começar a desenvolver nossos projetos voltados para IoT e para a Indústria 4.0.

EXERCÍCIOS PROPOSTOS

1 Na eletrônica, o que é *part number*?

2 Quais são os componentes eletrônicos básicos que precisamos para montar um Arduino Standalone?

3 Qual a tensão da fonte que devemos utilizar para alimentar o circuito base do Arduino Standalone?

4 Como podemos realizar a conexão dos componentes em um protoboard?

5 Se for necessário alterar o código do CI que está no protoboard, como podemos proceder?

PROJETOS ARDUINO 28

Chegou o momento de colocarmos em prática os conteúdos que aprendemos para desenvolver alguns projetos que contemplam os conceitos sobre a Internet das Coisas com aplicações simples, que podem ser utilizadas tanto em pequenos projetos quanto em projetos industriais (IIoT) com foco na Indústria 4.0.

Para colocar nossos projetos na internet, vamos conhecer o funcionamento do Ethernet Shield, que será utilizado nos projetos.

Também teremos que conhecer como devem ser realizadas as conexões para inserir o shield na rede local e na internet.

Para acessar as páginas, precisamos ter uma base da linguagem HTML, utilizada pelos navegadores.

Na programação, vamos definir nossa Arduino como o servidor da aplicação, responsável por acionar os dispositivos e criar a página web.

Após adquirirmos esse conhecimento, poderemos, então, iniciar os projetos.

ETHERNET SHIELD

O Ethernet Shield pode ser encontrado no mercado em vários modelos diferentes, mas com o mesmo objetivo: conectar a placa Arduino a uma rede. A principal diferença está no controlador que o shield utiliza. Por muito tempo, foi utilizado o modelo W5100 (ainda é encontrado no mercado). Atualmente, já temos shields utilizando o W5500. Veja algumas diferenças:

- TX/RX Buffer: W5100: 16KB
  W5500: 32KB

- Conexão simultânea: W5100: 4
  W5500: 8
- Desempenho de rede: W5100: 25Mbps
  W5500: 15Mbps

A Figura 28.1 mostra o Ethernet Shield com o controlador W5100.

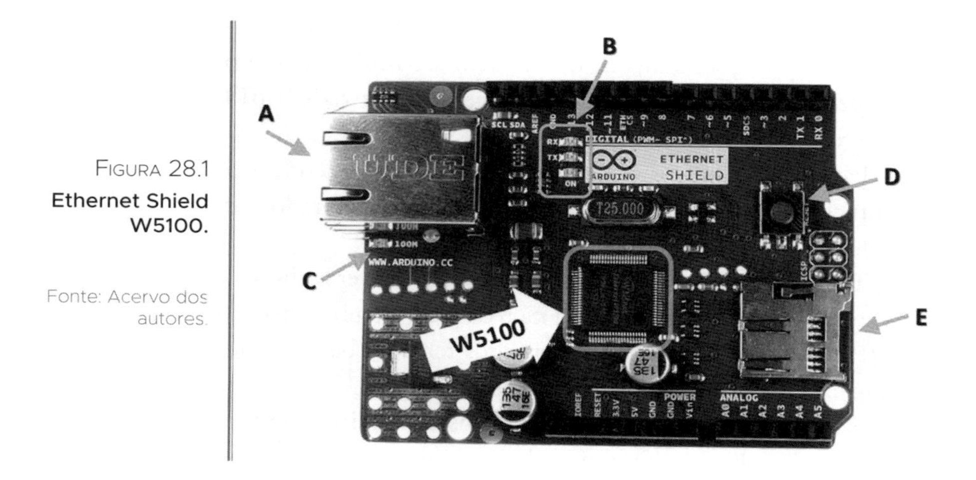

FIGURA 28.1
Ethernet Shield W5100.

Fonte: Acervo dos autores.

Vamos entender o hardware da placa:

- A — Conector RJ45
- B — 3 LEDs:

  RX: Este LED pisca quando o shield recebe dados.

  TX: Este LED pisca quando o shield envia dados.

  ON: Indica que a placa está energizada.
- C — LED para indicar uma conexão de 100Mb/s.
- D — Botão reset. Reseta o shield e a placa base Arduino.
- E — Slot para cartão micro SD, utilizado para armazenar arquivos.

Também existem outros modelos de shield, como mostra a Figura 28.2, com o controlador W5500.

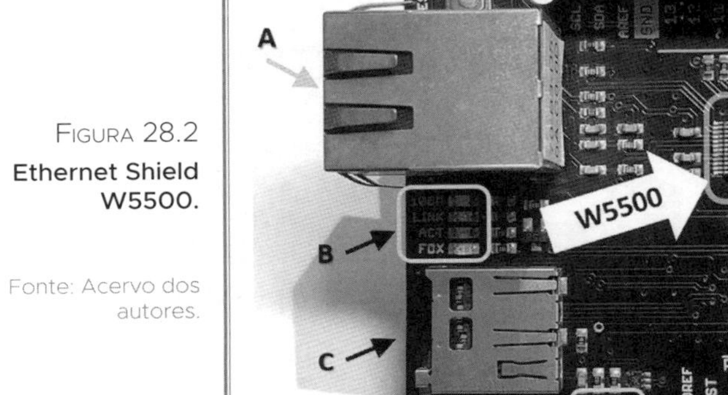

Figura 28.2
Ethernet Shield W5500.

Fonte: Acervo dos autores.

É possível notar que as placas são semelhantes nas suas funções.

- A — Conector RJ45
- B — 4 LEDs:

  100M: LED para indicar uma conexão de 100Mb/s.

  LINK: Indica a presença de um link de rede piscando no momento da transmissão ou recepção de dados.

  ACT: Pisca quando a placa está em atividade, transmitindo e recebendo dados.

  FDX: Modo de conexão full duplex.
- C — Slot para cartão micro SD.
- D — Botão reset.
- E — 2 LEDs:

  ON: Indica que a placa está energizada.

  L13: LED conectado ao pino digital 13 da placa Arduino.

Para qualquer shield, é importante estar atento no momento da conexão dos pinos (Figura 28.3).

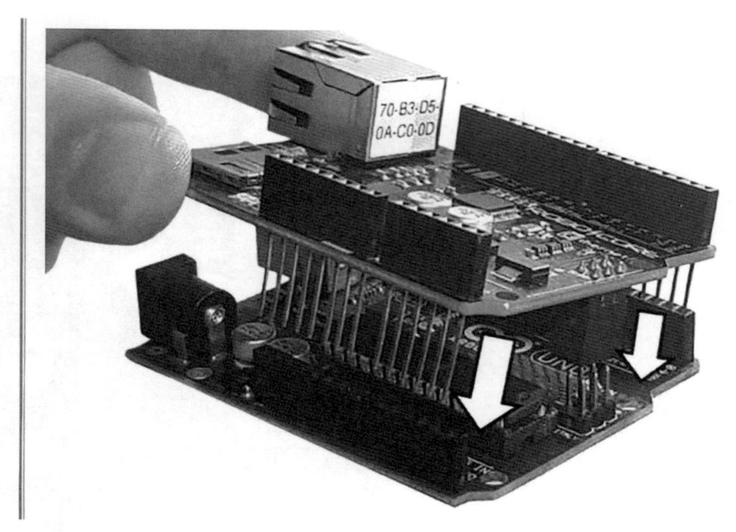

FIGURA 28.3
Encaixe dos pinos do Ethernet Shield.

Fonte: Acervo dos autores.

A placa Ethernet Shield já possui alguns pinos dedicados à troca de informações com a plataforma Arduino. Dessa forma, é necessário conhecer o hardware para saber quais pinos estão sendo utilizados, sendo que isso pode ser alterado para outros modelos de shields.

Vamos usar como exemplo a placa Ethernet Shield da empresa RoboCore:

- Barramento power:
  - GND
  - 5V
  - RESET
  - IOREF
- Barramento digital:
  - D2 — Possui jumper. O jumper vem desconectado. Dessa forma, o pino não está conectado ao shield.
  - D3 — Possui jumper. O jumper vem desconectado. Dessa forma, o pino não está conectado ao shield.
  - D4
  - D10
  - D13

- GND
- Barramento ICSP: Utiliza todos os pinos para a comunicação SPI (*Serial Peripheral Interface*).

Quando falamos de dispositivos que serão conectados a uma rede, é importante estar atento para seu MAC *Address* (MAC — *Media Access Control*). Esse endereço deve ser único, não existindo outro dispositivo como a mesma numeração.

Veja, no exemplo, o endereço MAC do Ethernet Shield da Figura 28.3:

70-B3-D5-0A-C0-0D

O endereço MAC é formado por seis bytes, com numeração hexadecimal. Existe um padrão para esses endereços, sendo administrados pelo Instituto de Engenheiros Eletricistas e Eletrônicos IEEE (*Institute of Electrical and Electronics Engineers*).

Quando compramos os shields, os fabricantes enviam junto com o produto seu endereço MAC. Como esse número está armazenado em uma memória, alguns fabricantes disponibilizam um software que faz a leitura do MAC pelo microcontrolador.

O Ethernet Shield pode ser conectado a uma rede local ou diretamente à internet.

As redes locais são conhecidas como redes LAN (*Local Area Networks*). É uma rede interna, utilizada em pequenos espaços geográficos, por exemplo, em casas ou salas de aula. Sua função é interligar dispositivos que estão próximos para trocar dados. A conexão desses dispositivos pode ser através de um hub, switch ou roteador.

O hub é um dispositivo concentrador, responsável por centralizar e distribuir os dados que trafegam na rede. No hub, quando um dispositivo envia um pacote de dados para outro da rede, esses mesmos dados são enviados para todos os hosts que estão conectados à rede. Esses dados chegam ao dispositivo, e há uma verificação se os mesmos foram enviado para ele. Se sim, os dados serão recebidos; caso contrário, serão descartados. Essa é a grande desvantagem de usar um hub, pois todos os hosts sempre recebem todos os dados, mesmo que não seja o host de destino.

Já os switches têm a mesma função do hub de interligar os diversos segmentos da rede. Porém sua grande vantagem é que os pacotes de dados são enviados somente para o seu destino.

Na Figura 28.5, temos a arquitetura de uma rede local com três hosts conectados a um switch, sendo um notebook (porta 6), um computador desktop (porta 2) e o Ethernet Shield (porta 3). Cada dispositivo tem seu endereço IP na rede.

Observando a Figura 28.5, podemos entender melhor o fluxo dos dados de um switch: se o Ethernet Shield, conectado à porta 3 de um switch, envia um pacote de dados para um notebook que está na porta 6, o switch encaminha esse pacote diretamente para seu destino, sem replicar para os outros hosts da mesma rede. Em um switch, várias transmissões podem ser realizadas ao mesmo tempo, desde que tenham origem e destino diferentes.

A conexão desses dispositivos é realizada através do cabo de rede, também conhecido como cabo par trançado. Com o cabo, temos os conectores RJ-45, sendo o conector crimpado junto ao cabo. Para que a transmissão dos dados ocorra perfeitamente, é necessário seguir um dos padrões de montagem (Figura 28.4): T-568A ou T-568B. As duas pontas do cabo devem seguir o mesmo padrão escolhido.

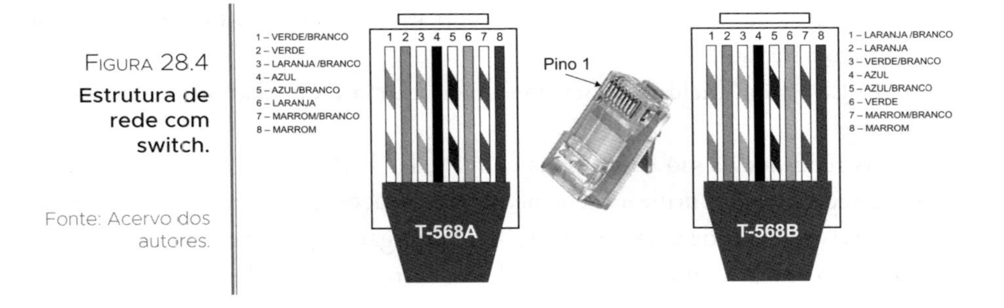

FIGURA 28.4 **Estrutura de rede com switch.**

Fonte: Acervo dos autores.

Alguns cabos de rede possuem uma malha metálica que tem a função de diminuir interferências eletromagnéticas que podem ocasionar problemas na transmissão dos dados.

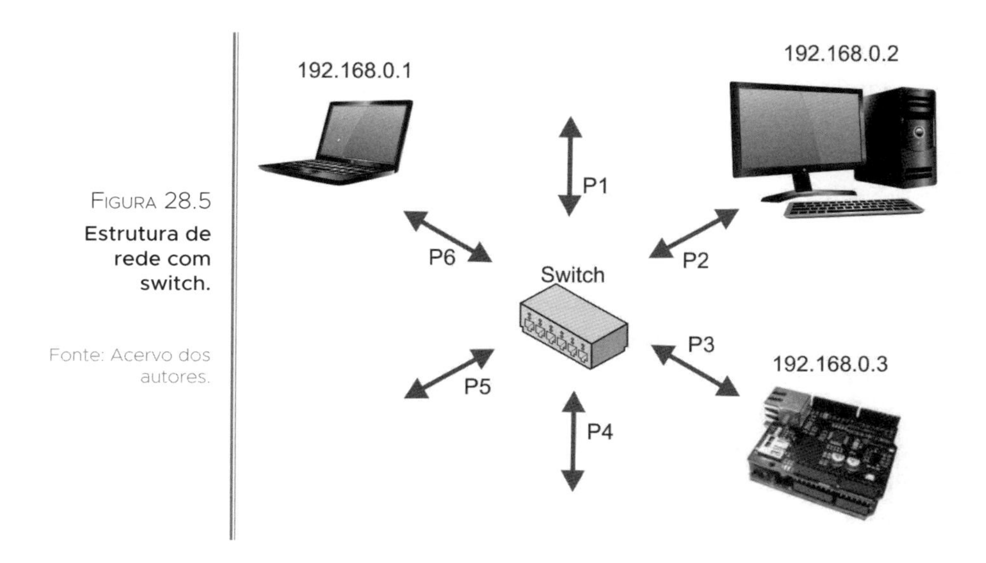

FIGURA 28.5
Estrutura de rede com switch.

Fonte: Acervo dos autores.

A Figura 28.6 mostra o Ethernet Shield conectado a um switch, junto com um notebook. Atualmente, temos modelos de switches no mercado com 8, 16, 24 ou 48 portas, variando de acordo com os modelos desenvolvidos pelos fabricantes.

- A — Switch
- B — Notebook
- C — Arduino Uno + Ethernet Shield

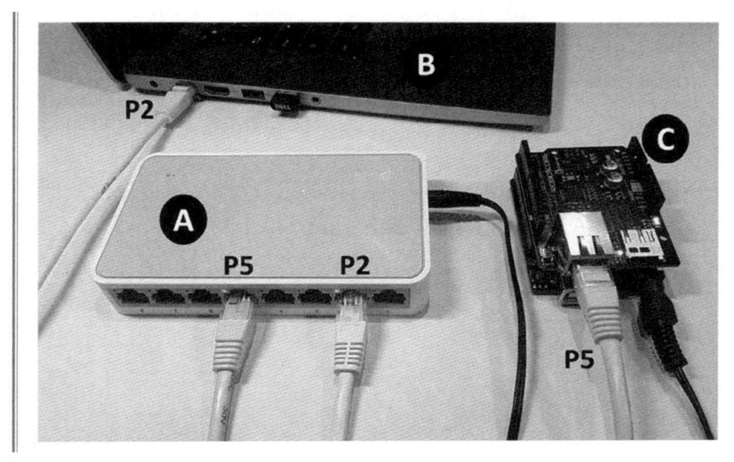

FIGURA 28.6
Switch.

Fonte: Acervo dos autores.

Na imagem, podemos observar que esse switch possui oito portas, mas estamos utilizando apenas duas. Outros hosts podem ser conectados às outras portas, aumentando, assim, os dispositivos conectados à rede local.

Por fim, temos os roteadores, responsáveis por encaminhar dados para redes diferentes. O roteador opera na camada de rede no modelo OSI e tem como principal função escolher o caminho ou a rota por onde os dados devem seguir para atingir seu destino, priorizando não apenas as transmissões mais curtas, mas também as menos congestionadas. Existem modelos de roteadores apenas para redes cabeadas e modelos com a função de transmissão *wireless*, podendo conectar dispositivos sem fio.

Os roteadores (Figura 28.7) têm a porta LAN, para conectar os hosts locais, e a porta WAN (*Wide Area Network*), para redes de longa distância, que pode ser utilizada para conectar o roteador com o sinal da internet que vem de um modem.

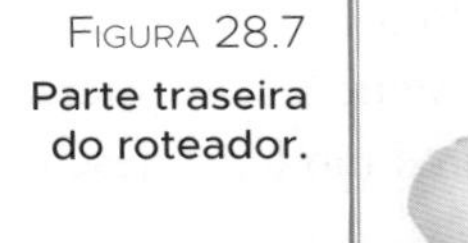

FIGURA 28.7
Parte traseira do roteador.

Fonte: Acervo dos autores.

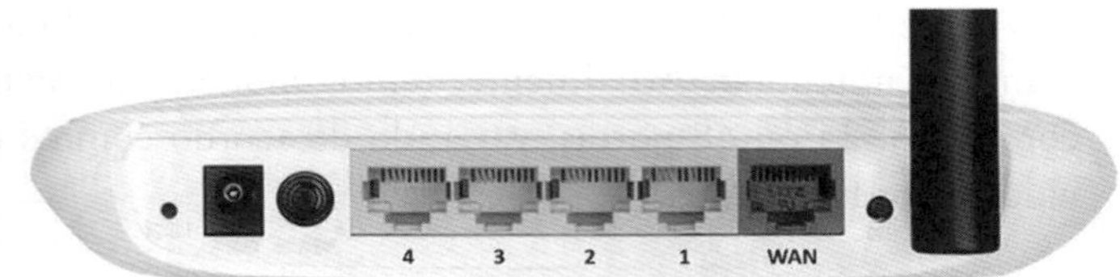

A Figura 28.8 mostra o Ethernet Shield conectado a uma porta do roteador. Também temos um notebook conectado à mesma rede. O roteador está conectado a um modem, que disponibiliza internet para os dispositivos. O modelo do modem pode variar de acordo com a operadora que disponibiliza o sinal de internet.

- A — Roteador
- B — Notebook
- C — Arduino Uno + Ethernet Shield
- D — Modem

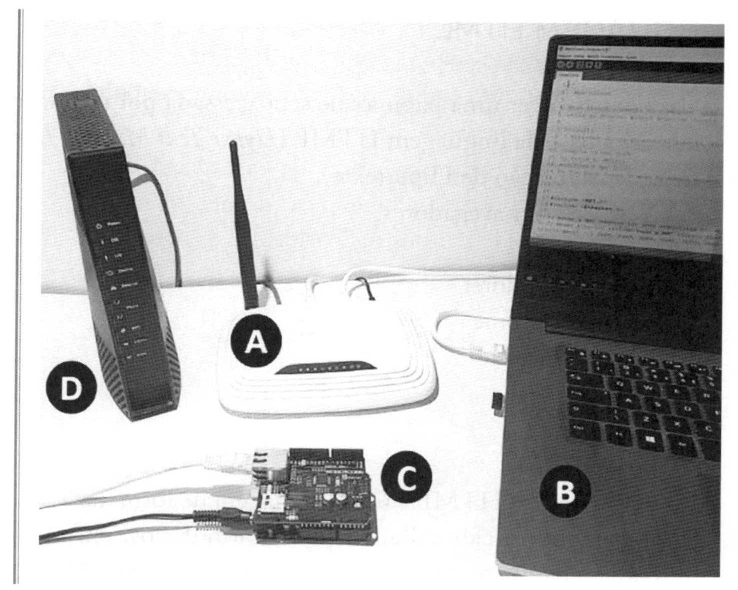

FIGURA 28.8
Roteador.

Fonte: Acervo dos autores.

Dessa forma, é possível acessar os dispositivos externamente, em qualquer local que tenha acesso a internet. Para isso, é necessário realizar algumas configurações no código do Arduino e no roteador para direcionar uma porta dele para o Ethernet Shield.

Alguns números de portas já são de uso comum, e seu uso deve ser evitado. Veja alguns exemplos:

- Porta 80 → HTTP
- Porta 21 → FTP

É muito importante utilizar uma fonte externa de 9Vcc 1A para alimentar a placa Arduino e o Ethernet Shield. Dependendo do modelo do shield, se for alimentado pela porta USB, ela pode não fornecer corrente suficiente para seu funcionamento.

LINGUAGEM HTML

Para desenvolver uma página que será acessada por um navegador, vamos conhecer a base da linguagem HTML (*Hyper Text Markup Language* — Linguagem de Marcação de Hipertexto).

Veja alguns navegadores:

- Internet Explorer
- Google Chrome
- Mozilla Firefox
- Opera
- Safari

A linguagem HTML é uma linguagem de formatação que utiliza tags para criar parágrafos, cabeçalhos, títulos, formulários, enfim, tudo o que vemos numa página de internet. Atualmente, utilizamos o HTML 5.

A Figura 28.9 mostra a estrutura da linguagem HTML.

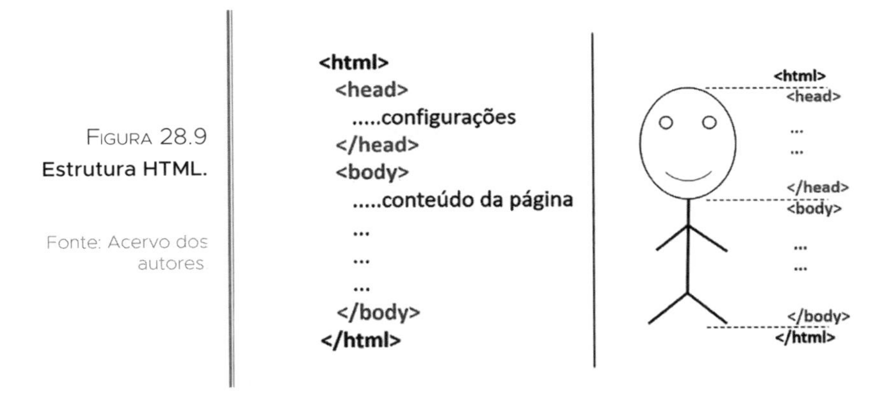

FIGURA 28.9
Estrutura HTML.

Fonte: Acervo dos autores

- **<html>:** Define o início de um documento HTML e indica ao navegador que todo o conteúdo posterior deve ser tratado como uma série de códigos HTML.
- **<head> (cabeça):** Define o cabeçalho de um documento HTML, trazendo informações sobre o documento que está sendo aberto.

- **<body> (corpo):** Esta é a parte do documento HTML que é exibida no navegador. No corpo, definimos atributos comuns a toda a página, como cor de fundo, margens e outras formatações.

Essa formatação desse ser sempre seguida como base.

Algumas tags precisam ser finalizadas, assim, incluímos o caractere '/' (barra) junto com o nome da tag.

Vamos conhecer algumas tags utilizadas:

- **<TITLE> </TITLE>**

  Indica o título do documento para o browser. Esta tag deve estar sempre dentro das tags <HEAD> </HEAD>.
- **bgcolor = "green" >**

  Define uma cor como fundo da página.
- <!-- -->

  Utilizado para comentar a linguagem HTML.

  <!-- Este é um exemplo de comentário em HTML -->
- **
**

  A tag <BR> finaliza a linha de texto e insere automaticamente outra linha em branco.

  Não precisa ser finalizada com </BR>.

Para realizar um teste, podemos utilizar o bloco de notas do sistema operacional e salvar o arquivo na extensão .html.

Porém a formatação no bloco de notas não é muito intuitiva. Dessa forma, indicamos um software chamado Notepad++, sendo esse um editor de texto para diversas linguagens de programação. É possível baixar a versão com instalador ou apenas a versão executável.

Ao abrir o software, precisamos, inicialmente, configurar o tipo de linguagem que vamos utilizar (Figura 28.10).

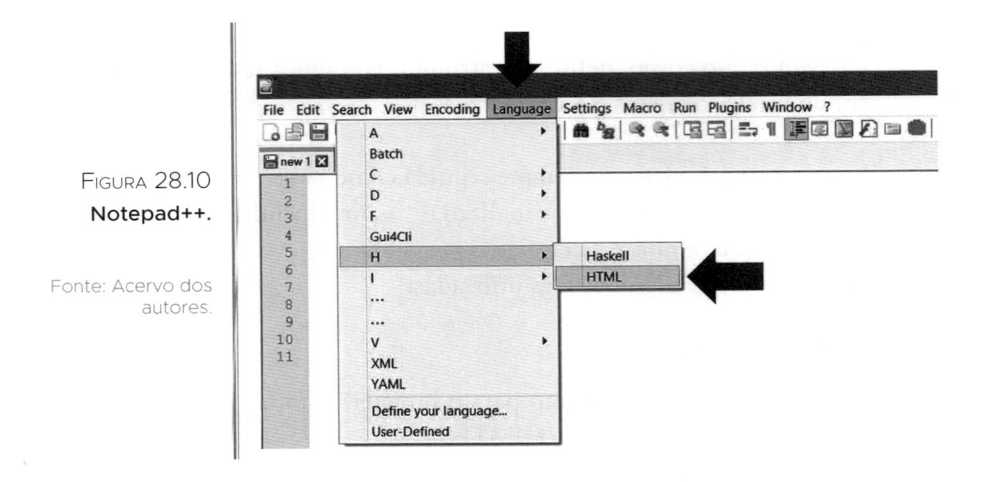

Figura 28.10
Notepad++.

Fonte: Acervo dos autores.

Veja na Figura 28.11 como fica o programa escrito no bloco de notas.

Figura 28.11
Exemplo 1: bloco de notas.

Fonte: Acervo dos autores.

index_v1.html - Bloco de notas

Arquivo Editar Formatar Exibir Ajuda

```
<html>
    <head>
        <title> INTERNET EMBARCADA </title>
    </head>
    <body bgcolor="green">
        Teste 01
        <br>
        SISTEMAS EMBARCADOS
    </body>
</html>
```

O bloco de notas pode ser utilizado pois não possui corretor ortográfico para texto, lembrando que não utilizamos acentos nos códigos de programação e muitas vezes abreviamos algumas variáveis. Dessa forma, um outro editor de texto convencional, como o Word, iria querer corrigir ou completar alguma palavra.

Agora, na Figura 28.12, temos o mesmo programa escrito no Notepad++. O arquivo foi salvo com o nome start_v1 e sua extensão é .html.

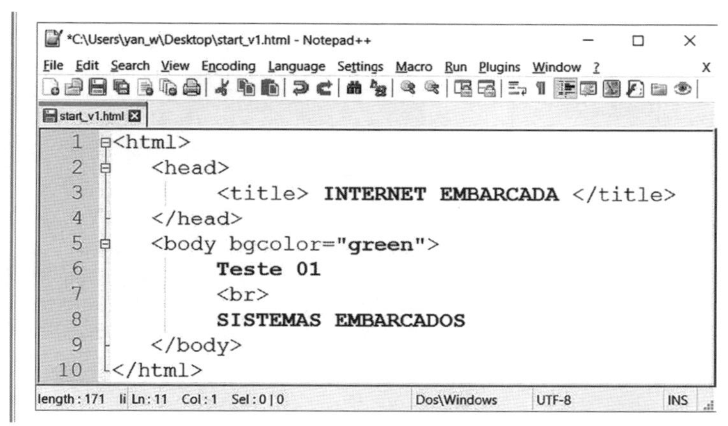

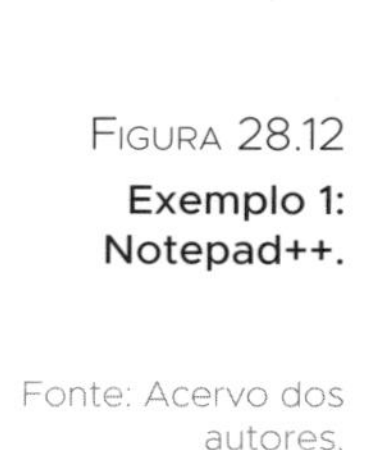
FIGURA 28.12
Exemplo 1: Notepad++.

Fonte: Acervo dos autores.

Você pode rapidamente observar no seu programa que existe uma diferença na coloração dos comandos, que são destacados em cores diferentes do texto e das configurações, facilitando a visualização.

Vamos entender o código:

Linha 1: Início do documento HTML.

Linha 2: Início do cabeçalho.

Linha 3: Define um título para a página.

Linha 4: Fim do cabeçalho.

Linha 5: Inicia o corpo da página HTML e altera a cor de fundo da página.

Linha 6: Escreve “Teste 01” na página.

Linha 7: Pula linha na página.

Linha 8: Escreve “SISTEMAS EMBARCADOS” na página.

Linha 9: Fim do corpo da página HTML.

Linha 10: Fim do documento HTML.

Vamos ver o resultado abrindo o arquivo HTML em um navegador, conforme a Figura 28.13.

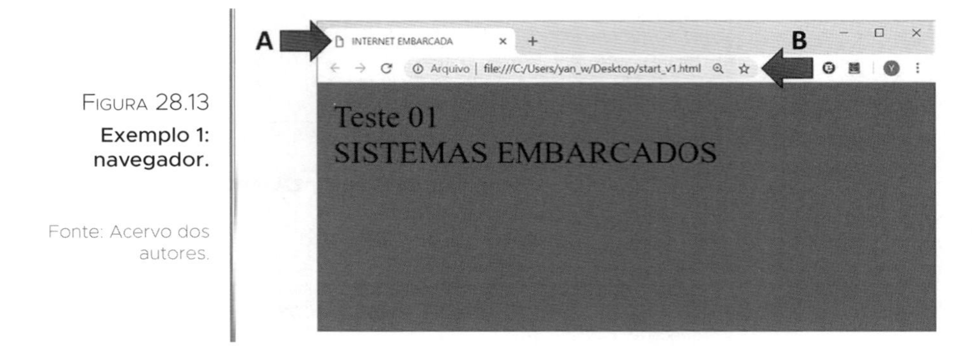

FIGURA 28.13
Exemplo 1: navegador.

Fonte: Acervo dos autores.

O item A mostra o título da página que programamos na linha 3 do código. O item B mostra o caminho do local do arquivo.

Agora que já sabemos como utilizar a linguagem HTML, vamos conhecer outras tags.

<B> ... </B> aplica o estilo **negrito**.

<I> ... </I> aplica o estilo *itálico*.

<U> ... </U> aplica o estilo sublinhado (nem todos os browsers o reconhecem).

^{...} faz com que o texto fique ^{sobrescrito}.

_{...} faz com que o texto fique $_{\text{subscrito}}$.

<PRE> ... </PRE> utiliza a pré-formatação, ou seja, deixa o texto da maneira que foi digitado.

<HR> desenha uma linha horizontal na tela. Não precisa ser finalizada com </hr>.

<hr width="n%" align="posição" size="n" color="#cor" noshade>

- **width:** Largura da linha. Pode ser feito em pixels (número absoluto) ou em percentual da tela (com o símbolo de %).
- **align:** Alinhamento — left — right — center.
- **size:** Espessura da linha em pixels.
- **color:** Cor da linha (color: "#FF00FF" color: "red").
- **noshade:** Linha sem sombra. O padrão é a linha já sombreada.

<FONT> ... </FONT> configura a fonte do texto.

```
<FONT size="n" face="nome" color="cor">
        TEXTO
</FONT>
```

- **size:** Tamanho da fonte, "n" varia de 1 a 7, sendo 3 o valor padrão para a maioria dos navegadores.
- **face:** Nome da fonte utilizada: Arial, Tahoma etc.
- **color:** Cor da fonte (color: "#FF00FF" color: "red").

No comando 'color' é possível utilizar alguns nomes de cores, como mostra a Figura 28.14 com a tabela abaixo:

Figura 28.14
Comando para cores.

Fonte: Acervo dos autores.

Cor	Comando color
Branco	white
Preto	black
Azul	blue
Amarelo	yellow
Verde	green
Laranja	orange
Vermelho	red
Rosa	pink
Cinza	gray
Verde azulado	teal
Azul marinho	navy
Prata	silver

Ou então podemos criar as cores. No exemplo, utilizamos o código "#FF00FF", que corresponde a uma determinada cor.

O código é formado por três bytes em hexadecimal. Cada byte corresponde às cores RGB.

- R: *Red* — vermelho
- G: *Green* — verde
- B: *Blue* — azul

- 1º byte: Referente à intensidade da cor vermelha, 0 a 255.
- 2º byte: Referente à intensidade da cor verde, 0 a 255.
- 3º byte: Referente à intensidade da cor azul, 0 a 255.

A Figura 28.15 mostra a tabela de cores do Paint, na qual podemos testar as cores e pegar o código de cada uma. O código é gerado na base decimal, então podemos pegar cada valor e converter para hexadecimal. Cada código tem um intervalo de 0 a 255.

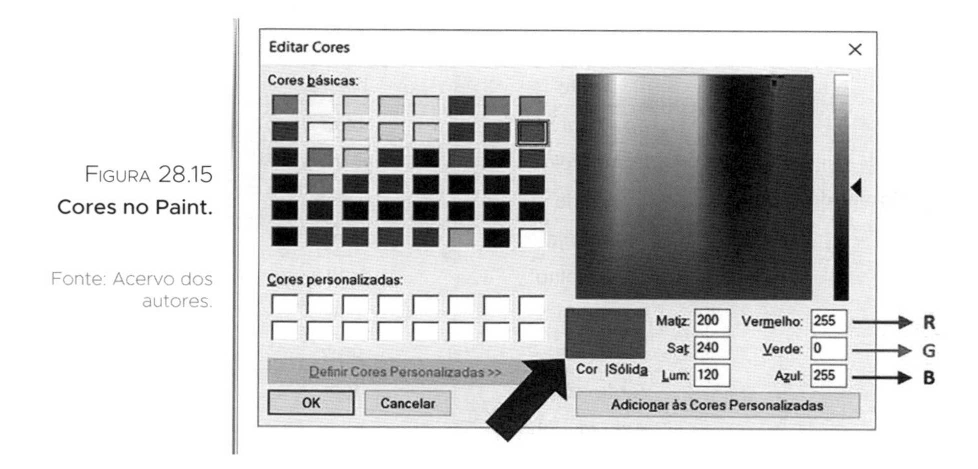

FIGURA 28.15
Cores no Paint.

Fonte: Acervo dos autores.

Para fixar melhor o aprendizado, vamos ver um exemplo que utiliza algumas tags que acabamos de aprender (Figura 28.16).

```
<html> <!-- Início do documento HTML -->
    <head> <!-- Início do cabeçalho -->
    <title>HTML - SISTEMAS EMBARCADOS</title>
    </head> <!-- Fim do cabeçalho -->
    <body> <!-- Inicia o corpo da página HTML -->
        <B>Teste estilo negrito.</B>
        <br>
        <I>Estilo itálico.</I>
        <br>
        Normal
        <SUP>Texto sobrescrito.</SUP>
        <br>
        <HR width="100%" align="left" size="2" color="silver">
        <PRE>Este é um pequeno texto
            com estilo
                pré-formatado.</PRE>
        <FONT size="2" face="Arial" color="green">
            Texto com cor verde
        </FONT>
        <br>
        <FONT size="6" face="Tahoma" color="#4F2F4F">
            Texto com cor violeta
        </FONT>
        <HR width="70%" align="left" size="3" color="blue">
    </body> <!-- Fim do corpo da página HTML -->
</html> <!-- Fim do documento HTML -->
```

FIGURA 28.16 **Exemplo 2: Notepad++.**

Fonte: Acervo dos autores.

Podemos observar, na Figura 28.16, o uso de comentários em algumas linhas.

Na sequência, a Figura 28.17 mostra o resultado da página projetada.

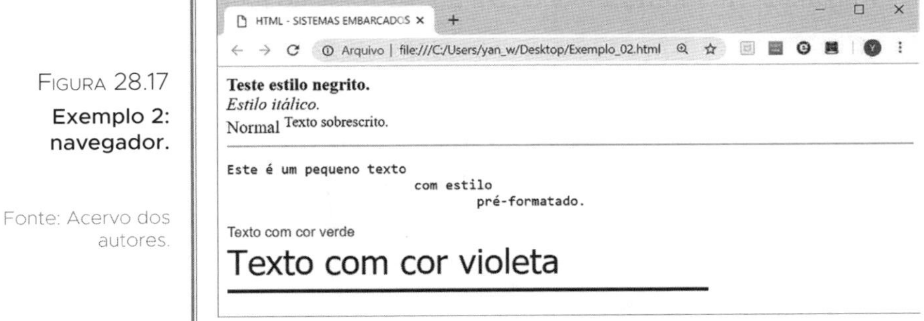

FIGURA 28.17 **Exemplo 2: navegador.**

Fonte: Acervo dos autores.

PROJETO 01 — ACIONANDO LED E BUZZER — INTERNET

Neste projeto, realizaremos o acionamento de um LED e um buzzer conectados à placa Arduino. O acionamento será realizado pela rede local ou pela internet, utilizando um roteador.

MATERIAL PARA O PROJETO

- 1 Arduino Uno
- 1 cabo USB A / USB B
- 1 Ethernet Shield (controlador W5500)
- 1 fonte chaveada 9Vcc 1A
- 1 LED 5mm difuso
- 1 resistor de 150Ω 5% 1/4W
- 1 buzzer 5V
- 1 protoboard
- 1 roteador
- 3 cabos de rede
- Cabos jumper

MONTAGEM DO HARDWARE

A Figura 28.18 mostra a montagem do hardware do projeto.

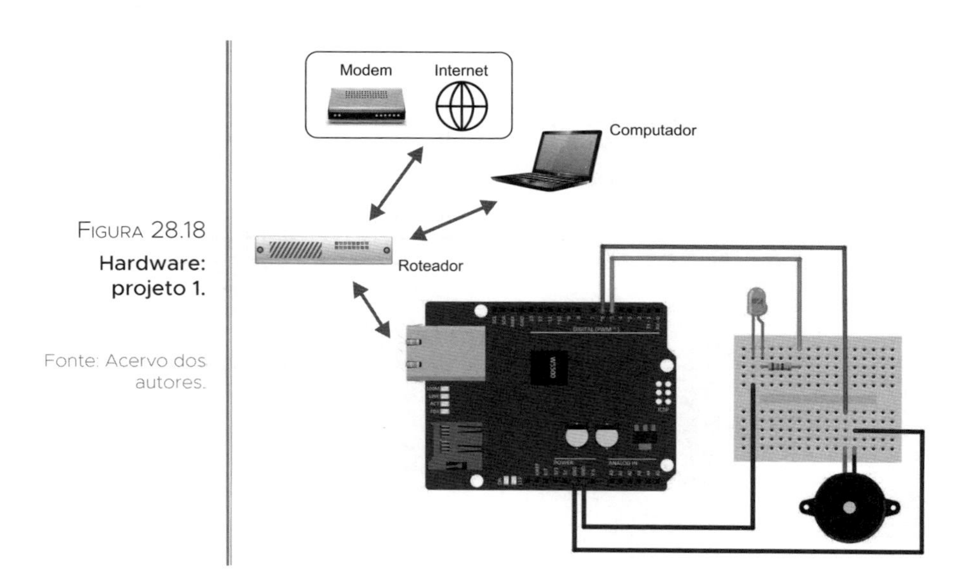

FIGURA 28.18 **Hardware: projeto 1.**

Fonte: Acervo dos autores.

- Conecte o pino cátodo do LED ao GND da placa.
- O pino ânodo do LED deve ser ligado a um resistor que será conectado ao pino 5 da placa.
- Conecte o pino negativo do buzzer ao pino GND da placa.
- O polo positivo do buzzer deve ser conectado ao pino 6 da placa.
- Conecte o primeiro cabo de rede entre o Ethernet Shield e o roteador.
- Conecte o segundo cabo de rede entre o computador e o roteador.
- Conecte o terceiro cabo de rede entre o roteador e o modem com acesso à internet.
- Energize a placa Arduino com a fonte de 9Vcc 1A.
- Plugue o cabo USB entre a placa Arduino e o computador para gravar o programa. Depois, pode desconectá-lo.

Configuração do roteador

Com o hardware conectado, devemos acessar as configurações do roteador. Para isso, devemos saber o link de acesso que o roteador utiliza, sendo que este pode variar entre os diversos modelos de roteadores que existem no mercado.

O roteador que estamos utilizando é da marca TP-LINK, modelo TL-WR740N, porém qualquer outro roteador pode ser utilizado no projeto. Para isso, verifique no manual do produto os locais para acessar as configurações que iremos realizar, pois as telas de configuração dos roteadores variam de acordo com cada marca.

Vamos abrir um navegador e digitar o link (Figura 28.19) fornecido para esse roteador: **http://tplinklogin.net/**.

Figura 28.19
Login para configuração do roteador.

Fonte: Acervo dos autores.

Se o roteador for novo, os dados para primeiro acesso, como nome do usuário e senha, também serão fornecidos pelo fabricante. Esses dados de acesso posteriormente podem ser alterados pelo usuário.

Assim que entrar nas configurações do roteador, vamos verificar qual é o padrão do IP configurado para a rede local. Para isso, devemos entrar no menu: Interfaces LAN / WAN → LAN.

Na Figura 28.20, podemos analisar que a rede local do roteador está com o IP 192.168.1.1, sendo esse o IP do roteador. Os demais IPs dentro da mesma rede 192.168.1.xxx serão utilizados para os outros dispositivos que vamos conectar ao roteador.

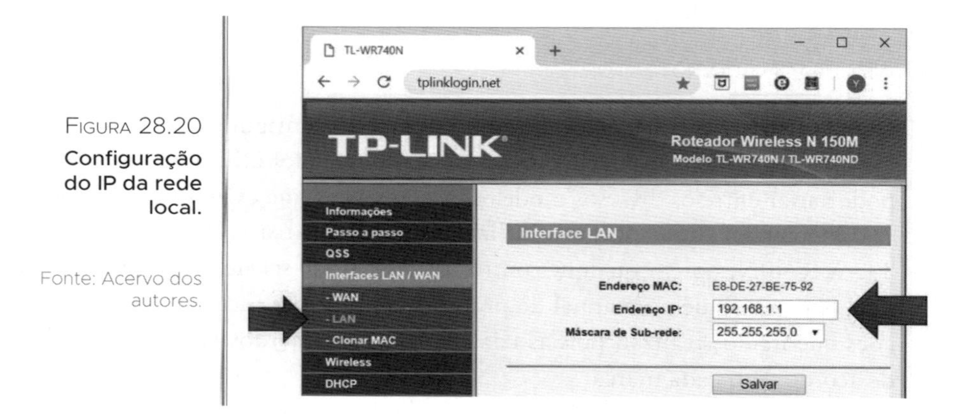

FIGURA 28.20 **Configuração do IP da rede local.**

Fonte: Acervo dos autores.

Agora, precisamos definir um IP para o Ethernet Shield.

Utilizaremos o IP 192.168.1.170

Como realizaremos um acesso externo, precisamos definir uma porta, lembrando que alguns números já são dedicados a outras aplicações.

Porta escolhida: 82

O próximo passo é abrir a porta no roteador. Para isso, devemos entrar no menu: Direcionar Portas → Servidores Virtuais. Clique em 'Adicionar' e uma nova janela será aberta, conforme a Figura 28.21.

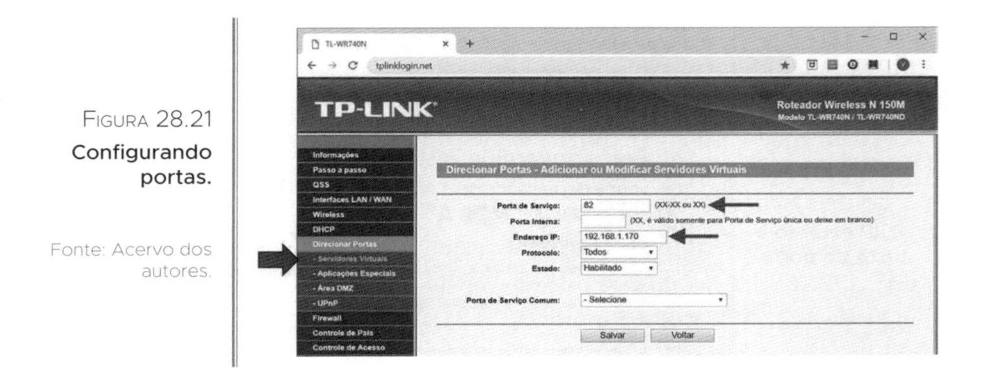

Figura 28.21
Configurando portas.

Fonte: Acervo dos autores.

Insira os dados do IP e porta que utilizaremos para o Ethernet Shield. Na sequência, clique em 'Salvar' para concluir.

A Figura 28.22 mostra a nova porta configurada.

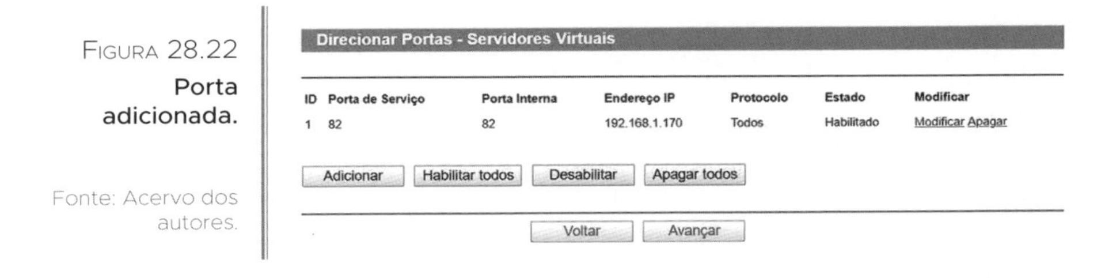

Figura 28.22
Porta adicionada.

Fonte: Acervo dos autores.

Agora, devemos verificar nosso endereço de IP na internet. Para isso, podemos acessar o site (Figura 28.23): **https://www.yougetsignal.com/tools/open-ports/**.

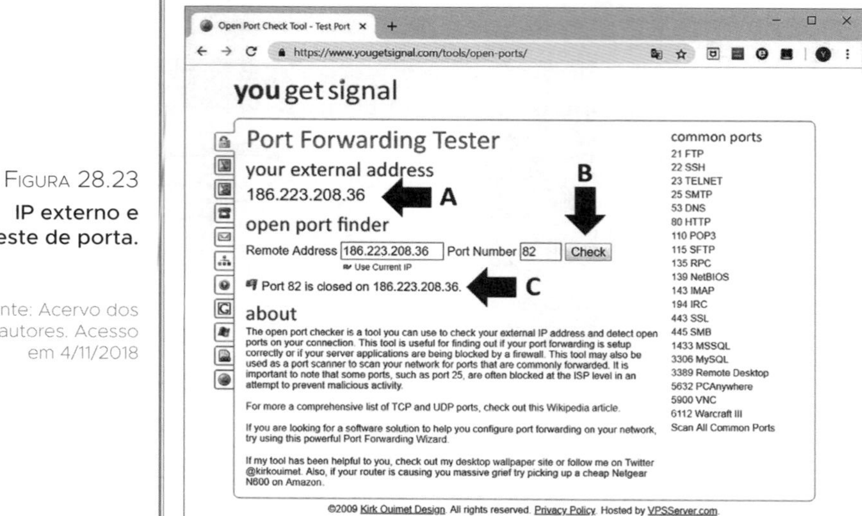

Figura 28.23
IP externo e teste de porta.

Fonte: Acervo dos autores. Acesso em 4/11/2018

Ao acessar o site, ele já traz o nosso IP externo, 186.223.208.36, como mostra o item A da figura acima. Podemos também verificar se a porta 82 está aberta e em funcionamento (item B). Mas, para isso, precisamos que o código já esteja gravado na placa Arduino, com as configurações que vamos fazer. Neste momento, a porta 82 ainda está fechada, como mostra o item C.

CURIOSIDADES

Muitas operadoras que fornecem o sinal de internet já estão disponibilizando para o usuário um modem com a função conjunta de um roteador. Para isso, devemos acessar as configurações do equipamento e fazer os ajustes necessários para abrir a porta de acesso.

Código na IDE Arduino

Agora que temos a rede configurada e os dados de IP, podemos desenvolver o código. No código, utilizaremos duas bibliotecas:

- A biblioteca SPI.h, que é padrão da IDE.
- A biblioteca Ethernet_W5500.h, que deverá ser baixada pela internet e salva na pasta das bibliotecas da IDE Arduino, conforme aprendemos na seção 26.21 (Documentos → Arduino → libraries).

A Figura 28.24 mostra as configurações iniciais realizadas do código.

```
1 #include <SPI.h>
2 #include <Ethernet_W5500.h>
3
4 byte mac[] = { 0x70, 0xB3, 0xD5, 0x0A, 0xC0, 0x0D };
5 byte ip[] = { 192, 168, 1, 170 };
6
7 EthernetServer server(82);
8 EthernetClient client;
9
10 String leString;
11
12 boolean estado_led = false;
13 boolean estado_buzzer = false;
14
15 #define pin_led 5
16 #define pin_buzzer 6
```

Figura 28.24 **Código Arduino: projeto 1 — parte 1.**

Fonte: Acervo dos autores.

Linha 1: Inclui a biblioteca de comunicação SPI.

Linha 2: Inclui a biblioteca para o controlador W5500 do Ethernet Shield.

Linha 4: Define o endereço MAC da placa Ethernet Shield.

Linha 5: Define um IP para a placa; no nosso caso, 192.168.1.170.

Linha 7: Cria um servidor que verifica conexões de entrada na porta especificada.

Linha 8: Cria um cliente que pode se conectar ao endereço IP e à porta da internet especificada.

Linha 10: Define uma variável do tipo string, que vai armazenar os dados recebidos pelo servidor.

Linha 12: Define uma variável do tipo booleana que altera seu valor lógico sempre que o botão LED for pressionado na página web.

Linha 13: Define uma variável do tipo booleana que altera seu valor lógico sempre que o botão buzzer for pressionado na página web.

Linha 15: Define o pino 5 como 'pin_led'.

Linha 16: Define o pino 6 como 'pin_buzzer'.

Na Figura 28.25, foi criada uma função com os parâmetros do botão do LED.

FIGURA 28.25
Código Arduino: projeto 1 — parte 2.

Fonte: Acervo dos autores.

```
17
18 void btn_led() {
19   client.print("<center> <button onclick=\"window.location.href=
     'http://186.223.208.36:82/0001'\"> \0</button> > ");
20   client.print("<font size=20>");
21   if (estado_led) {
22     client.print("<B><span style=\"color: #429242;\">");
23     client.print("LED - ON");
24     client.print("</span></B>");
25   }
26   else {
27     client.print("<B><span style=\"color: #ff0000;\">");
28     client.print("LED - OFF");
29     client.print("</span></B>");
30   }
31   client.print("</font> </center>");
32 }
```

Linha 18: Inicia a função para o botão do LED.

Linha 19: Cria o botão para acionar o LED no centro da página e, sempre que ele for pressionado com um clique, o endereço da página será atualizado para 186.223.208.36:82/0001. Atenção, pois o conteúdo da linha 19 é extenso e deve ser escrito utilizando somente uma linha.

Linha 20: Define o tamanho da fonte do texto que será escrito no botão.

Linhas 21, 22, 23, 24 e 25: Se a variável booleana for verdadeira, entra na estrutura if, troca a cor da letra e escreve LED – ON no botão.

Linhas 26, 27, 28, 29 e 30: Se a variável booleana for falsa, entra na estrutura else, troca a cor da letra e escreve LED – OFF no botão.

Linha 31: Finaliza as tags </font> e </center>.

Linha 32: Finaliza a função do botão LED.

A Figura 28.26 tem o mesmo objetivo da figura anterior, porém agora estamos criando uma função para o botão do buzzer.

FIGURA 28.26

Código Arduino: projeto 1 — parte 3.

Fonte: Acervo dos autores.

```
33
34 void btn_buzzer() {
35   client.print("<center> <button onclick=\"window.location.href=
      'http://186.223.208.36:82/0002'\"> \0</button> > ");
36   client.print("<font size=20> ");
37   if (estado_buzzer) {
38     client.print("<B><span style=\"color: #429242;\">");
39     client.print("BUZZER - ON");
40     client.print("</span></B>");
41   }
42   else {
43     client.print("<B><span style=\"color: #ff0000;\">");
44     client.print("BUZZER - OFF");
45     client.print("</span></B>");
46   }
47   client.print("</font> </center>");
48 }
```

Linha 34: Inicia a função para o botão do buzzer.

Linha 35: Cria o botão para acionar o buzzer no centro da página e, sempre que ele for pressionado com um clique, o endereço da página será atualizado para 186.223.208.36:82/0002. Atenção, pois o conteúdo da linha 35 é extenso e deve ser escrito utilizando somente uma linha.

Linha 36: Define o tamanho da fonte do texto que será escrito no botão.

Linhas 37, 38, 39, 40 e 41: Se a variável booleana for verdadeira, entra na estrutura if, troca a cor da letra e escreve BUZZER – ON no botão.

Linhas 42, 43, 44, 45 e 46: Se a variável booleana for falsa, entra na estrutura else, troca a cor da letra e escreve BUZZER – OFF no botão.

Linha 47: Finaliza as tags </font> e </center>.

Linha 48: Finaliza a função do botão buzzer.

Na Figura 28.27, temos as configurações da função setup.

Figura 28.27
Código Arduino: projeto 1 — parte 4.

Fonte: Acervo dos autores.

```
49
50 void setup() {
51   pinMode(pin_led, OUTPUT);
52   pinMode(pin_buzzer, OUTPUT);
53   Ethernet.begin(mac, ip);
54   server.begin();
55   digitalWrite(pin_led, LOW);
56   digitalWrite(pin_buzzer, LOW);
57 }
```

Linha 50: Início da função setup.

Linha 51: Configura o pino do LED como saída.

Linha 52: Configura o pino do buzzer como saída.

Linha 53: Inicializa a biblioteca Ethernet com as configurações de rede.

Linha 54: Inicia o servidor.

Linha 55: Envia nível lógico baixo para o pino do LED.

Linha 56: Envia nível lógico baixo para o pino do buzzer.

Linha 57: Fim da função setup.

Nas Figuras 28.28 e 28.29, vamos ver a lógica da função principal do programa, a loop.

Utilizaremos muito os comandos **client.print** e **client.println**, que têm a função de imprimir dados no servidor ao qual um cliente está conectado, sendo que a diferença entre esses comandos é que o **client.println** adiciona no final dos dados enviados o caractere de retorno de carro e de nova linha.

```
58
59 void loop() {
60   client = server.available();
61   if (client) {
62     while (client.connected()) {
63       if (client.available()) {
64         char c = client.read();
65
66         if (leString.length() < 100) {
67           leString += c;
68         }
69
70         if (leString.endsWith("0001")) {
71           estado_led = !estado_led;
72           digitalWrite(pin_led, !digitalRead(pin_led) );
73         }
74
75         if (leString.endsWith("0002")) {
76           estado_buzzer = !estado_buzzer;
77           digitalWrite(pin_buzzer, !digitalRead(pin_buzzer) );
78         }
```

FIGURA 28.28

Código Arduino: projeto 1 — parte 5.

Fonte: Acervo dos autores.

Linha 59: Início da função loop.

Linha 60: Obtém um cliente que está conectado ao servidor.

Linha 61: Verifica se existe cliente.

Linha 62: Inicia uma estrutura de repetição enquanto o cliente estiver conectado.

Linha 63: Verifica se chegou algum dado para leitura.

Linha 64: Faz a leitura do caractere recebido do servidor ao qual o cliente está conectado e armazena na variável 'c'.

Linha 66: Verifica se o tamanho da variável do tipo string não passou de 100 posições (0 a 99). Se for menor que 100, entra na estrutura if.

Linha 67: Concatena os caracteres lidos pela variável 'c' em uma nova variável do tipo string.

Linha 68: Finaliza essa estrutura condicional que iniciou na linha 66.

Linha 70: Verifica se os caracteres no final da string são "0001". Se for verdadeiro, entra na estrutura if. Isso significa que o botão LED foi pressionado na página web.

Linha 71: Para cada aperto do botão LED na página web, a variável booleana estado_led inverte seu valor lógico.

Linha 72: Como o botão LED foi pressionado, o nível lógico do pino 5 (pino do LED) é invertido.

Linha 73: Finaliza essa estrutura condicional que iniciou na linha 70.

Linha 75: Verifica se os caracteres no final da string são "0002". Se for verdadeiro, entra na estrutura if. Isso significa que o botão buzzer foi pressionado na página web.

Linha 76: Para cada aperto do botão buzzer na página web, a variável booleana estado_buzzer inverte seu valor lógico.

Linha 77: Como o botão buzzer foi pressionado, o nível lógico do pino 6 (pino do buzzer) é invertido.

Linha 78: Finaliza essa estrutura condicional que iniciou na linha 75.

FIGURA 28.29

Código Arduino: projeto 0 — parte 6.

Fonte: Acervo dos autores.

```
79
80          if (c == '\n') {
81            client.println("HTTP/1.1 200 OK");
82            client.println("Content-Type: text/html");
83            client.println();
84
85            client.println("<HTML>");
86
87            client.println("<HEAD>");
88            client.println("<TITLE>PROJETO 01</TITLE>");
89            client.println("</HEAD>");
90
91            client.println("<BODY>");
92
93            client.print("<font size=20>  <font color=\"#0040FF\">
               PRIMEIRO PROJETO </font></font>");
94
95            client.println("<hr>");
96            client.println("<br>");
97
98            btn_led();
99            client.println("<br><br>");
100           btn_buzzer();
101
102           client.println("</BODY>");
103           client.println("</HTML>");
104
105           delay(1);
106           client.stop();
107
108           leString = "";
109         }
110       }
111     }
112   }
113 }
```

Linha 80: Se a variável 'c', que é do tipo char, receber '\n', será iniciado o documento HTML.

Linha 81: Envia para o cliente o código de status 200, que significa que a requisição foi bem-sucedida.

Linha 82: Envia para o cliente o tipo do conteúdo, no caso, HTML.

Linha 83: Envia o caractere de retorno de carro e de nova linha.

Linha 85: Inicia o documento HTML.

Linha 87: Inicia o cabeçalho da estrutura HTML.

Linha 88: Define um título para a página.

Linha 89: Fim do cabeçalho da estrutura HTML.

Linha 91: Inicia o corpo da página HTML.

Linha 93: Escreve "PRIMEIRO PROJETO" na página web e configura a fonte das letras. Atenção, pois o conteúdo da linha 93 é extenso e deve ser escrito utilizando somente uma linha.

Linha 95: Insere uma linha horizontal.

Linha 96: Pula linha.

Linha 98: Chama a função btn_led();.

Linha 99: Pula duas linhas.

Linha 100: Chama a função btn_buzzer();.

Linha 102: Finaliza o corpo da página HTML.

Linha 103: Finaliza o documento HTML.

Linha 105: Gera um pequeno intervalo de tempo.

Linha 106: Desconecta o servidor.

Linha 108: Limpa a variável leString.

Linha 109: Finaliza a estrutura condicional que iniciou na linha 80.

Linha 110: Finaliza a estrutura condicional que iniciou na linha 63.

Linha 111: Finaliza a estrutura de repetição que iniciou na linha 62.

Linha 112: Finaliza a estrutura condicional que iniciou na linha 61.

Linha 113: Fim da função loop.

Agora que o código já está pronto, podemos compilá-lo e gravar na placa Arduino Uno.

RESULTADO FINAL

Com o código gravado, podemos acessar a página web com o endereço http://186.223.208.36:82/.

Esse endereço é formado pelo nosso IP externo mais a porta que abrimos.

A página (Figura 28.30) pode ser acessada em qualquer local que tenha conexão com a internet.

FIGURA 28.30 **Página web: projeto 1.**

Fonte: Acervo dos autores.

Caso não funcione, verifique se:

- A porta 82 está aberta no site da Figura 28.23;
- Você está conectado à internet;
- Os cabos estão conectados corretamente.

CURIOSIDADES

Às vezes, para deixar o código mais organizado, pulamos algumas linhas para separar alguns comandos.

PROJETO 2 — MONITORAMENTO DA TEMPERATURA — REDE LOCAL

Neste novo projeto, vamos montar uma aplicação que requisita o valor da leitura da temperatura de um ambiente no qual o sensor está localizado, podendo, por exemplo, ser aplicado em locais que necessitam de um controle preciso, como uma sala cheia de servidores. O sensor utilizado será o DHT22, que realiza a leitura da temperatura.

Esse sensor realiza a leitura na faixa de -40ºC a 80ºC com uma precisão de +/-0,5ºC. A Figura 28.31 mostra os pinos do sensor.

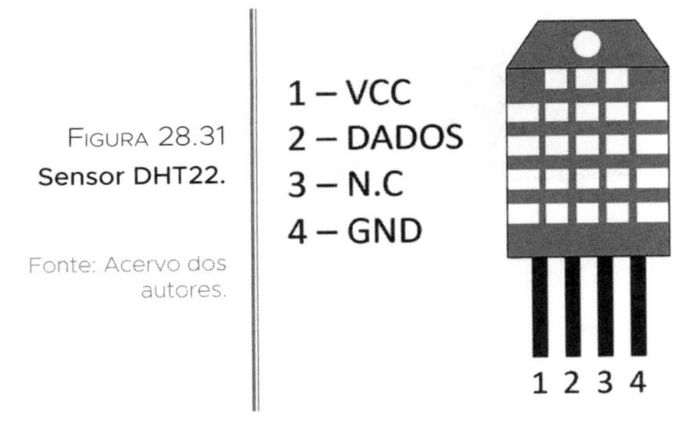

Figura 28.31
Sensor DHT22.

Fonte: Acervo dos autores.

Os pinos 1 e 4 são responsáveis pela alimentação do sensor, que pode variar entre 3,3Vcc até 5,5Vcc. O pino 3 não é utilizado (N.C — não conectado).

Vamos realizar o acesso à página web através da rede local *wireless*, podendo ser utilizados computadores, tablets ou smartphones.

Material para o projeto

- 1 Arduino Uno
- 1 cabo USB A / USB B
- 1 Ethernet Shield (controlador W5500)
- 1 fonte chaveada 9Vcc 1A
- 1 sensor DHT22
- 1 resistor de 10kΩ 5% 1/4W
- 1 protoboard
- 1 roteador
- 1 cabo de rede
- Cabos jumper

Montagem do hardware

A Figura 28.32 mostra a montagem do hardware do projeto 2.

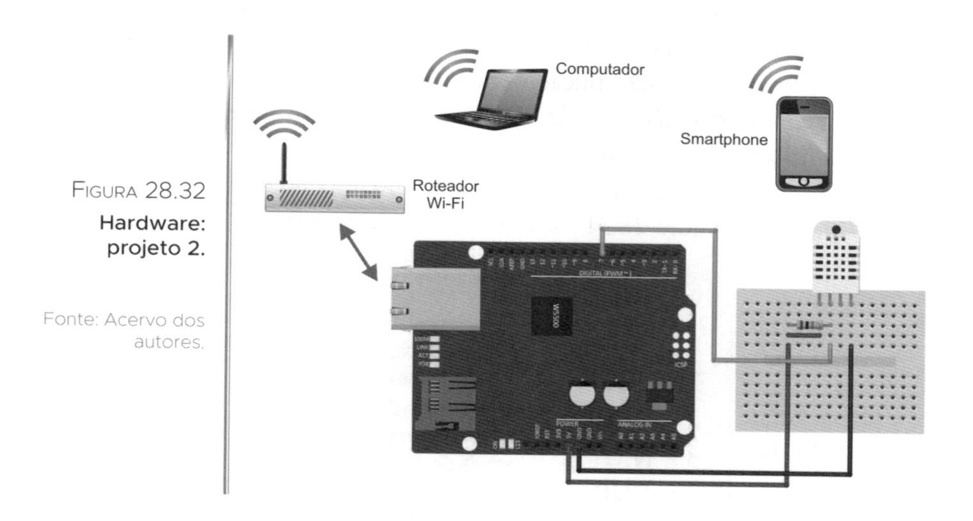

Figura 28.32 Hardware: projeto 2.

Fonte: Acervo dos autores.

- Conecte o pino 1 do sensor ao 5V da placa.
- O pino 2 do sensor será ligado com o pino 7 da placa Arduino. Nesse pino, também ligamos um resistor de pull-up.
- Conecte o pino 1 do sensor ao GND da placa.
- Conecte o cabo de rede entre o Ethernet Shield e o roteador.
- Energize a placa Arduino com a fonte de 9Vcc 1A.
- Plugue o cabo USB entre a placa Arduino e o computador para gravar o programa. Depois, podemos desconectá-lo.

Configuração do roteador

Como o acesso aos dados será sem fio, precisamos configurar o nome da rede e a senha. Neste projeto, também utilizaremos o roteador TP-LINK, modelo TL-WR740N. Caso utilize outro modelo, verifique as configurações no seu manual.

Para acessar as configurações do roteador, vamos abrir um navegador e digitar o link (conforme a Figura 28.19) fornecido para esse roteador: **http://tplinklogin.net/**.

Assim que entrar nas configurações do roteador, vamos acessar o menu: Wireless → Configurações (Figura 28.33).

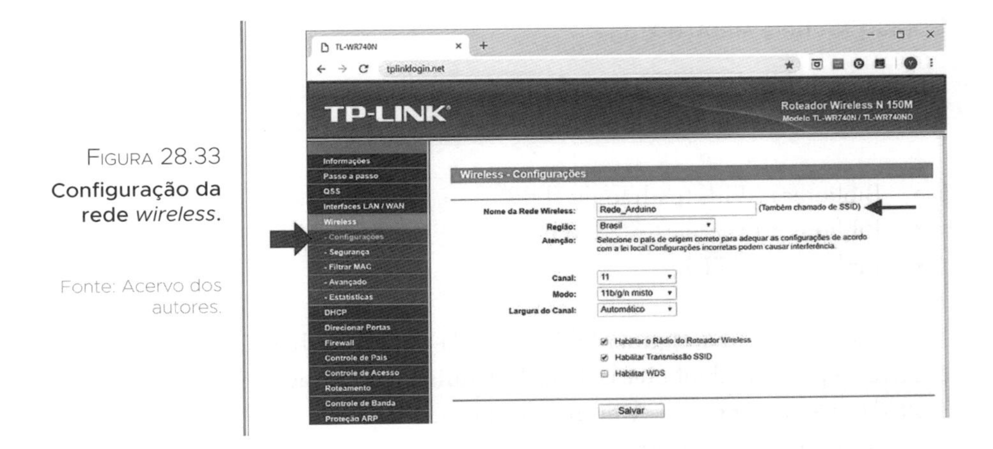

FIGURA 28.33
Configuração da rede *wireless*.

Fonte: Acervo dos autores.

A figura anterior mostra onde devemos inserir o nome da rede wi-fi que será roteada.

Na sequência, precisamos cadastrar uma senha para o acesso da rede. Para isso, basta acessar o menu: Wireless → Segurança (Figura 28.34).

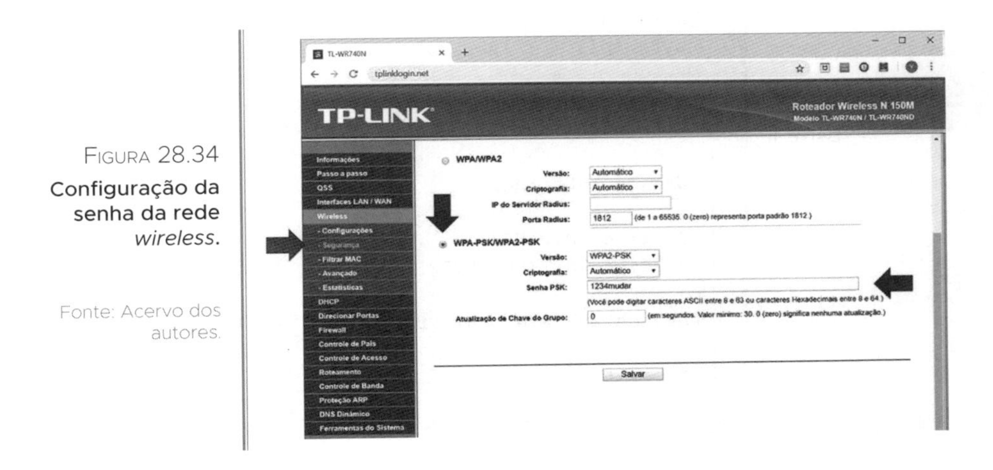

FIGURA 28.34
Configuração da senha da rede *wireless*.

Fonte: Acervo dos autores.

Devemos seguir o padrão que o roteador define para as senhas.

Agora, precisamos definir um IP para o Ethernet Shield, seguindo o padrão da rede na qual o roteador está configurado, podendo ser acessado através do menu: Interfaces LAN / WAN → LAN (conforme a Figura 28.20).

Para o projeto, utilizaremos o IP: 192.168.1.170.

Código na IDE Arduino

Após termos a rede sem fio configurada e os dados de IP, podemos desenvolver o código. Neste código, utilizaremos três bibliotecas:

- Biblioteca SPI.h (padrão da IDE).
- Biblioteca Ethernet_W5500.h.
- Biblioteca DHT.h.

Caso não tenha alguma biblioteca, ela deverá ser baixada pela internet e salva na pasta das bibliotecas da IDE Arduino, conforme aprendemos na seção 26.21 (Documentos → Arduino → libraries).

A Figura 28.35 mostra as configurações iniciais realizadas no código para este projeto.

FIGURA 28.35
Código Arduino: projeto 2 — parte 1.

Fonte: Acervo dos autores.

```
 1 #include <SPI.h>
 2 #include <Ethernet_W5500.h>
 3 #include <DHT.h>
 4
 5 byte mac[] = { 0x70, 0xB3, 0xD5, 0x0A, 0xC0, 0x0D };
 6 byte ip[] = { 192, 168, 1, 170 };
 7
 8 EthernetServer server(80);
 9 EthernetClient client;
10
11 String leString;
12
13 #define DHTPIN 7
14 #define DHTTYPE DHT22
15
16 DHT dht(DHTPIN, DHTTYPE);
17
18 float t = 0;
```

Linha 1: Inclui a biblioteca de comunicação SPI.

Linha 2: Inclui a biblioteca para o controlador W5500 do Ethernet Shield.

Linha 3: Inclui a biblioteca para o sensor DHT22.

Linha 5: Define o endereço MAC da placa Ethernet Shield.

Linha 6: Define um IP para a placa; no nosso caso, 192.168.1.170.

Linha 8: Cria um servidor que verifica conexões de entrada na porta especificada.

Linha 9: Cria um cliente que pode se conectar ao endereço IP e na porta da internet especificada.

Linha 11: Define uma variável do tipo string, que armazenará os dados recebidos pelo servidor.

Linha 13: Define o pino 7 para receber os dados do sensor.

Linha 14: Define o tipo do sensor que iremos utilizar, sendo que a biblioteca utilizada suporta os modelos DHT11, DHT21 e DHT22.

Linha 16: Cria um objeto da classe DHT com as configurações do sensor.

Linha 18: Define uma variável do tipo float, que armazenará os dados da leitura do sensor de temperatura

Na Figura 28.36, temos as configurações da função setup.

Figura 28.36

Código Arduino: projeto 2 — parte 2.

Fonte: Acervo dos autores.

```
19
20 void btn_leitura() {
21   client.print("<center> <button onclick=\"window.location.href=
      'http://192.168.1.170/0001'\"> \0</button> > ");

22   client.print("<font size=20>");
23   client.print("<B><span style=\"color: #429242;\">");
24   client.print("TEMPERATURA");
25   client.print("</span> </B> </font> </center>");
26 }
27
28 void setup() {
29   Ethernet.begin(mac, ip);
30   server.begin();
31   dht.begin();
32   delay(1000);
33   t = dht.readTemperature();
34 }
```

Linha 20: Inicia a função para o botão leitura.

Linha 21: Cria o botão para requisitar o valor da temperatura no centro da página e sempre que ele for pressionado com um clique, o endereço da página será atualizado para 192.168.1.170/0001. Atenção, pois o conteúdo da linha 21 é extenso e deve ser escrito utilizando somente uma linha.

Linha 22: Define o tamanho da fonte do texto que será escrito no botão.

Linha 23: Define a cor do texto do botão.

Linha 24: Escreve TEMPERATURA no botão.

Linha 25: Finaliza as tags </span>, </font> e </center>.

Linha 26: Finaliza a função do botão leitura.

Linha 28: Início da função setup.

Linha 29: Inicia a biblioteca Ethernet com as configurações de rede.

Linha 30: Inicia o servidor.

Linha 31: Inicia o sensor DHT22.

Linha 32: Aguarda 1s.

Linha 33: Realiza a leitura da temperatura do sensor DHT22 e armazena o valor na variável t.

Linha 34: Fim da função setup.

Nas figuras 28.37 e 28.38, veremos a lógica da função principal do programa, a loop.

FIGURA 28.37
Código Arduino: projeto 2 — parte 3.

Fonte: Acervo dos autores.

```
35
36 void loop() {
37   client = server.available();
38   if (client) {
39     while (client.connected()) {
40       if (client.available()) {
41         char c = client.read();
42
43         if (leString.length() < 100) {
44           leString += c;
45         }
46
47         if (leString.endsWith("0001")) {
48           t = dht.readTemperature();
49         }
```

Linha 36: Início da função loop.

Linha 37: Obtém um cliente que está conectado ao servidor.

Linha 38: Verifica se existe cliente.

Linha 39: Inicia uma estrutura de repetição enquanto o cliente estiver conectado.

Linha 40: Verifica se chegou algum dado para leitura.

Linha 41: Faz a leitura do caractere recebido do servidor ao qual o cliente está conectado e armazena na variável 'c'.

Linha 43: Verifica se o tamanho da variável do tipo string não passou de 100 posições (0 a 99). Se for menor que 100, entra na estrutura if.

Linha 44: Concatena os caracteres lidos pela variável 'c' em uma nova variável do tipo string.

Linha 45: Finaliza essa estrutura condicional que iniciou na linha 43.

Linha 47: Verifica se os caracteres no final da string são "0001". Se for verdadeiro, entra na estrutura if. Isso significa que o botão de leitura "TEMPERATURA" foi pressionado na página web.

Linha 48: Realiza a leitura da temperatura do sensor DHT22 e armazena o valor na variável t.

Linha 49: Finaliza essa estrutura condicional que iniciou na linha 47.

```
50
51          if (c == '\n') {
52            client.println("HTTP/1.1 200 OK");
53            client.println("Content-Type: text/html");
54            client.println();
55
56            client.println("<HTML>");
57
58            client.println("<HEAD>");
59            client.println("<TITLE>PROJETO 02</TITLE>");
60            client.println("</HEAD>");
61
62            client.println("<BODY>");
63
64            client.print("<font size=20> <font color=\"#0040FF\">
               SEGUNDO PROJETO </font></font>");
65
66            client.println("<hr color=orange>");
67            client.println("<br>");
68
69            btn_leitura();
70
71            client.println("<br><br>");
72            client.print("<font size=20>  <font color=\"#FF0000\"> <center>");
73            client.print(t);
74            client.print("&deg");
75            client.print("C");
76            client.print("</font></font></center>");
77
78            client.println("</BODY>");
79            client.println("</HTML>");
80
81            delay(1);
82            client.stop();
83
84            leString = "";
85          }
86        }
87      }
88    }
89 }
```

FIGURA 28.38
Código Arduino: projeto 2 — parte 4.

Fonte: Acervo dos autores.

Linha 51: Se a variável 'c', que é do tipo char, receber '\n', será iniciado o documento HTML.

Linha 52: Envia para o cliente o código de status 200, que significa que a requisição foi bem-sucedida.

Linha 53: Envia para o cliente o tipo do conteúdo, no caso, HTML.

Linha 54: Envia o caractere de retorno de carro e de nova linha.

Linha 56: Inicia o documento HTML.

Linha 58: Inicia o cabeçalho da estrutura HTML.

Linha 59: Define um título para a página.

Linha 60: Fim do cabeçalho da estrutura HTML.

Linha 62: Inicia o corpo da página HTML.

Linha 64: Escreve "SEGUNDO PROJETO" na página web e configura a fonte das letras. Atenção, pois o conteúdo da linha 64 é extenso e deve ser escrito utilizando somente uma linha.

Linha 66: Insere uma linha horizontal na cor laranja.

Linha 67: Pula linha.

Linha 69: Chama a função btn_leitura();.

Linha 71: Pula duas linhas.

Linha 72: Define o tamanho da fonte, a cor e a posição do texto com o valor da temperatura.

Linha 73: Envia para a página web o valor da temperatura que está armazenado na variável t.

Linha 74: Gera o símbolo º (grau) e envia para a página web.

Linha 75: Envia para a página web a letra 'C'.

Linha 76: Finaliza as tags </font> e </center>.

Linha 78: Finaliza o corpo da página HTML.

Linha 79: Finaliza o documento HTML.

Linha 81: Gera um pequeno intervalo de tempo.

Linha 82: Desconecta o servidor.

Linha 84: Limpa a variável leString.

Linha 85: Finaliza a estrutura condicional que iniciou na linha 51.

Linha 86: Finaliza a estrutura condicional que iniciou na linha 40.

Linha 87: Finaliza a estrutura de repetição que iniciou na linha 39.

Linha 88: Finaliza a estrutura condicional que iniciou na linha 38.

Linha 89: Fim da função loop.

Resultado final

Chegou o momento de testarmos nosso projeto. Para isso, precisamos conectar um smartphone ou um computador à rede sem fio que configuramos. Abra o navegar do seu aparelho e acesse a página web com o endereço http://192.168.1.170.

A Figura 28.39 mostra o acesso da página que desenvolvemos com o Arduino por smartphone, podendo ser acessada somente pela rede local, que foi o objetivo deste projeto.

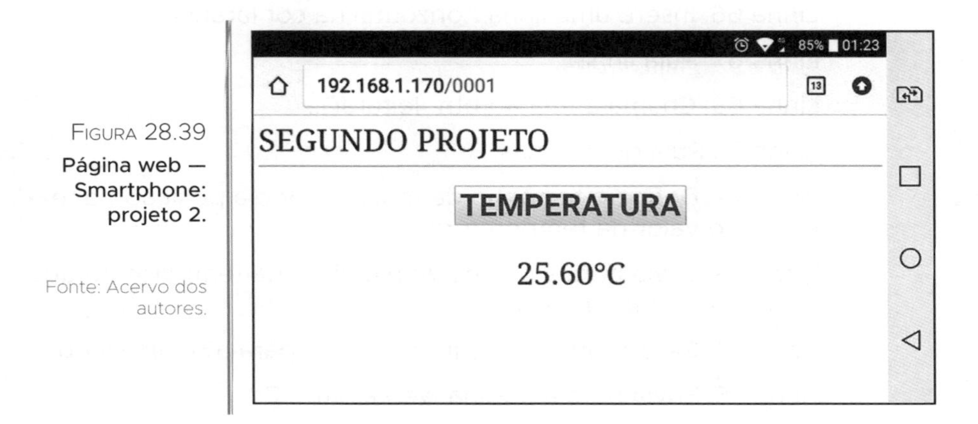

FIGURA 28.39
Página web — Smartphone: projeto 2.

Fonte: Acervo dos autores.

Toda vez que pressionamos o botão temperatura, a Arduino recebe a informação de que o botão foi pressionado. Dessa forma, realiza a leitura da temperatura pelo sensor DHT22 e devolve seu valor já convertido em graus Celsius para a tela da página web.

É importante entender que neste projeto também podemos conectar outros dispositivos cabeados diretamente ao roteador e, assim, realizar o acesso na página web.

EXERCÍCIOS PROPOSTOS

1 Escreva um código em HTML no Notepad++ seguindo as referências abaixo. Na sequência, teste sua atividade abrindo em um navegador.

- Título da página: Arduino
- Texto da primeira linha: Meu nome é ....
- Pular duas linhas
- Inserir uma linha horizontal total (tamanho 2, cor verde)
- Pular uma linha
- Texto: Hoje é dia xx/xx/xxxx (tamanho 1, letra "Tahoma", cor azul e estilo negrito)

2 Quais são as diferenças entre o controlador W5100 e W5500?

3 Por que é importante utilizar uma fonte externa para alimentar a placa Arduino junto com o Ethernet Shield?

4 Um endereço MAC é formado por quantos bytes?

5 É correto montar um cabo de rede com uma ponta no padrão T-568A e a outra ponta no padrão T-568B? Justifique.

6 Qual é a vantagem de utilizar um switch no lugar de um hub?

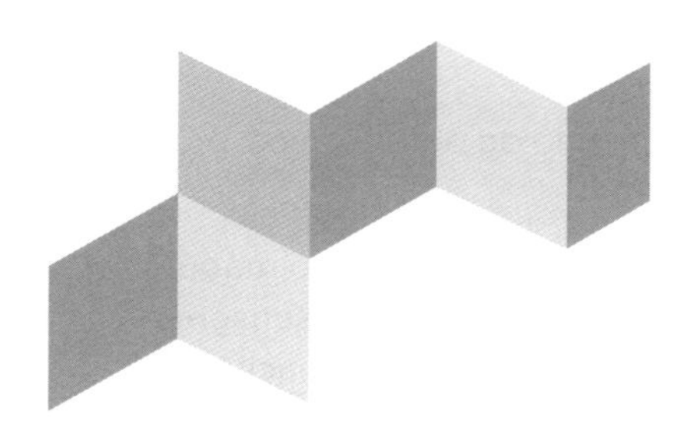

CONCLUSÃO

Neste ponto, você é capaz de entender como a eletrônica analógica e a digital caminham juntas e como estão presentes nos sistemas eletroeletrônicos. Esses conhecimentos dos elementos básicos são essenciais para pôr em funcionamento um sistema automatizado.

Você teve, também, a oportunidade de conhecer o mundo da Internet das Coisas e da Indústria 4.0, aprendendo como utilizar a plataforma Arduino para conectar sensores e atuadores à internet.

Agora você já está apto a montar pequenos circuitos envolvendo diodos retificadores, diodos zener, reguladores de tensão, transformadores, capacitores, LED, transistores, circuitos integrados, displays de sete segmentos, motores de passo, servomotores e a plataforma Arduino e acumulou conhecimentos essenciais para trabalhar na área e conquistar uma profissão, ou mesmo complementar seus conhecimentos e atualizar-se, para quem já atua na área.

A intenção foi levar um nível de compreensão e de aplicação no processo de instalação, desde a ligação de uma simples tomada até a interface de sensores inteligentes com elementos de controle automatizados.

Ao contrário do que muitos imaginam, a evolução tecnológica não dispensa boa parte de sistemas já existentes e vistos como tradicionais. Mesmo com toda essa nova tecnologia, ainda se faz necessário o uso de sensores, dispositivos e elementos de leitura analógica.

A automação, de um modo geral, vem ganhando espaço no mercado de tal modo que o advento da Internet das Coisas e a Indústria 4.0 vêm crescendo, com objetos cada vez mais inteligentes e conectados à rede mundial da internet.

O "saber fazer" técnico e a "mão na massa" ainda serão muito requisitados, mesmo com tanta tecnologia. É provável que o mercado possa apresentar déficit de mão de obra técnico-profissional especializada.

Diante desse desafio, o estudo deste livro, envolvendo máquinas e células de produção com a implementação de sensores com as mais variadas funções, como indutivos, capacitivos, transistorizados, magnéticos, ultrassônicos, infravermelho, RFID, radiofrequência, dentre outros, proporciona mais possibilidades para o mercado de trabalho.

No entanto, é indispensável que você continue seus estudos; este foi apenas o pontapé inicial para que você tivesse uma ideia do universo que pode explorar.

O objetivo que esperamos ter alcançado é que você possa contextualizar e atender da forma mais intensa possível aos pressupostos dessa nova ótica mundial.

Os autores

RESPOSTAS DOS EXERCÍCIOS

CAPÍTULO 1

1 É a tensão máxima, considerando o pico no momento que a tensão atinge seu maior valor.

2 É a tensão após o processo de retificação, sendo considerada contínua.

3 É a tensão que realmente vai realizar o trabalho, considerando o valor alternado.

4 3.137μF.

5 O diodo retificador deve ser polarizado diretamente para corrigir a variação presente na onda da tensão alternada, bloqueando a passagem da corrente em determinada direção ou sentido. Já o diodo zener tem a função de estabilizar o valor de tensão de acordo com o valor de sua tensão nominal, quando está polarizado reversamente.

6 Tem a função de corrigir a variação da tensão, completando a falta de tensão quando a onda atinge os menores valores, já que carrega alternadamente. Sua unidade de medida é o farad, mas ele utiliza submúltiplos como microfarad, picofarad e nanofarad.

7 Evitar que a tensão de saída da fonte varie, mantendo-a sempre em 5, 12 ou 18Vcc.

8 40Ω.

9 16,8W.

CAPÍTULO 2

1 5V, ou nível lógico alto.

2 São resistivos. O LDR varia sua resistência de acordo com a luz, já o trimpot pode variar a partir do ajuste realizado no parafuso de controle.

3 A resistência do trimpot vai aumentar e, com isso, a sensibilidade do circuito também vai aumentar, pois basta um pouco de escurecimento, para que a resistência do LDR aumente, atingindo rapidamente valor de tensão suficiente para ativar o pino 3 com tensão superior ao pino 2.

4 537,5Ω.

5 d.

6 4,5V.

CAPÍTULO 3

1 O pino 2 é a entrada inversora, que faz a saída ficar desligada caso esteja com maior tensão do que no pino 3. Caso a tensão no pino 3 aumente e fique maior que no pino 2, a saída passa a ficar com nível alto ou 5V.

2 Nível lógico alto.

3 Impedir a queima e danificação do LED.

4 d.

CAPÍTULO 4

1 Permitir que o triack dispare somente quando a tensão atingir 28V.

2 Impedir que ocorra curto-circuito quando a resistência do potenciômetro estiver ajustada em 0Ω.

3 Somente a forma de ajuste, uma vez em que a variação do potenciômetro é feita com facilidade no eixo de ajuste, já o trimpot necessita de uma chave Philips.

4

a) (V)

b) (F)

c) (V)

d) (F)

e) (V)

CAPÍTULO 5

1 Capacitor de 1.000μF, e resistor de 60KΩ.

2

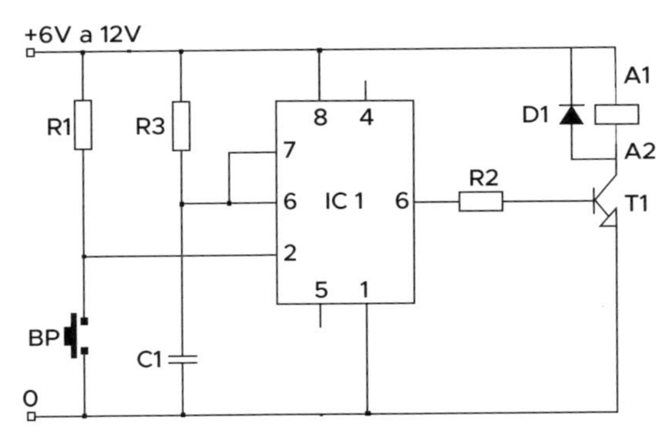

3 Impedir o curto-circuito entre o positivo e o negativo quando o pulsador for pressionado.

4 Para que haja a descarga do capacitor quando a saída for desligada após o tempo previsto.

CAPÍTULO 6

1 Limitar a corrente no gate do SCR.

2 Conectada ao negativo através do sensor.

3 Ligar e desligar o sistema.

4 Que seja retirada a tensão entre ânodo e cátodo.

CAPÍTULO 7

1 A resistência elétrica oferecida pela compressão dos grãos de carvão dentro do microfone.

2 100.000pF.

3 Desacoplar o sinal.

4 Fazer o primeiro estágio de amplificação.

CAPÍTULO 8

1 Resistência ou continuidade.

2 Osciloscópio.

3 Gerador de função.

4 Em série com o circuito, verificando a posição de encaixe das pontas de prova na seleção da escala correta.

CAPÍTULO 9

1 a.

2 Organização dos componentes, conexão garantida e fixação dos componentes.

3 Em projetos e testes de protótipos.

4 Corroer a parte cobreada que não for necessária para o circuito.

CAPÍTULO 10

1

a) 111000

b) 1001100

c) 1011001

d) 10111101

e) 111000010

2

a) 15

b) 20

c) 51

d) 123

e) 42

3 1 = 5V (TTL) 12V (CMOS)

0 = 0V

4 O sinal analógico é variável, já o digital não varia, sendo que a informação é processada através da sequência estabelecida de 1 e 0.

CAPÍTULO 11

1 b.

2 É a menor informação dentro do sistema digital. Em sua forma física, o bit seria, por exemplo, um sinal equivalente a 5V ou 0V aplicado na porta de um circuito integrado.

3 5V (TTL) 12V (CMOS).

4 Não. O consumo de corrente da bobina do relé é excessivo e pode queimar o CI. A solução seria utilizar o transistor para que este, por sua vez, acione o relé.

CAPÍTULO 12

1 Para não queimar, visto que o segmento tem a mesma tensão nominal do LED.

2 Display 1 = a, f, g, c, d

3 Display 2 = a,b,c

4 Ligar no GND.

5 Permite que, mediante a escolha binária da entrada, as saídas sejam conectadas ao display em seus segmentos.

CAPÍTULO 13

1 É quando ligamos uma entrada em GND (negativo) para que permaneça estável. Quando essa entrada precisa ser conectada em nível alto, a presença do resistor impede o curto-circuito entre o positivo e o negativo da fonte.

2 Codificar é transformar um valor decimal, por exemplo, em digital, e decodificar é voltar o sinal digital para sua forma original.

3 LED C.

4 Entradas A e C.

CAPÍTULO 14

1 Propor todas as possibilidades entre as variáveis e a saída.

2

PORTAS	ENTRADA A	ENTRADA B	SAÍDA S
NE	1	1	0
OU	1	0	1
E	1	0	0
NOU	1	1	0
INVERSORA	1	X	0

3 6 portas NE de duas entradas.

2 portas NE de três entradas.

1 porta inversora.

4 Construídas a partir do transistor.

CAPÍTULO 15

1 Capacitor = 1.000μF

Resistor = 120KΩ

2 1 CI 7490

1 CI 555

1 CI 7486

1 display de sete segmentos

1 potenciômetro de 20KΩ

1 resistor de 1KΩ

1 capacitor eletrolítico de 100μF

7 resistores de 470Ω

1 fonte de 5V

3 J, K, preset, clear, clock, Q, Q.

4 Pino de clock. No CI 7476, são os pinos 1 e 6.

CAPÍTULO 16

1 Clear = ligado em nível alto, leva a saída a nível 0.

2 Preset = ligado em nível alto, leva a saída a nível 1.

3 O *flip-flop* encaminha o bit em sequência sem que o valor binário sofra alteração.

4 No *flip-flop* data, a entrada J é interligada com a K, tendo uma porta inversora entre elas para garantir que o nível lógico aplicado seja sempre o oposto entre as duas entradas.

5 Transistor, resistor, diodo retificador e relé.

CAPÍTULO 17

1 Quatro bits, já que possui a mesma quantidade de bobinas.

2 A ação do transistor.

3 Circuito em anel.

4 É preciso ajustar o potenciômetro que faz o controle do pulso do *flip-flop*.

CAPÍTULO 18

1 $S = \overline{A} \times B \times C + \overline{A} \times B \times \overline{C}$

2 $S = \overline{A} \times C + \overline{A} \times B$

3

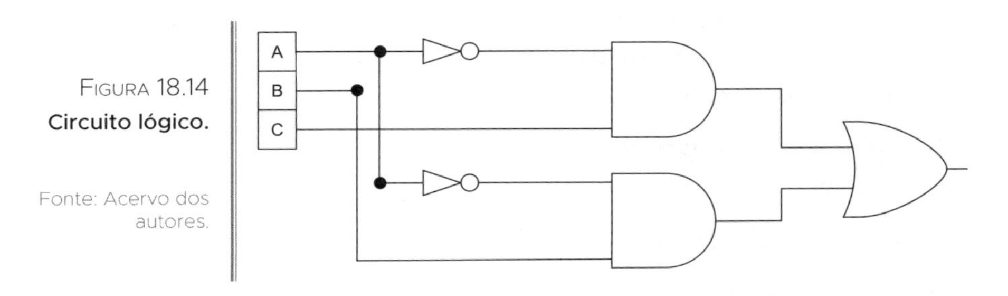

FIGURA 18.14
Circuito lógico.

Fonte: Acervo dos autores.

4 Circuitos integrados 7408 e 7432.

CAPÍTULO 19

1 Indústria, transportes, serviços públicos, agronegócio, saúde, controle residencial.

2

1ª Revolução Industrial: Máquina a vapor — energia mecânica.

2ª Revolução Industrial: Produção seriada — energia elétrica.

3ª Revolução Industrial: Robótica e computação — automação.

3

IoT: Internet das Coisas.

IIoT: Internet Industrial das Coisas.

4 IoT, manufatura aditiva, integração de sistemas, segurança digital, big data, robótica avançada, computação em nuvem, manufatura digital.

5 O princípio é conectar os objetos de modo que eles possam se comunicar e realizar a troca de informações.

CAPÍTULO 20

1 Arduino é uma plataforma de prototipagem com código aberto, baseado em hardware e software para rápido uso, cada vez mais utilizado por inúmeras pessoas no mundo.

2 *Integrated Development Environment* — Ambiente de Desenvolvimento Integrado.

3 *Interaction Design Institute*, em Ivrea, Itália, em 2005.

4 Código aberto.

5 ATmega328P-PU.

6 Texas Instruments; Microchip / ATmel; STMicroelectronics.

7 Microcontroladores são CIs que têm, na parte interna do mesmo encapsulamento, o processador, as memórias, as portas de entrada e saída e os periféricos.

Os microprocessadores ou processadores são CIs que têm apenas a unidade lógica aritmética (ULA), sendo que necessitam de outros hardwares trabalhando em conjunto para realizar as funções e serviços programados pelo usuário.

8 O processador, as memórias, as portas de entrada e saída e os periféricos.

CAPÍTULO 21

1 Através do ponto de identificação ou pelo rebaixo “meia-lua”.

2 Utilizando um extrator de CI.

3 Memória flash.

4 XTAL1 e XTAL2.

5 2KB.

6 *Pin Through Hole.*

CAPÍTULO 22

1 Através de uma fonte externa pelo plugue P4, pelo cabo USB, ou diretamente em seu terminal Power Vin.

2 Sim, o LED ON.

3 7Vcc.

4

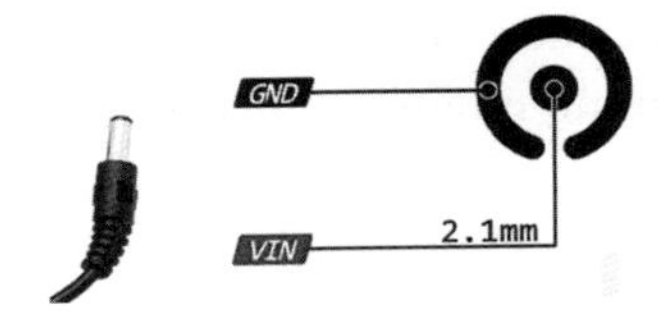

5 28 pinos.

6 Pinos 8 e 22.

7 PORT B4 — PB4.

8 Seis entradas analógicas.

9 Nível lógico alto.

10 Nível lógico baixo.

CAPÍTULO 23

1 *Verify*: Compila e verifica possíveis erros no código. Nesse comando, o código não é gravado na placa.

Upload: Compila e carrega o arquivo binário para a placa configurada.

2 Windows, Mac OS X e Linux.

3 Menu Ferramentas.

4 Acessar o menu Arquivo → Preferências. Na aba Configurações, ativar ou desativar a opção: "Mostrar números de linhas".

5 Na pasta "Documentos".

6 *Sketch*.

7 Compilar o código é o processo de pegar o código escrito pelo programador, conhecido como código-fonte, e realizar um processo de tradução da linguagem, verificando se os comandos do código são reconhecidos pela ferramenta que está realizando a compilação. Se tudo estiver correto, então é gerado o código de máquina (binário), que será utilizado para a gravação no microcontrolador.

8 Acessar o menu Arquivo → Preferências. Na aba Configurações, temos a opção: "Mostrar mensagens de saída durante"; podemos ativar ou desativar as mensagens durante a compilação ou no momento de carregar o código.

CAPÍTULO 24

1 1. Compilando sketch...; 2. Carregando...; 3. Carregado.

2 Laranja.

3 1º: A primeira etapa é conectar sua placa Arduino à porta USB de seu computador.

2º: Em seguida, certifique-se de que sua placa Arduino está conectada ao seu PC e que seu sistema reconheceu o driver (Gerenciador de dispositivos).

3º: Abra a IDE Arduino e tenha um código para gravar.

4º: Selecione o modelo da placa no menu Ferramentas.

5º: Selecione a porta à qual a placa está conectada no menu Ferramentas.

6º: Clique em "Carregar".

4 Entrando no Gerenciador de Dispositivos do computador e procurando por portas (COM e LPT). Deve estar listado o número da porta que conectamos.

5 1º: Conecte o gravador à placa Arduino e à porta USB de seu computador.

2º: Em seguida, certifique-se de que seu sistema reconheceu o driver do gravador (Gerenciador de dispositivos).

3º: Abra a IDE Arduino e tenha um código para gravar.

4º: Selecione o modelo da placa no menu Ferramentas.

5º: Selecione o gravador no menu Ferramentas.

6º: Acesse o menu Sketch e clique em "Carregar usando o programador".

6 Desabilitar a assinatura de driver (em Configurações de Inicialização) para conseguir instalar os drivers.

7 *In Circuit Serial Programming* — Programação Serial no Circuito.

8 6 pinos.

CAPÍTULO 25

1 Sensores são dispositivos/componentes que coletam dados do mundo externo e os convertem em sinais.

Os atuadores são componentes que, ao receber algum sinal, executam uma determinada tarefa.

2 A placa Arduino Uno pode trabalhar com comunicação UART, I2C *Inter-Integrated Circuit* ou SPI *Serial Peripheral Interface.*

3 *Pulse Width Modulation*, ou Modulação de Largura de Pulso.

4 São placas que foram desenvolvidas para encaixar perfeitamente nos pinos do Arduino, sem a necessidade de cabos para a conexão.

5 Sensor analógico.

6 6 pinos.

CAPÍTULO 26

1 Char.

2 32.767.

3 Global.

4 Alternativas a e d.

5

a) a > c → 9 > 2 → Verdadeira.

b) c < b → 2 < 15 → Verdadeira.

c) b == a → 15 == 9 → Falsa.

d) a == d → 9 == 9 → Verdadeira.

e) b < c → 15 < 2 → Falsa.

f) c > c → 2 > 2 → Falsa.

6

a) $255_{10} \rightarrow FF_{16}$

b) $AF_{16} \rightarrow 175_{10}$

c) $1101_{2} \rightarrow 13_{10}$

d) $1010_{2} \rightarrow A_{16}$

7 delay(8000);

8 654.

CAPÍTULO 27

1 É um conjunto de letras e números que identifica um determinado componente.

2 1 CI ATmega328P-PU

1 resistor de 10KΩ

1 chave táctil

1 cristal de 16MHz

2 capacitores cerâmica 22pF

3 5Vcc.

4 Podemos utilizar cabos de rede ou cabos jumper.

5 Utilizando o gravador USBasp ou conectando o CI a uma placa Arduino.

CAPÍTULO 28

1

```
<html>
    <head>
     <title> ARDUINO </title>
    </head>
    <body>
          Meu nome é Yan
          <br>
          <br>
          <HR size="2" color="green">
          <br>
          <FONT size="1" face="Tahoma" color="blue"> <B>
          Hoje é dia 01/11/20xx
          </B>
          </FONT>
    </body>
</html>
```

2 TX/RX Buffer: W5100: 16KB — W5500: 32KB

Conexão simultânea: W5100: 4 — W5500: 8

Desempenho de rede: W5100: 25Mbps — W5500: 15Mbps

3 Algumas portas USB podem não fornecer corrente elétrica suficiente para o circuito.

4 6 bytes.

5 Não. O cabo de rede deve ser montado com as duas pontas no padrão T-568A ou com as duas pontas no padrão T-568B.

6 No hub, quando um dispositivo envia um pacote de dados para outro da rede, esses mesmos dados são enviado para todos os hosts que estão conectados à rede. Esses dados chegam ao dispositivo, e é verificado se os mesmos foram enviado para ele. Se sim, os dados serão recebidos; caso contrário, serão descartados. Essa é a grande desvantagem de usar um hub, pois todos os hosts sempre recebem todos os dados, mesmo que não seja o host de destino.

Já nos switches, os pacotes de dados são enviados somente para o seu destino.

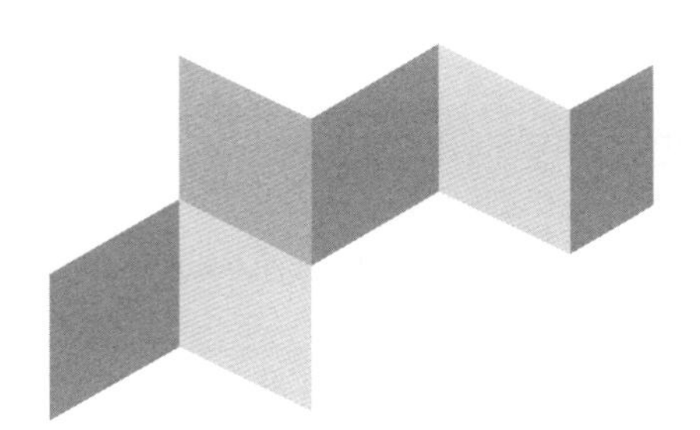

REFERÊNCIAS

Livros

BRAGA, Newton C. **Eletrônica Analógica:** curso de eletrônica Analógica. São Paulo: NCB, 2012.

MARKUS, Otavio. **Sistemas Analógicos Circuitos com Diodos e Transistores.** 1· ed. São Paulo: Érica, 2000.

CRUZ, Eduardo Cesar Alves. **Circuitos Digitais.** 2· ed. São Paulo: Érica, 1997.

CAPUANO, Francisco Gabriel; IDOETA, Ivan Valeije. **Elemento de Eletrônica Digital.** 40· ed. São Paulo: Érica, 2007.

BELVEDERE, Paulo. **Arduino UNO:** fundamentos e aplicações. São Paulo: SENAI-SP Editora, 2017.

JAVED, Adeel. **Criando Projetos com Arduino para a Internet das Coisas.** 1· ed. São Paulo: Novatec, 2017.

OLIVEIRA, Sérgio. **Internet das Coisas com ESP8266, ARDUINO e RASPBERRY PI.** 1· ed. São Paulo: Novatec, 2017.

OLIVEIRA, Cláudio Luís Vieira; ZANETTI, Humbert Augusto Piovesana. **Arduino descomplicado:** como elaborar projetos de eletrônica. 1· ed. São Paulo: Érica, 2015.

STEVAN JUNIOR, Sergio Luiz; SILVA, Rodrigo Adamshuk. **Automação e instrumentação industrial com arduino:** teoria e projetos. 1· ed. São Paulo: Érica, 2015.

Sites (Acesso em: 8/11/2018)

ARDUINO PRODUCTS. Disponível em: <https://store.arduino.cc/usa/arduino-uno-rev3>.

DATA SHEET ATMEGA328P. Disponível em: <https://www.microchip.com/wwwproducts/en/ATmega328p>.

DOWNLOAD THE ARDUINO SOFTWARE. Disponível em: <https://www.arduino.cc/en/Main/Software>.

HTML5 TUTORIAL. Disponível em: <https://www.w3schools.com/html/default.asp>.

LANGUAGE REFERENCE. Disponível em: <https://www.arduino.cc/reference/en/>.

SHIELD ETHERNET W5500. Disponível em: <https://www.robocore.net/loja/produtos/arduino-shield-ethernet-w5500.html#descricao>.

ÍNDICE

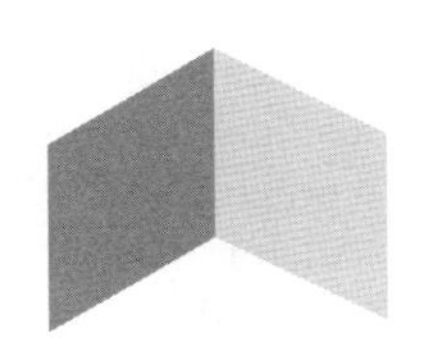

Símbolos

A

B

C

L

M

N

O

P

CONHEÇA OUTROS LIVROS DA ALTA BOOKS

Negócios - Nacionais - Comunicação - Guias de Viagem - Interesse Geral - Informática - Idiomas

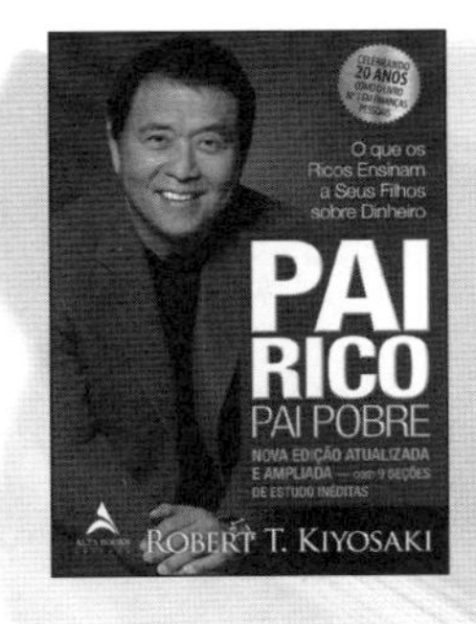

Todas as imagens são meramente ilustrativas.

SEJA AUTOR DA ALTA BOOKS!

Envie a sua proposta para: autoria@altabooks.com.br

Visite também nosso site e nossas redes sociais para conhecer lançamentos e futuras publicações!

www.altabooks.com.br

/altabooks • /altabooks • /alta_books

Este livro foi impresso nas oficinas gráficas da Editora Vozes Ltda.,
Rua Frei Luís, 100 – Petrópolis, RJ.